Achim Schulte:

Hochwasserabfluß, Sedimenttransport und Gerinnebettgestaltung an der Elsenz im Kraichgau

HEIDELBERGER GEOGRAPHISCHE ARBEITEN

Herausgeber: Dietrich Barsch, Werner Fricke und Peter Meusburger

Schriftleitung: Gerold Olbrich und Heinz Musall

Heft 98

Im Selbstverlag des Geographischen Instituts der Universität Heidelberg

1995

Hochwasserabfluß, Sedimenttransport und Gerinnebettgestaltung an der Elsenz im Kraichgau

von

Achim Schulte

Mit 68 Abbildungen, 6 Tabellen, 6 Fotos und Summary

ISBN 3-88570-098-0

Im Selbstverlag des Geographischen Instituts der Universität Heidelberg

1995

Die vorliegende Arbeit wurde von der Naturwissenschaftlich-Mathematischen Gesamtfakultät der Ruprecht-Karls-Universität Heidelberg als Dissertation angenommen.

Tag der mündlichen Prüfung: 14. Mai 1993

Referent:	Prof. Dr. Dietrich Barsch
Korreferent:	Prof. Dr. Roland Mäusbacher

ISBN 3-88570-098-0

Meinen Eltern

VORWORT

Diese Arbeit ist das Ergebnis einer mehrjährigen Untersuchung fluvialer Prozesse und Formen im Einzugsgebiet der Elsenz im Kraichgau. Sie wurde im Rahmen des Schwerpunktprogrammes "Fluviale Geomorphodynamik im jüngeren Quartär" durchgeführt, das 1986 von der Deutschen Forschungsgemeinschaft (Bonn) eingerichtet wurde. Für die Sach- und Personalmittel, die die DFG dafür zur Verfügung gestellt hat, sei an dieser Stelle herzlich gedankt. Besonders anerkennen möchte ich die Finanzierung meiner halben Stelle innerhalb dieses Projektes.

Meinen beiden Lehrern, Herrn Prof. Dr. Dietrich Barsch und Herrn Prof. Dr. Roland Mäusbacher (die die Antragsteller dieses Projektes sind), verdanke ich mehr als die wissenschaftliche Unterstützung. Mit ihnen zusammen habe ich nicht nur im Rahmen der Untersuchungen an der Elsenz, sondern auch bei verschiedenen Polarexpeditionen wichtige Erfahrungen in wissenschaftlicher wie in persönlicher Hinsicht gesammelt.

Bei der Koordination und Durchführung der Untersuchungen sind auch von Gerd Schukraft wesentliche Impulse ausgegangen, der im Rahmen seiner Dissertation den holozän/historischen Teil dieses Projektes bearbeitet. Er hat als Leiter des Labors für Geomorphologie und Geoökologie stets die notwendigen Kapazitäten für die Analyse der zahlreichen Wasserproben zur Verfügung gestellt. Die von ihm vorangetriebenen Geräteneuentwicklungen sind zu einem wichtigen Bestandteil der veränderten (und verbesserten) Methodik geworden. Ihm möchte ich dafür besonderen Dank aussprechen.

In diesem Zusammenhang sollen Martin Gude, Miguel Seyboth und Christian Hinkelbein nicht unerwähnt bleiben, die die technische und elektronische Entwicklung von Labor- und Geländegeräten wesentlich mitgetragen haben. Ich möchte mich auch bedanken bei den Mitarbeitern der Feinmechaniker-Werkstatt des Theoretikums der Universität Heidelberg (besonders bei Herrn Wolf, Herrn Kühni, Herrn Huber, Herrn Schmitt und Herrn Schöder), die uns bei der Herstellung der Gelände- und Laborgeräte unterstützt haben.

Der Umfang der Fragestellungen des Projektes als auch die Größe des Untersuchungsgebietes konnte nur mit Hilfe eines größeren Teams bearbeitet werden, wobei wichtige Teilaspekte im Rahmen von Diplomarbeiten behandelt wurden. Oftmals haben die Geländearbeiten unter widrigen Umständen stattgefunden, besonders bei Hochwasser, wenn bei Dunkelheit, Regen und Kälte gearbeitet wurde. Ich möchte mich für diese Unterstützung sehr herzlich bedanken bei: Jussi Baade, Rainer Beer, Anette Bippus, Andreas Fieber†, Thomas Glade, Martin Gude, Hartmut Gündra, Annette Kadereit, Dietmar Kryzer, Andreas Lang, Steven Michelbach, Silvia Schierbling, Andrea Schmelter, Michael Schmitt, Lothar Schrott, Gerd Schukraft und Dirk Strauch.

Mein besonderer Dank gilt Herrn Fridolin Wetzel in Wiesenbach. Er hat bei Hochwasser am Biddersbach Proben genommen und uns immer rechtzeitig informiert, wenn es zu einem Hochwasser kam.

Im Rahmen dieser Arbeit werden Abflußwerte verwendet, die sehr unbürokratisch von der Landesanstalt für Umweltschutz (LFU) in Karlsruhe zur Verfügung gestellt wurden. Ich möchte mich dafür besonders bei Herrn Straub, Herrn Müller, Herrn Gandyra und Herrn Henning bedanken.

Vom deutschen Wetterdienst habe ich Niederschlagsdaten bekommen. Das Institut für Wasserbau und Wasserwirtschaft in Karlsruhe überließ uns einen Untersuchungsbericht über die "Hochwasserabflußverhältnisse am Gewässer I. Ordnung Elsenz und deren Verbesserung". Den beiden Institutionen sei dafür gedankt.

Zur Berechnung der Sedimentfrachten bei Hochwasserereignissen konnte ich auf ein Computerprogramm zurückgreifen, das mir freundlicherweise von meinem Kollegen Jussi Baade zur Verfügung gestellt wurde.

Seit Beginn des Projektes haben wir regen Kontakt und Informationsaustausch mit dem Amt für Wasserwirtschaft und Bodenschutz in Heidelberg gepflegt. Dies ist auf die Unterstützung der Leiter des Amtes Herrn Rochlitz, Herrn Hailer und Herrn Dr. Dietzel zurückzuführen, die unsere Untersuchungen immer mit Interesse verfolgt haben. Besonders möchte ich hier Herrn Römer, Herrn Fink und Herrn Klenk erwähnen, die stets dafür gesorgt haben, daß wir zu allen für uns wichtigen Informationen Zugang bekamen. Darüber hinaus hat uns das Amt leihweise Geräte zur Verfügung gestellt, die zur Erarbeitung wichtiger Ergebnisse beigetragen haben (Boot, Geschwindigkeitsmeßflügel, Niederschlagsschreiber, Pegel).

Außerdem haben die folgenden Institutionen in unterschiedlicher Weise und sehr unbürokratisch zum erfolgreichen Verlauf des Projektes beigetragen. Den Genannten möchte ich hiermit meine Anerkennung aussprechen: Stadtverwaltung Sinsheim (Herr Hoffmann), Stadtverwaltung Eppingen (Herr Friedel), Stadtverwaltung Meckesheim, Stadtverwaltung Bammental, Firma Ruschitzka (FRZ) Zuzenhausen.

Schließlich möchte ich Frau Christine Huber, Herrn Roman Hoffmann und Herrn Karl Neuwirth meinen Dank aussprechen, die mich durch Zeichen- und Schreibarbeiten in der Endphase dieser Arbeit unterstützt haben.

Für die Aufnahme meiner Arbeit in die Reihe der Heidelberger Geographischen Arbeiten danke ich den Herausgebern Herrn Prof. Dr. D. Barsch, Prof. Dr. W. Fricke und Herrn Prof. Dr. P. Meusburger. Auch möchte ich mich bei Herrn Gerold Olbrich für die redaktionelle sowie bei Herrn Stephan Scherer und Frau Martina Lindemer für die kartographische Betreuung bedanken. Ebenso sei der Kurt-Hiehle-Stiftung für den großzügigen Druckkostenzuschuß gedankt.

INHALTSVERZEICHNIS

ABBILDUNGSVERZEICHNIS

TABELLENVERZEICHNIS

FOTOVERZEICHNIS

1. EINLEITUNG

Als Mitte bis Ende der 1980er Jahre die Untersuchungen zu der vorliegenden Arbeit begannen, hatte es schon längere Zeit kein größeres Hochwasser mehr gegeben. In dieser hochwasserarmen Zeit scheinen sich Flüsse und Flußauen nicht zu verändern. Sie vermitteln den Charakter stabiler Systeme, insbesondere bei Niedrigwasserabfluß in den trockenen Sommer- und Herbstmonaten. Eine Veränderung oder Entwicklung z. B. des Gerinnebettes ist in der Regel nicht festzustellen, oftmals auch meßtechnisch kaum zu erfassen. In diesem Zustand lassen sie die Dynamik nicht erkennen, die sie während Hochwasserereignissen (bis hin zu Überschwemmungskatastrophen) zeigen. Diese kurzen, sehr aktiven Ereignisse dauern nur wenige Stunden oder Tage, erreichen dann aber oftmals ein solches Ausmaß, daß sie schwierig zu erfassen sind.

Was vielen der vom Hochwasser Betroffenen zum Nachteil gereicht, ist für diejenigen eine seltene Chance und Herausforderung, die das Prozeßgeschehen bei Hochwasser (z. B. das Abflußverhalten oder den Sedimenttransport) untersuchen. Wie man bei Hochwasser beobachten kann, wird in dieser außergewöhnlichen Abflußsituation auch außergewöhnlich viel Material transportiert. Wo kommt der viele Schlamm eigentlich her, ist oftmals die Frage, wenn das Hochwasser auf überfluteten Feldern, Wiesen, Straßen und in Häusern eine mehr oder weniger dicke Schlammschicht und Schäden in Milliardenhöhe zurückläßt (so entlang deutscher Flüsse nach dem Hochwasser im Dezember 1993).

Im Rahmen dieser Arbeit soll daher die Dynamik der Schwebstoffe innerhalb eines mittleren Einzugsgebietes näher untersucht werden. Unter Dynamik werden die Vorgänge von Erosion, Transport und Akkumulation verstanden, jeweils während unterschiedlicher Zustände des fluvialen Systems (Abflußvariabilität). Aus diesem Grund wird besonders der Hochwasserabfluß und der Sedimenttransport zu untersuchen sein, aber auch das Gerinnebett, dessen Beitrag zur Schwebstoffdynamik bzw. -bilanz erfaßt werden soll.

1.1 Problemstellung und Zielsetzung

Es sind dabei nicht nur die Flußläufe von Interesse, sondern das gesamte Einzugsgebiet, da das fluviale Prozeßgeschehen in und entlang der Vorfluter von den Prozessen auf der Fläche abhängt. Die Zustände des fluvialen Systems sind eine Funktion der steuernden Parameter, so hängt z. B. der Abfluß u. a. vom Niederschlag ab, von seiner flächenhaften Verteilung und der Intensität (vgl. MAGILLIGAN 1985). Neben der externen Steuerung durch die klimatischen Verhältnisse wird der Abfluß zusätzlich beeinflußt durch interne Faktoren. Dazu gehören u. a. die geomorphologischen Parameter (Relief, Flußlängsprofil etc.), die Vegetation und die Nutzung des Gebietes.

Die Variabilität der meisten Faktoren bestimmt die wechselnde Dynamik des Systems. Um dessen Zustände zu beschreiben, hat man zunächst statische Einzugsgebietsparameter wie z. B. Flußlängsprofil, Flußquerschnitt oder hydraulischen Radius ermittelt und daraus Gesetzmäßigkeiten abgeleitet (z. B. LEOPOLD, WOLMAN & MILLER 1964; SCHUMM & LICHTY 1965; SCHUMM 1977). Es hat sich aber gezeigt, daß das fluviale System und besonders die dynamischen Wechselbeziehungen mit Hilfe der statischen Faktoren nicht hinreichend erklärt werden können.

Daraufhin ist versucht worden, das Zusammenwirken der relevanten Parameter modellhaft zu beschreiben. Ziel dieser Modelle ist es, möglichst alle am Abflußgeschehen beteiligten Parameter und deren Verknüpfungen darzustellen, um so die Systemzusammenhänge zu verdeutlichen. Ein anschauliches Beispiel hierfür ist das Korrelationsmodell von MARTENS (1968) für den Imoleser Subapennin. Es stellt in einem umfassenden "Strukturplan der Naturlandschaft" die einzelnen Elemente der Faktoren Relief, Klima, Boden, Wasser und Vegetation zusammen. Das Modell zeigt die Vielzahl der Einzelelemente und deren zahlreiche Verknüpfungen untereinander. Es zeigt auch, daß trotz - oder gerade wegen - der relativ hohen Komplexität die Einordnung einzelner Landschaftsteile ungeklärt ist.

Die Untersuchungen zur modellhaften Beschreibung der Prozeßzusammenhänge verdeutlichen, wie komplex Landschaftssysteme bzw. auch fluviale Systeme aufgebaut sind. Die Tatsache, daß Parameter und deren Veränderungen offensichtlich nicht (mono)kausal determiniert sind (d. h. keinen unmittelbaren und direkten Zusammenhang zeigen), führte dazu, bestimmten Zusammenhängen nur eine statistische Wahrscheinlichkeit zu geben. Dieses Grundprinzip wurde von LEOPOLD et al. (1964) als "indeterminancy", von AHNERT (1973) als "Unbestimmbarkeitsprinzip" bezeichnet. Es zeigt auch, daß das Ziel nicht sein kann, alle erdenklichen Teilfaktoren zu berücksichtigen, sondern die zu finden, mit denen das System "ausreichend genau" beschrieben werden kann (AHNERT 1987; ANDERSON 1988; CHORLEY et al. 1984; SCHEIDEGGER 1991 und THORN 1988).

Diese Modelle können die groben Systemzusammenhänge erklären. Sie ersetzen allerdings nicht die Messung einzelner Prozesse in Teilsystemen, wie z. B. den Abfluß oder den Sedimenttransport im Vorfluter (besonders während Hochwasser). Dieses Prozeßgeschehen kann in relativ kurzen Zeiträumen starken Schwankungen unterworfen sein, so daß es bisher mit Hilfe von Modellen nicht vorhersagbar war. Diese Erkenntnis führte zu einer stärkeren Hinwendung zur Prozeßforschung, d. h. zur direkten Messung einzelner fluvialer Vorgänge im Gelände. Das Ziel ist es, die Prozesse zu erfassen, zu quantifizieren und zeitlich und räumlich zu bilanzieren (z. B. BEVEN & CARLING 1989; GOUDIE 1990; KNIGHTON 1984; LEWIN 1981; MORISAWA 1985 und PETTS & FOSTER 1985). Darüber hinaus können die Ergebnisse dieser Untersuchungen in die entwickelten Modelle eingesetzt werden, bzw. können die Modelle mit Hilfe der Meßdaten überprüft werden.

Die vorliegende Arbeit versucht in dieser Hinsicht einen Beitrag zu leisten, indem sie das aktuelle fluviale Prozeßgeschehen nicht mit Hilfe eines oder verschiedener Simulationsmodelle, sondern direkt im Gelände untersucht. Dies soll bewußt in dem Maßstab bzw. Skalenbereich eines 542 km^2 großen Einzugsgebietes geschehen, das besondere Anforderungen an das Meßkonzept stellt (siehe Kap. 1.2). Um die Dynamik innerhalb dieses Gebietes zu erfassen, werden zusätzlich Teilgebiete bzw. Teilsysteme (z. B. Zuflüsse) gesondert auf ihren Input in das größere System (Hauptvorfluter) untersucht. Ein weiterer Skalensprung zu Kleinsteinzugsgebieten oder Testparzellen wird hier nicht angestrebt, weshalb Einzelprozesse auf der Fläche (z. B. Bodenerosion) - auch wenn diese von großer Bedeutung sind - nicht berücksichtigt werden. Darüber hinaus erlaubt es die Bearbeitung eines Hochwassers in diesem Maßstab nicht, gleichzeitig noch die Teilgebiete zu untersuchen, d. h. zum Beispiel abflußwirksame Flächen aufzunehmen oder Feldabflüsse zu beproben.

1.2 Konzeptionelle Methodik für mittlere Einzugsgebiete

Aufgrund der Variabilität der Parameter und der Komplexität der Prozeßzusammenhänge konzentrieren sich die meisten Untersuchungen in der Regel auf kleine Gebiete. Die Bearbeitung bzw. Instrumentierung ist hier bereits mit einem hohen personellen und finanziellen Aufwand verbunden, was die umfangreichen Untersuchungen auf Meßparzellen zeigen, die teilweise nur wenige Quadratmeter groß sind (DIKAU 1986; SCHRAMM 1992). Das gilt insbesondere für Gebiete von einem oder mehreren Quadratkilometern (BECHT 1986; BORK & ROHDENBURG 1985; HENSEL et al. 1985). Eine Zusammenstellung der "hydrologischen Repräsentativ- und Versuchsgebiete" auf dem Gebiet der alten Bundesländer (Stand 1983) zeigt, daß 2/3 der Testgebiete kleiner als 20 km^2 sind. Die Gebiete über 100 km^2 haben einen Anteil von nur 18 %, wobei die Gebiete Elsenz (542 km^2) und Fils (706 km^2) die beiden einzigen mittleren Einzugsgebiete mit über 500 km^2 sind (BUNDESANSTALT FÜR GEWÄSSERKUNDE 1983).

Die Problematik besteht darin, daß die Ergebnisse - z. B. aus der Bodenerosionsforschung - aus den relativ kleinen Gebieten nur schwer auf mittlere oder große Gebiete übertragbar sind (DUIJSINGS 1987). Die Summe der Teilgebiete beschreibt nicht die Prozesse im Gesamtgebiet. Daher müssen mittlere und große Einzugsgebiete selbst messend erfaßt werden, was aus den genannten Gründen (schon bei kleineren Gebieten erheblicher Meßaufwand) mit noch größeren Schwierigkeiten bzw. Herausforderungen verbunden ist.

Mit dem aufgezeigten Problemkreis der "Prozeßforschung in mittleren Flußgebieten" befassen sich unsere Untersuchungen an der Elsenz im Kraichgau, die mit 542 km^2 etwa der Fläche des Bodensees entspricht (545 km^2; UMWELTMINISTERIUM BADEN-WÜRTTEMBERG). Angesiedelt ist dieses Projekt im Rahmen des Schwerpunktprogramms "Fluviale Geomorphodynamik im jüngeren Quartär". Unter "fluvialer Dynamik" ist das gegenwärtige Gefüge der Prozesse in einem fluvialen System beliebigen Maßstabs zu verstehen. Wesentlich ist dabei die Darstellung des Systems in seinen mittleren und extremen Zuständen und die Veränderungen, die das System erfährt, sobald die Belastungen (oder Eingriffe) ein bestimmtes Puffervermögen oder bestimmte Schwellenwerte überschreiten.

Innerhalb des Schwerpunktprogramms werden Gebiete untersucht, die sich erstens von ihrer Lage (Gebietsausstattung) und zweitens von ihrer Größe unterscheiden. Die Lage der Testgebiete variiert vom Norddeutschen Tiefland über Mittelgebirge bis ins Hochgebirge (Abb. 1). Die Gebietsgrößen reichen von hektargroßen Runsen unter Wald (z. B. im Odenwald) bis zu mesoskaligen Flußgebieten mit mehreren hundert Quadratkilometern Fläche.

Um das Einzugsgebiet der Elsenz zu bearbeiten, kann nicht von der Konzeption für kleine Gebiete ausgegangen werden. Alle Teilgebiete gleichmäßig differenziert zu bestücken, ist aus finanziellen und personellen Gründen nicht möglich, das Projekt wäre außerdem nicht mehr überschaubar. Daher ist es notwendig, ein konzeptionelles Modell zu finden, das es erlaubt, mit einem begrenzten Umfang an Geländearbeiten die ablaufenden Prozesse (das fluviale System) "hinreichend genau" zu beschreiben.

Anhand des veränderten konzeptionellen Modells eines fluvialen Systems von KNIGHTON (1984) soll gezeigt werden, aus welchen übergeordneten Komponenten ein fluviales System aufgebaut ist und welche Zusammenhänge bestehen (Abb. 2). Anhand dieses Modells wird die einem mittleren Einzugsgebiet angepaßte Methodik erläutert. Grundsätzlich wird davon ausgegangen, daß es Parameter gibt, die für das fluviale Geschehen von so großer Bedeutung sind, daß sie über das gesamte Gebiet hinweg erfaßt werden müssen (z. B. Niederschlag). Andererseits gibt es Faktoren, die entweder untergeordneter Bedeutung sind (z. B. Vegetation) oder deren Erfassung im Gesamtgebiet den Rahmen des Projektes überschreiten würde (z. B. Substrat und Boden). Um diese Faktoren dennoch zu berücksichtigen, werden sie in zwei Teilgebieten ermittelt, die als beispielhaft erachtet werden, d. h. typisch für einen größeren Teil des Gesamtgebietes sind (siehe Kap. 3).

Die Zusammenhänge und Beziehungen des konzeptionellen Modells führen zu folgendem Meßkonzept: Das fluviale System eines Flußgebietes wird von den unabhängigen Parametern Klima, Geologie und Relief gesteuert. Diese für das Prozeßgeschehen wesentlichen Parameter werden für das Gesamtgebiet ermittelt. Mit Hilfe eines Sondermeßnetzes werden die klimatischen Einzelparameter erfaßt.

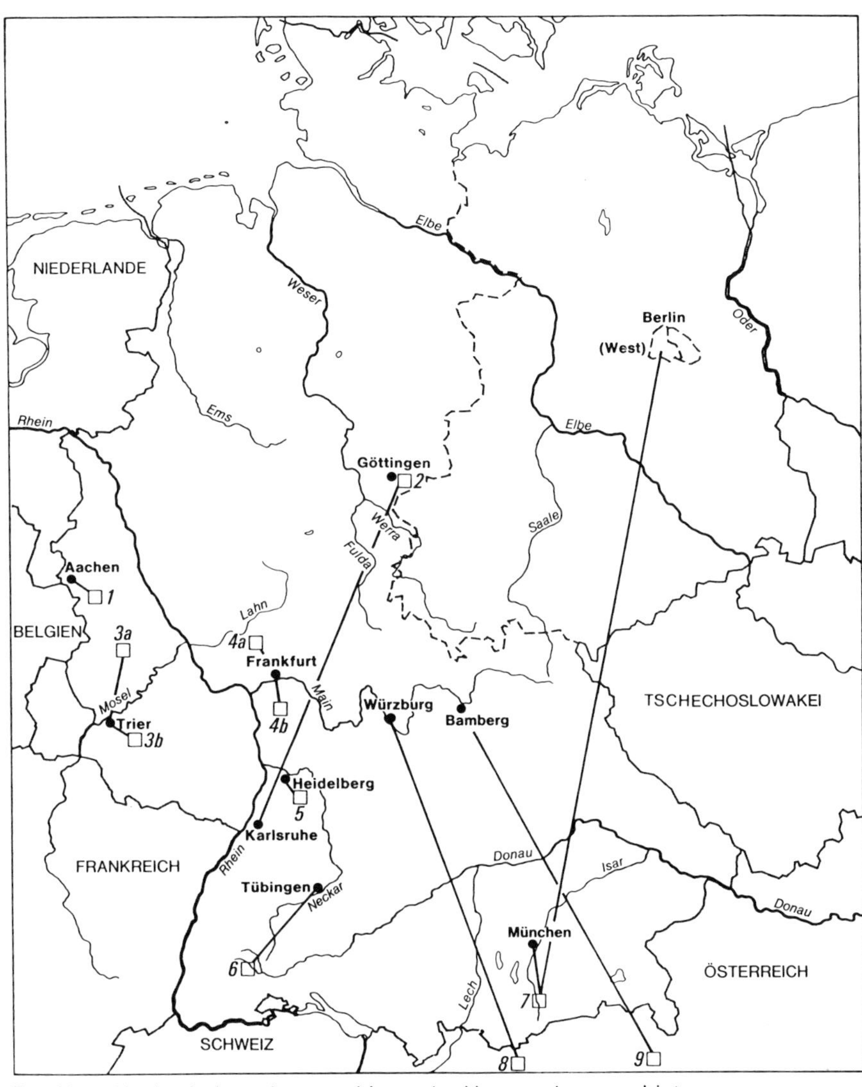

Beteiligte Hochschulstandorte und Lage der Untersuchungsgebiete

1. Kall (Nordeifel)
2. Wendebach, Garte, Dramme (Südniedersachsen)
3 a. Kartelbornsbach (Eifel)
3 b. Olewiger Bach (Hunsrück)
4 a. Taunus
4 b. Odenwald
5. Elsenz (Kraichgau/Odenwald)
6. Wutach (Südschwarzwald)
7. Lainbach (Bayerische Kalkvoralpen)
8. Stubaital (Stubaier Alpen), Ventertal (Ötztaler Alpen)
9. Glatzbach (Hohe Tauern)

Abb. 1: Die im Bereich der "aktuellen fluvialen Geomorphodynamik" beteiligten Hochschulstandorte und die Lage der Untersuchungsgebiete (Quelle: PÖRTGE & HAGEDORN 1989)

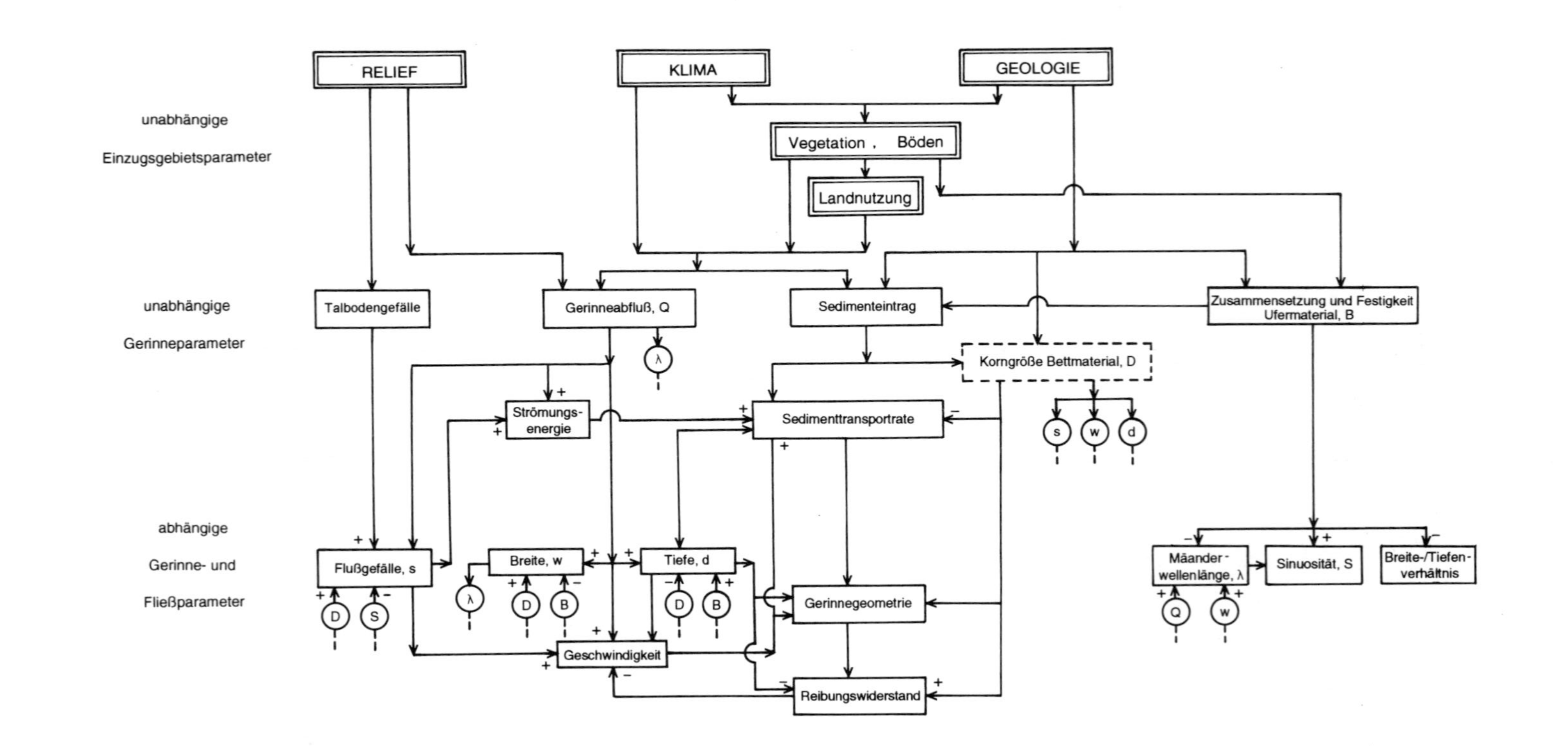

Abb. 2: Zusammenhänge und Beziehungen innerhalb eines fluvialen Systems (verändert nach KNIGHTON 1984)

Hierbei werden die beiden Teilgebiete detaillierter bestückt, um ihre grundsätzliche "Beispielfunktion" zu überprüfen. Relief und Geologie werden in diesem Maßstab durch die Informationen aus topographischen bzw. geologischen Karten (TK 25 und GK 25) ausreichend genau beschrieben. Vegetation, Boden und Landnutzung werden dagegen in den beiden Teilgebieten kartiert.

Aus der Modellebene der unabhängigen Gerinneparameter wird das Talbodengefälle aus den Höhenangaben der GK 5 ermittelt. Zusammensetzung und Festigkeit des Ufermaterials werden an verschiedenen Gerinneabschnitten des Hauptgerinnes und der beiden ausgewählten Zuflüsse aufgenommen. Gerinneabfluß und Sedimenteintrag kommt im fluvialen System eine zentrale Rolle zu; sie werden am Ausgang aller relevanten Teilgebiete und mehrfach im Laufe des Hauptvorfluters erfaßt. Dies ist für eine Bilanzierung der Sedimenttransporte unerläßlich.

Die Teilfaktoren der abhängigen Gerinne- und Fließparameter sind ebenfalls unterschiedlich zu behandeln. Das Flußgefälle kann über längere Strecken mit Hilfe eines Echographen aufgenommen werden, was sich bei Flüssen mit starker Trübe empfiehlt. Breite, Tiefe und Gerinnegeometrie können aus vorhandenen Daten des Fluß- und Straßenbaus punkthaft ermittelt werden. Mitunter liegen von amtlicher Seite Talauen- und Gerinnequerprofile vor, die z. B. zur Berechnung von Abflußhöhen und Gerinnekapazitäten erhoben werden. Mit Hilfe dieser Daten lassen sich die Parameter Breite, Tiefe und Gerinnegeometrie (z. B. hydraulischer Radius) berechnen. Mäanderwellenlänge und Sinuosität lassen sich wiederum der GK 5 entnehmen bzw. daraus berechnen.

In dem fluvialen System von KNIGHTON (1984) wird der Tatsache Rechnung getragen, daß sich die Zusammensetzung und Festigkeit des Ufermaterials auf den Sedimenteintrag auswirkt. Dem Gerinne als Sedimentlieferant wird als separatem Faktor große Bedeutung zugemessen. Das wird in unserem Fall in der Weise berücksichtigt, daß die Gerinneufer in den zwei Teilgebieten und ausgewählte Gewässerstrecken des Hauptvorfluters bezüglich Erosion und Akkumulation kartiert werden.

Es sind also die drei Faktoren Abfluß, Sedimenteintrag und (in etwas abgewandelter Form) die Ausprägung der Ufer, die die Gestaltung der Gerinne und den Sedimenttransport bedingen. Aus diesem Grund wird hier auf diese Parameter besonders eingegangen. Der Abfluß, der im allgemeinen durch Mittelwerte (z. B. NQ, MQ, HQ) beschrieben ist, wird besonders im Hinblick auf den Aufbau und Durchlauf von Hochwasserwellen untersucht, die durch die Abflüsse der Teileinzugsgebiete generiert werden. Dabei soll geprüft werden, wie groß der formgebende bzw. gerinnebettgestaltende Abfluß ist und wie häufig er auftritt. Das bedeutet, daß neben der räumlichen auch die zeitliche Variabilität zu berücksichtigen ist, denn Änderungen des Abflusses wirken sich auf die Gestalt des Gerinnebettes und damit auch auf die Uferstabilität aus (OSMAN & THORNE 1988; PIZZUTO 1986; THORNE & OSMAN 1988a, 1988b; WOLMAN 1959).

Damit gekoppelt sind die Prozesse des Sedimenthaushaltes, der nicht nur den Materialtransport umfaßt, sondern auch die "vorübergehenden" und/oder "endgültigen" Sedimentakkumulationen auf der Aue berücksichtigen muß. Wegen der zahlreichen Einflußfaktoren und deren gegenseitiger Abhängigkeit gehört der Transport von Feststoffen in Fließgewässern und dessen Erfassung zu den schwierigen Problembereichen des Wasserwesens. Im Gegensatz zu den Transportvorgängen unter idealisierten Randbedingungen (z. B. in Laborgerinnen oder Kanälen) ist der Feststofftransport in natürlichen Wasserläufen noch in vielen Bereichen ungeklärt (DVWK 1988). Der Komplexität des Transportprozesses wird dadurch begegnet, daß z. B. in Transportmodellen von bestimmten idealisierten Randbedingungen ausgegangen wird (z. B. DVWK 1988). Ferner bleibt der Prozeß der Flußfege (Spülfracht, wash load) unberücksichtigt, durch den aber gerade bei Flüssen in bindigen Substraten große Mengen mobilisiert werden können (KNIGHTON 1984). Hier besteht die Möglichkeit, durch direkte Messungen im Gelände zu prüfen, ob und welche Mengen an Material transportiert und wo sie zwischendeponiert werden, bis sie das Einzugsgebiet endgültig verlassen.

Dieser Aspekt spielt in diesem Projekt auch insofern eine wesentliche Rolle, als die Untersuchungen an der Elsenz darüber hinaus zum Ziel haben, durch Messung des gegenwärtigen fluvialen Transports einerseits und durch die mikrostratigraphische Gliederung der Sedimente im Talbodenbereich andererseits einen Vergleich der gegenwärtigen mit der durch die holozänen Ablagerungen belegten älteren - holozänen/historischen - fluvialen Dynamik zu ermöglichen (s. SCHUKRAFT 1995). Die beiden Ansätze bewegen sich in unterschiedlichen Zeitmaßstäben und werden mit verschiedenen Methoden bearbeitet. Dennoch sollten die Ergebnisse in der Gegenwart bzw. in der jüngsten Vergangenheit übereinstimmen. Dabei steht die Idee im Vordergrund, Rückkoppelungen zwischen Daten paläogeographischer Art (z. B. der Geometrie ehemaliger Gerinnebetten) und heutigen Messungen etwa zur Rekonstruktion früherer Abflußverhältnisse zu ermöglichen (vgl. BARSCH & MÄUSBACHER 1988; STARKEL & THORNES 1981; CHATTERS & HOOVER 1986).

Um diese Fragen zu beantworten, konnte teilweise auf eine bestehende Methodik zurückgegriffen werden (DVWK 1980, 1982, 1985, 1986, 1988; DIN 1979; GOUDIE 1990). Darüber hinaus mußten für bestimmte Arbeiten neue Methoden entwickelt werden, um in dem Maßstab eines mittleren Einzugsgebietes zu hinreichend genauen Ergebnissen zu gelangen. Die methodische Weiterentwicklung war ein zentraler Aspekt des gesamten Forschungsvorhabens.

2. STAND DER FORSCHUNG

2.1 Forschungsentwicklung

Die Erforschung der Flüsse geht heute von unterschiedlichen Fragestellungen aus und wird dementsprechend in verschiedenen Fachdisziplinen bearbeitet. Es existiert daher eine Fülle von Literatur, aus der hier nur ein kleiner Ausschnitt aufgezeigt werden kann.

Bereits in den antiken Hochkulturen wurde den Flüssen besondere Aufmerksamkeit geschenkt. Der größte von ihnen umkreiste am Rande der Scheibe die Welt und wurde "Oceanos" genannt, der wörtliche Ursprung unserer heutigen Weltmeere. In der Renaissance beschäftigte sich LEONARDO da VINCI bereits mit Strömungsverhältnissen und Geschiebeablagerungen in Flüssen in Abhängigkeit von Flußkrümmungen oder Verzweigungen, womit er dem damaligen Forschungsstand weit voraus war (MANGELSDORF & SCHEUERMANN 1980). Seither sind Abfluß, Sedimenttransport und Gerinnebettgestaltung an Flüssen Gegenstand zahlreicher Untersuchungen gewesen.

In der ersten Hälfte des 19. Jahrhunderts dehnen sich die Untersuchungen zur Wasserführung und zur Flußmorphologie von der rein geowissenschaftlichen Betrachtungsweise zunehmend auf den Flußbau aus. Das ingenieurwissenschaftliche Interesse an diesen Fragestellungen nimmt zu, da die ersten größeren Flußkorrektionen begonnen werden. Damit werden genaue Berechnungen der Abflußmengen und Wasserstände erforderlich, um z. B. die Dammhöhen zu ermitteln (BENSING 1966).

Seit dieser Zeit wird der Themenbereich Hydrologie/Flußmorphologie aus zwei unterschiedlichen Richtungen betrachtet. Die morphogenetischen/prozeßmorphologischen Untersuchungen oder die Wasserhaushaltsuntersuchungen werden eher von der geowissenschaftlichen und hydrologischen Grundlagenforschung betrieben, während sich die Ingenieurwissenschaften vermehrt praktischen Problemen widmen. Hydrauliker und Wasserwirtschaftler beschäftigen sich z. B. mit der Hochwassersicherung (Objektschutz) oder der Schwebstofführung im Zusammenhang mit Erosions- und Akkumulationserscheinungen (z. B. Stauraumverlandung). Sie sind bestrebt, fluviale Vorgänge, wie z. B. den Abfluß oder den Geschiebetransport, rechnerisch nachzuvollziehen (STRICKLER 1923; MANGELSDORF & SCHEUERMANN 1980). Forstleute (vgl. u. a. DELFS et al. 1958; HAUHS 1985) und Kulturtechniker (vgl. u. a. KLETT 1965) interessieren sich für Standortfragen im Hinblick auf wasserhaushaltliche Aspekte (BREMER 1989).

Seit der zweiten Hälfte des 19. Jahrhunderts werden auch im Bereich der geowissenschaftlichen Grundlagenforschung vermehrt quantitative Kennwerte zur Beschreibung der hydrologischen Prozesse und des Wasserhaushaltes eines Einzugsgebietes herangezogen. Die ersten quantitativen Angaben zu Abfluß und Abflußspenden beispielsweise an der Elsenz befinden sich in den Beiträgen zur Hydrographie des Herzogtums Baden (CENTRALBUREAU FÜR METEOROLOGIE UND HYDROLOGIE 1893).

Seit Beginn dieses Jahrhunderts werden Verteilung und Muster von Bächen und Flüssen innerhalb eines Einzugsgebietes näher betrachtet (FELDNER 1903; NEUMANN 1900; SUERKEN 1909). HORTON (1945) und STRAHLER (1957) weisen den Haupt- und Nebenflüssen Ordnungszahlen zu, um die Verteilungsmuster quantitativ zu beschreiben, so daß Flußgebiete direkt miteinander vergleichbar sind. GÖNNENWEIN (1931), PASCHINGER (1957) und KARL & HÖLTL (1974) entwickeln unter diesem Ansatz Methoden zur Bestimmung der Flußdichte.

Weitergehende Untersuchungen beschäftigen sich mit unterschiedlichen Flußtypen und -regimen (z. B. BRENKEN 1959; GRIMM 1968; PARDE 1947; ZELLER 1965). Die Form der Gerinne (gerade, verzweigt, mäandrierend) wird in zahlreichen Arbeiten untersucht, wobei die Mäanderforschung einen besonderen Schwerpunkt bildet (u. a. BAGNOLD 1960; DAVIS 1903; EXNER 1919; FLOHN 1935; HJULSTRÖM 1935, 1942; TROLL 1954; WUNDT 1949, 1962b). Darüber hinaus werden allgemeine Fragen zur Flußerosion, der Flußmorphologie, der Laufentwicklung und der Veränderung des Flußlängsprofils diskutiert (BREMER 1960; MACHATSCHEK 1964; MANGELSDORF & SCHEUERMANN 1980; PHILIPPSON 1947; RICHTER 1965; SCHAFFERNAK 1935, 1950; SCHIRMER 1983; SCHMIDT C.W. 1924; SCHMIDT 1984; WEBER 1956; WEGENER 1925; WILHELM 1957; WUNDT 1962a). Im Zusammenhang mit dem Sedimenttransport stehen die alluvialen Sedimentablagerungen in den heutigen Flußauen (BREMER 1959, 1989; MENSCHING 1957).

Messungen des Sedimenttransportes in Flüssen werden verstärkt seit Beginn dieses Jahrhunderts durchgeführt. Das Spektrum der Untersuchungen ist weit gestreut; es umfaßt u. a. den Geschiebetransport (in Wildbächen) und den Transport schwebstofführender Flüsse (BAUER 1968; BECHT 1986; BOGARDI 1956; BURZ 1958, 1967; EINSTEIN 1942, 1950; ENGELSING & NIPPES 1979; MANIAK 1967; OEXLE 1936; REHBOCK 1929; SCHOKLITSCH 1926, 1935, 1962; SONNTAG 1978; YALIN 1972; ZANKE 1978, 1982; ZELLER 1963). SCHMIDT (1924) stellt die Schlammführung (alte Bezeichnung für Schwebstoffe) europäischer und außereuropäischer Flüsse zusammen und errechnet daraus die Abtragungsbeträge im Einzugsgebiet. Die Datengrundlage ist allerdings so gering, daß WEISS (1972) zu dem Schluß kommt, daß die Schwebstoffmessungen z. B. an bayerischen Flüssen bis 1948 für statistische Auswertungen nicht verwendet werden sollten (BECHT 1986).

Die Weiterentwicklung der Untersuchungsmethoden trägt in den folgenden Jahrzehnten dazu bei, die komplexen Transportprozesse von Feststoffen bzw. Geschieben genauer zu erfassen und zu quantifizieren (u. a. ERGENZINGER & CON-

RADY 1982; ERGENZINGER & CUSTER 1983; HINRICH 1968, 1971, 1972, 1973, 1979; REINEMANN et al. 1982; SCHMIDT & ERGENZINGER 1990).

Im englischsprachigen Raum werden besonders seit Mitte der 50er Jahre dieses Jahrhunderts Parameter des Flußgebietes bzw. der Gerinnebetten quantitativ ermittelt (z. B. hydraulischer Radius, Formratio, Bench-Index, Furt-Kolk-Frequenzen). Mit Hilfe dieser Formparameter werden die Prozeßzusammenhänge erklärt (CHORLEY 1969; GREGORY & WALLING 1973; GREGORY 1973; SCHUMM 1977; SCHUMM & LICHTY 1965 und STARKEL & THORNES 1981). Besonders CHORLEY (1962, 1965) begründet mit seinen Arbeiten zur Geomorphologie und Systemtheorie und der Anwendung quantitativer Methoden in der Geomorphologie die Forschungsrichtung, bei der einzelne Prozesse detailliert untersucht werden. Dadurch ist es z. B. möglich, Beziehungen zwischen der Frequenz von Kolken und den Gerinnebreiten herzustellen (LEOPOLD et al. 1964).

Einen wesentlichen Fortschritt bedeutet die dynamische Betrachtung des fluvialen Systems, was beispielsweise an den unterschiedlichen Untersuchungen zum Geschiebetransport deutlich wird. So gehen BURZ (1958), HARTUNG (1959) und GALLO & ROTUNDI (1965) von festen Grenzkorndurchmessern für den Übergang von einer zur anderen Fortbewegungsart durch fließendes Wasser aus. HAYAMI (1941) dagegen sieht den Übergang von Geschiebe zu Schweb in Abhängigkeit von physikalischen Größen, und zwar als Verhältnis der Fallgeschwindigkeit eines Korns zur Schubspannungsgeschwindigkeit (MANGELSDORF & SCHEUERMANN 1980). Die dynamische Betrachtungsweise eines Systems macht die Untersuchung der Zusammenhänge komplexer und damit schwieriger, sie kommt den natürlichen Prozeßabläufen aber wesentlich näher.

2.2 Neuere Literatur

In der Einleitung wird dargelegt, daß Abfluß, Sedimenttransport und Gerinnebettgestaltung innerhalb der Untersuchung eines fluvialen Systems eine zentrale Stellung einnehmen (KNIGHTON 1984). Deren Entwicklung wird wesentlich durch die kurzfristigen Veränderungen gesteuert, die besonders während Hochwasserereignissen erfolgen. Vor allem aus dem englischen Sprachraum liegen eine Vielzahl von Untersuchungen vor, die belegen, daß diese formgebenden und transportrelevanten Ereignisse zwar selten auftreten, aber oftmals hohe Maximalstände erreichen. Aufgrund ihrer hohen Variabilität können sie modellhaft bisher nicht zufriedenstellend erklärt werden, sondern müssen messend erfaßt werden (BEVEN & CARLING 1989; BROOKES 1988; GOUDIE 1990; HEY et al. 1982; LEWIN 1981; MORISAWA 1973, 1985; SCHUMM et al. 1987; THORNE et al. 1987; WHITE 1988).

Im Hinblick auf das kurze und schnelle Prozeßgeschehen bei Hochwasser sind verschiedene Aspekte zu berücksichtigen. Dazu gehört z. B. die Frage, welche Effektivität bestimmte Ereignisse haben, d. h. welche Wasser- und Sedimentmengen bei kleineren und größeren Ereignissen transportiert werden. Dabei werden bestimmte Schwellenwerte über- oder unterschritten, ansonsten käme es nicht zu einem Anstieg des Abflusses. In diesem Zusammenhang ist die Ausstattung des Gebietes von Bedeutung (z. B. Relief, Flußlängsprofil). Diese Faktoren beeinflussen den Abfluß, die Gerinnebettgestaltung und den Sedimenttransport. Sie werden in unterschiedlichen zeitlichen und räumlichen Maßstäben untersucht.

Effektivität von Ereignissen

Die Effektivität von Hochwasserereignissen einer bestimmten Größe ist grundsätzlich schwierig einzuschätzen, da es sich in der Regel nur um einen kurzen Beobachtungszeitraum handelt und daher relativ wenig Daten vorliegen (BEVEN & CARLING 1989). Da eine deutliche Unterscheidung der Extremereignisse bezüglich des Abflusses, des Sedimenttransportes oder der Formgebung nicht immer möglich zu sein scheint, wird die Diskussion zusätzlich schwieriger. Das bezieht sich auch auf Abtragsbeträge und "geomorphologische Effekte", die in diesem Zusammenhang von BREMER (1989) angeführt werden. Ein weiteres Problem, die Effektivität von Ereignissen zu ermitteln, stellt der Vergleich von unterschiedlichen Flußgebieten dar. So stellt DURY (1976) fest, daß viele seltene Hochwasserereignisse speziell in Flachlandregionen einen sehr geringen geomorphologischen Effekt haben, während in anderen Situationen die Änderungen im Einzugsgebiet durch den Effekt von seltenen katastrophalen Ereignissen dominiert sein können (WOLMAN & GERSON 1978).

WOLMAN & MILLER (1960) vertreten die Auffassung, daß ein Großteil der Arbeit nicht durch Ereignisse ungewöhnlichen Ausmaßes, sondern durch Ereignisse mittlerer Größenordnung erbracht wird, die vergleichsweise regelmäßig auftreten. Katastrophale Ereignisse können zwar größere Mengen an Sediment transportieren, aber ihr Anteil an der gesamten Suspensionsfracht ist weniger bedeutend, da sie so selten vorkommen (WEBB & WALLING 1982). WOLMAN & MILLER (1960) haben für verschiedene Flüsse berechnet, daß über 99 % der gesamten Schwebfracht bei Ereignissen transportiert wird, die häufiger als einmal in 10 Jahren vorkommen. 80-90 % der Fracht wird bei Ereignissen befördert, die häufiger als einmal im Jahr auftreten.

BREMER (1959, 1989) vertritt für die Weser, daß alle Wasserstände an der Formung beteiligt sind. Dabei bewirken hundert- oder tausendjährliche Hochwasser einschneidende Veränderungen. An der Weser bewirken sie vornehmlich Laufverlegungen und verstärken die Unregelmäßigkeiten der Flußsohle. Durch die nachfolgenden Wasserstände wird das Sohlenprofil geglättet und der Grundriß ausgeglichen.

Nach THORNES (1982) leisten die Hochwasserabflüsse den Hauptteil der Transportarbeit, da extreme Ereignisse die inneren Grenzwerte der Stabilität eher überschreiten (siehe auch KNIGHTON 1984). Extreme oder katastrophale Hochwasserereignisse können dabei geomorphologisch so wirksam sein, daß die Abtragsbeträge weniger Tage den Jahresabtrag um einige Zehnerpotenzen übersteigen (BEATY 1974; STARKEL 1976).

BEVEN & CARLING (1989) deuten zusammenfassend die Probleme an, die bis heute ungeklärt sind, z. B. was ein Hochwasser vom anderen unterscheidet. Aus den Untersuchungen von Hochwasserfrequenzen schließen sie, daß alle Ereignisse von einer zugrundeliegenden Zufallsverteilung bestimmt werden. Dabei bereitet zwar die Form der Verteilung Schwierigkeiten (log normal, Gumbel, two-component exponential, EV2, EV3, log Pearson typ III, Wakeby oder Weibull), da besonders im oberen Abflußbereich zu wenig Werte vorliegen, um ihn mit Genauigkeit zu bestimmen. Es wird aber davon ausgegangen, daß die Verteilung kontinuierlich ist. Das bedeutet, daß der Abfluß in Richtung höherer Jährlichkeiten stetig zunimmt, es aber bisher in der Abflußaufzeichnung keine sichtbaren Schwellenwerte für Hochwasserereignisse gibt. Dementsprechend ist die zunehmende Abflußmenge offensichtlich kein ausreichendes Kriterium, die Effektivität von Ereignissen zu beschreiben.

Schwellenwerte

Die Effektivität von Ereignissen hängt unmittelbar damit zusammen, ob im Laufe eines Prozeßgeschehens bestimmte Schwellenwerte über- oder unterschritten werden. Mit Hilfe dieser "Grenzwerte" können Prozeßbereiche unterschieden werden (z. B. einzelne Hochwasserereignisse oder einzelne Phasen innerhalb von Ereignissen). So wirkt sich z. B. ein Niederschlag von weniger als 1 mm nicht auf den Bodenwasserhaushalt eines Waldbestandes aus, da er gänzlich durch Interzeption zurückgehalten wird (CHORLEY et al. 1984). Bei höheren Niederschlägen stellt die Infiltrationskapazität des Standortes einen dynamischen Schwellenwert dar. Wird er - in Abhängigkeit von anderen Faktoren (z. B. Vorregenindex, Niederschlagsintensität) - überschritten, kommt es zu Oberflächenabfluß, der u. U. ein Hochwasserabfluß generiert. Das bedeutet, daß Schwellenwerte nicht statisch sind, sondern in Abhängigkeit vom Zustand oder den Veränderungen des Systems verschieden sein können.

SCHUMM (1977) unterscheidet zwischen Schwellenwerten, die im System selbst liegen (intrinsic), wie z. B. ein glazialer Ausbruch, der nicht durch äußere Faktoren wie Klima oder Tektonik bedingt ist, und solchen Schwellenwerten (extrinsic), die durch Anstoß von außen überwunden werden. COATES & VITEK (1980), die zahlreiche Beispiele für Schwellenwerte geben, differenzieren in 1. externe und interne, 2. prozeß- und formabhängige und 3. durch menschliche Aktivitäten bedingte Schwellenwerte. Beispiele für den letztgenannten Punkt sind die Staustufen im Längsprofil eines Flusses oder die zunehmende Versiegelung durch Bebauung, die zu höherem Oberflächenabfluß und größeren Hochwasserspitzen beiträgt.

SCHUMM (1977) gibt ein Beispiel für einen morphologischen Schwellenwert, der u. U. auch für die Untersuchungen an der Elsenz von Bedeutung ist. Es handelt sich dabei um die Sedimentakkumulation auf den Auenflächen, die solange fortgesetzt wird, bis die Uferneigungen oder -höhen einen kritischen Schwellenwert erreicht haben. In diesem Fall nimmt die Gerinnekapazität zu und erreicht einen Schwellenwert, der zusätzlich von Faktoren wie Ufersubstrat und -festigkeit abhängt. Wird der Schwellenwert überschritten, reagiert das Gerinne mit Einschneidung und Sediment wird abtransportiert. Dies ist ein Beispiel dafür, daß Schwellenwerte auch überschritten werden können, wenn der Input relativ konstant ist (in Form der Sedimentakkumulation). Das bedeutet, daß die externen Variablen konstant bleiben (Aufsedimentieren der Aue) und die fortschreitende Systemänderung für die Instabilität verantwortlich ist. Der Schwellenwert entsteht also erst zu einem bestimmten Zeitpunkt, was dessen Ermittlung zusätzlich erschwert.

Relief, Flußlängsprofil und Laufmuster

Einer der wichstigsten Einflußgrößen auf die fluviale Geomorphodynamik eines Flußgebietes ist das Relief, das das Laufmuster der Haupt- und Nebenflüsse und deren Längsprofile bedingt. Zusammenfassende Darstellungen dieses Themenkomplexes finden sich u. a. in KIRKBY (1978, 1987) und ANDERSON & BURT (1990), die sich mit dem Einfluß des Reliefs auf die Ausprägung der hydrologischen Hangprozesse und -formen auseinandersetzen (siehe auch DIERTICH et al. 1987). FARRENKOPF (1987, 1988) weist bei Untersuchungen im Nordschwarzwald auf die wesentliche Bedeutung des Reliefs auf die Abflußbildung hin. Bezüglich der Generierung von Abflußereignissen geht DUNNE (in KIRKBY 1980) besonders auf die abflußwirksamen Flächen (contributing areas) ein, deren Lage und Wirksamkeit in hohem Maße vom Relief bzw. der Morphographie beeinflußt werden.

Ein Ausdruck des Reliefs ist das Flußlängsprofil. Es ist ein Parameter, von dem z. B. die Form von Gerinnen und damit deren Veränderung unmittelbar abhängen, wodurch auch der Sedimenthaushalt beeinflußt wird (LEOPOLD et al. 1964; MANGELSDORF & SCHEUERMANN 1980; MORISAWA 1985; RICHARDS 1982; SCHUMM 1977; THOMPSON 1986; YALIN 1971). Die natürlichen Flußläufe werden i. d. R. in gerades, verzweigtes (früher: verwildertes) und gewundenes (oder mäandrierendes) Laufmuster eingeteilt. LEOPOLD & LANGBEIN (1966) haben in ihren Untersuchungen gezeigt, daß es sich bei den mäandrierenden Flußabschnitten um eine Stabilitätsform handelt, da die Variabilität der geometrischen und hydraulischen Faktoren zum Minimum tendiert. Hierbei ist nach BREMER (1989) die Mäanderform für Flüsse, die durch Kolke und Furten gekennzeichnet sind, die wahrscheinlichste. Dies ist im Hinblick auf die Untersuchungen an der

Elsenz zu beachten, da ein mögliches Furt-Kolk-Profil unmittelbaren Einfluß auf die Gerinneform und damit den Sedimenthaushalt ausübt.

Für den mitteleuropäischen Raum hat BREMER (1959) bei Untersuchungen an der Weser festgestellt, daß die größeren Formen des Flußbettes sowohl im Längsprofil mit Kolken und Schwellen als auch im Grundriß seit mindestens 100 Jahren mehr oder minder stabil sind. Darüber hinaus konnte für das Längsprofil der Weser nachgewiesen werden, daß seit mindestens 6000 Jahren, wahrscheinlich seit dem Spätglazial, die Flußsohle unter natürlichen Bedingungen nicht nennenswert tiefer gelegt wurde (BREMER 1989: 97) bzw. im Mündungsgebiet im Zuge der Meerestransgression erhöht wurde. Untersuchungen aus England belegen, daß auch dort die Gerinnebetten der meisten Tieflandsflüsse seit Jahrtausenden in ihrer jetzigen Form in ihren Auensedimenten festliegen (MIALL 1978; DURY 1981; VANONI 1984).

Im Gegensatz dazu fand SCHIRMER (1983) Anhaltspunkte dafür, daß der Main während des Holozäns Phasen starker Laufverlegungen durchlief. In diesem Zusammenhang ist aber auf die Diskussion hinzuweisen, bei der die Interpretationen, die SCHIRMER (1983, 1988, 1990) aus den untersuchten Formen findet, von BUCH (1988, siehe auch BUCH & HEINE 1988) in Frage gestellt wird.

Abfluß, Flußmorphologie und Gerinnebettgestaltung

Ausführliche Beschreibungen hydrologischer Prozeßabläufe, u. a. auch zu Abfluß, Flußmorphologie und Gerinnebettgestaltung finden sich z. B. in DYCK (1978); DYCK & PESCHKE (1989); KIRKBY (1987); MANGELSDORF et al. (1990); MANIAK (1988); SCHMIDT (1984); SCHUMM (1977); SCHUMM et al. (1987) und SHAW (1983). Ein wesentliches Ziel dieser Untersuchungen ist es, über definierte Verfahren (Niederschlag-Abfluß-Modelle, Unit-Hydrograph etc.) Hochwasserereignisse einzuordnen und Vorhersagemöglichkeiten zu schaffen. Speziell der ufervolle (und der darüber hinausgehende) Abfluß nehmen dabei eine besondere Stellung ein. Dem bordvollen Abfluß wird die größte formgebende, d. h. gerinnebettgestaltende Wirkung zugeschrieben. Seine Häufigkeit, seine Konzentration und Verzögerung nach einem abflußwirksamen Niederschlagsereignis werden in hohem Maße von der raum-zeitlichen Variation der abflußwirksamen Flächen in Abhängigkeit von den Gebietsfaktoren und der Hydrodynamik gesteuert (DUNNE in KIRKBY 1989).

DURY (1973, 1980) zeigt anhand von Amplitude-Frequenz-Analysen (magnitude-frequency analysis), daß Hochwasserabflüsse nordamerikanischer Flüsse bis zu einer Jährlichkeit von 2,3 unter ufervollem Wasserstand bleiben. So erreicht z. B. der North Fork Cedar River in Washington nur alle 2,3 Jahre ufervollen Abfluß. Anders bei dem Beaver Kill in New York, der ufervollen Abfluß durchschnittlich nur alle 5 Jahre erreicht. Als Durchschnittswert bestätigt DURY (1973) aber die statistische Wiederkehr des ufervollen Abflusses von 1,58 Jahren (LANGBEIN et al. 1949). Auch LEOPOLD, WOLMAN & MILLER (1964) nehmen für natürliche Bedingungen an, daß der ufervolle Abfluß als gerinnebettgestaltender Abfluß (Q_b) im Durchschnitt alle 1,5 Jahre auftritt (siehe auch BEVEN & CARLING 1989; WILLIAMS 1978; WOLMAN & LEOPOLD 1957). NIXON (1959) veranschlagt hierfür einen Zeitraum von 2 Jahren.

Überschreitet der Abfluß bestimmte Schwellenwerte, löst er in Abhängigkeit von Art und Verfügbarkeit des Materials Erosions- und Akkumulationsprozesse aus. Er ist in erster Linie verantwortlich für die Formung der Gerinnebetten und der Aue (BEVEN & CARLING 1989; KIRKBY 1978; KNIGHTON 1984; MANGELSDORF 1980; MANGELSDORF et al. 1990, SCHMIDT 1984; THORNE et al. 1988a, 1988b; THORNE & OSMAN 1988a, 1988b). Die gegenseitige Abhängigkeit (Interdependence) der hydrologischen Prozesse und der verschiedenen geometrischen Parameter eines Flusses sind besonders von den amerikanischen Untersuchungen zur Flußmorphologie herausgearbeitet worden (zusammenfassend LEOPOLD et al. 1964; MORISAWA 1968). Dabei ist nach BREMER (1989) der grundsätzliche funktionale Zusammenhang zwar zu erkennen, monokausale Beziehungen aber nur schwer zu bestimmen. Die meisten Korrelationen befassen sich daher mit schnell ändernden, meist linear wirkenden Prozessen, wobei die Flußarbeit i. d. R. im Vordergrund steht (zusammenfassende Darstellung in LEOPOLD et al. 1964; CARSON & KIRKBY 1972; DOORNKAMP & KING 1971; CHORLEY 1972; GREGORY & WALLING 1973; MORISAWA 1985).

Außer dem Abfluß sind die Faktoren Gerinnetiefe, Gerinnebreite, hydraulischer Radius etc. für die Gestaltung des Gerinnebettes relevant. Sie sind ein Ausdruck der Fließdynamik, bedingen diese aber auch (BEVEN & CARLING 1989; BIRD 1985; FERGUSON 1981; MORISAWA 1985; THORNE et al. 1987). Ferner spielt die Uferstabilität eine wichtige Rolle, im Hinblick darauf, welche Gerinnequerschnitte oder Uferformen in Abhängigkeit vom Material auftreten oder wie Uferhöhen und Bepflanzungen die Stabilität beeinflussen (OSMAN & THORNE 1988; PIZZUTO 1986; THORNE & OSMAN 1988a, 1989b; WOLMAN 1959).

Im Hinblick auf Fließdynamik, Uferstabilität und Erodierbarkeit ist zwischen kohäsivem (bindigem) und nicht-kohäsivem (rolligem) Material zu unterscheiden (z. B. GRISSINGER 1982; ZANKE 1982). Im Gegensatz zu rolligem Substrat wird kohäsives Material durch interpartikuläre Kräfte zusammengehalten, so daß es gegenüber fluvialer Erosion (Entfernung von Einzelpartikeln) relativ zur Korngröße restistent ist. Gerinne, die in diesem Material verlaufen, haben daher i. d. R. steile Ufer. Das hat zur Folge, daß neben den hydraulischen Kräften gravitative Kräfte als Ursache für Instabilitäten in Frage kommen. Ein typisches Beispiel sind die Gerinne am nördlichen Mississippi. Hier treten hohe, steile Ufer auf, die für Massenbewegungen (Rutschungen) empfänglich sind. GRISSINGER (1982) schließt daraus, daß in diesem Bereich Gravitationskräfte bedeutender sind als hydraulische

Kräfte. Der Mechanismus von Uferabbrüchen (bank failure) hängt daher dort in erster Linie von stratigraphischen Eigenschaften der Talauensedimente ab.

Kohäsives Ufermaterial wird häufig nicht als Einzelkorn, sondern in Form von Aggregaten oder Bodenklumpen erodiert (THORNE & OSMAN 1988a, 1988b). Die Autoren können durch empirische Studien zeigen, daß die Erosionswiderständigkeit mehr von den physikalisch-chemischen Eigenschaften des Boden-, Poren- und Flußwassers abhängt, als von mechanischen Eigenschaften wie z. B. Scherfestigkeit des Materials. Es werden drei Faktoren angeführt, die für die Erosionswiderständigkeit des Ufermaterials relevant sind: die Dispersivität des Bodens, die elektrochemischen Verbindungen zwischen den Partikeln und die chemischen Zusammensetzung des Boden- und Flußwassers.

Bezüglich der Stabilität der Ufer spielt auch die Vegetation eine wichtige Rolle (DVWK 1990; THORNE et al. 1988). Die Gerinne werden - als Rest der natürlichen Auenwälder - von Galeriewäldern gesäumt, die auf landwirtschaftlich genutzten Auen auf eine den Fluß begleitende Baumreihe beschränkt sind. Das Wurzelwerk schützt die Oberflächen der Ufer direkt vor den hydraulischen Erosionskräften durch das fließende Wasser. Das Wurzelgeflecht fördert den Zusammenhalt des Substrates, was bei hohen, steilen Ufern die Standfestigkeit erhöht. Andererseits fördern hoch aufgewachsene Bäume die Instabilität des Ufers besonders in bindigem Material, da durch ihre Auflast gravitative Prozesse gefördert werden können (OSMAN & THORNE 1988a).

Sedimenttransport und Sedimenthaushalt

Der Materialtransport in einem Fluß setzt sich zusammen aus dem Anteil der gelösten Bestandteile (Lösungsfracht) und dem der Feststoffe (Sedimentfracht). Die Lösungsfracht ist bei der Gesamtbilanz als eine wesentliche Größe zu berücksichtigen. Ihr Anteil kann erheblich schwanken. Nach Untersuchungen von GREGORY & WALLING (1973) und MORISAWA (1985) kann die Lösungsfracht von 3-95 % der Gesamtfracht ausmachen.

Die mineralischen Sedimente, die sich in Bewegung befinden, werden je nach Transportvorgang in Bett-, Schweb- und Schwimmfracht unterschieden. Die Bettfracht oder das Geschiebe wird an der Gerinnesohle transportiert und kann deshalb im Gelände nur unter hohem methodischem Aufwand direkt beobachtet werden, z. B. mit eingebauten Filmkameras (HINRICH 1973; MORTENSEN & HÖVERMANN 1957), oder meßtechnisch erfaßt werden (z. B. ERGENZINGER 1989, 1992; ERGENZINGER et al. 1989). Die Schwierigkeiten des Messens dieser Komponente stellen u. a. LEOPOLD (1956) und SCHMIDT (1984) heraus. Obwohl die Geschiebetransporte mit Ausnahme von Gebirgsbächen wohl selten mehr als 10 % ausmachen, sind sie natürlich bei Gesamtbilanzen nicht zu vernachlässigen (BREMER 1989).

Nach einer Übersicht von WALLING & WEBB (1983) überwiegt an 60 % der untersuchten Vorfluter der Gehalt an Schwebstoffen gegenüber dem Geschiebe. In vielen Flüssen macht die Schwebfracht einen noch größeren Anteil des gesamten Sedimentransportes aus. In Flachlandflüssen, wo feinsandige Alluvionen dominieren, hat nach HELLMANN (1977) und WESTRICH (1988) der Schwebstofftransport eine dominierende Stellung. Hier ist die Konzentration der Schwebstoffe ein signifikantes Maß für die Intensität des gesamten Feststofftransportes. Entsprechendes kann auch für Hochgebirgsflüsse gelten, was MÜLLER & FÖRSTNER (1969) am Beispiel des Alpenrheins zeigen, dessen Sedimentfracht vor der Mündung in den Bodensee zu 99 % aus Schwebstoffen besteht. Dagegen gibt es bis 1982 nach FLÜGEL (1982) noch keine Messungen des Schwebstoffaustrages aus landwirtschaftlich intensiv genutzten, mittelgroßen Einzugsgebieten im Löß.

Nach DIN 4049, Teil 1, sind Schwebstoffe Feststoffe, die mit dem Wasser im Gleichgewicht stehen oder durch Turbulenz in Schwebe gehalten werden. Als grobes Richtmaß wird für mineralische Sedimente in ungestauten Fließgewässern ein Grenzdurchmesser von d < ca. 60 µm angegeben (KRESSER 1964). Sie können in organischen und anorganischen Frachtanteil weiter untergliedert werden (WESTRICH 1988). An britischen Flüssen kann der organische Anteil des suspendierten Materials beträchtlich sein. Mit 5-60 % organischem Material hat der Fluß "Dorset Frome" eine beträchtliche und für viele Flüsse wahrscheinlich typische Schwankungsbreite (WALLING & WEBB 1981).

Auffallend ist der große Anteil der Untersuchungen an schotterführenden Flüssen, also in nicht-kohäsivem Material. Hier sind zahlreiche Gesetzmäßigkeiten z. B. für die hydraulischen Vorgänge und die Gestaltung der Gerinnebetten gefunden worden (z. B. ZANKE 1982; THORNE et al. 1987; HEY et al. 1982). Damit lassen sich aber die Prozesse in kohäsivem Material nicht oder nur unzureichend erklären (ZANKE 1982: 173). GRISSINGER (1982) gibt einen Überblick über den Fortschritt, der hier erzielt wurde, weist aber auch darauf hin, daß die Komplexität der interpartikulären Kräfte das Verstehen der Erodierbarkeit kohäsiven Materials limitiert. Ähnliche Schwierigkeiten bereitet die Berechnung des Transports suspendierten Materials im Gerinne. Die bisher vorliegenden Ansätze und Verfahren haben den Nachteil, daß sie den bedeutenden Anteil der Spülfracht (s. u.) nicht erfassen (VETTER 1984).

Der Schwebstofftransport innerhalb des fluvialen Systems wird durch zahlreiche Faktoren beeinflußt, wie z. B. vom Sedimenteintrag von den Flächen, der Geometrie und Tiefe der Gerinne, der Abflußgeschwindigkeit und von den Eigenschaften des Ufermaterials. HEY et al. (1982), LEWIN (1981), MANGELSDORF & SCHEUERMANN (1980), SCHUMM et al. (1987), THORNE et al. (1987) und WESTRICH (1988) gehen dabei besonders auf die Themenkomplexe Sedimenttransport und Gerinnebettgestaltung ein.

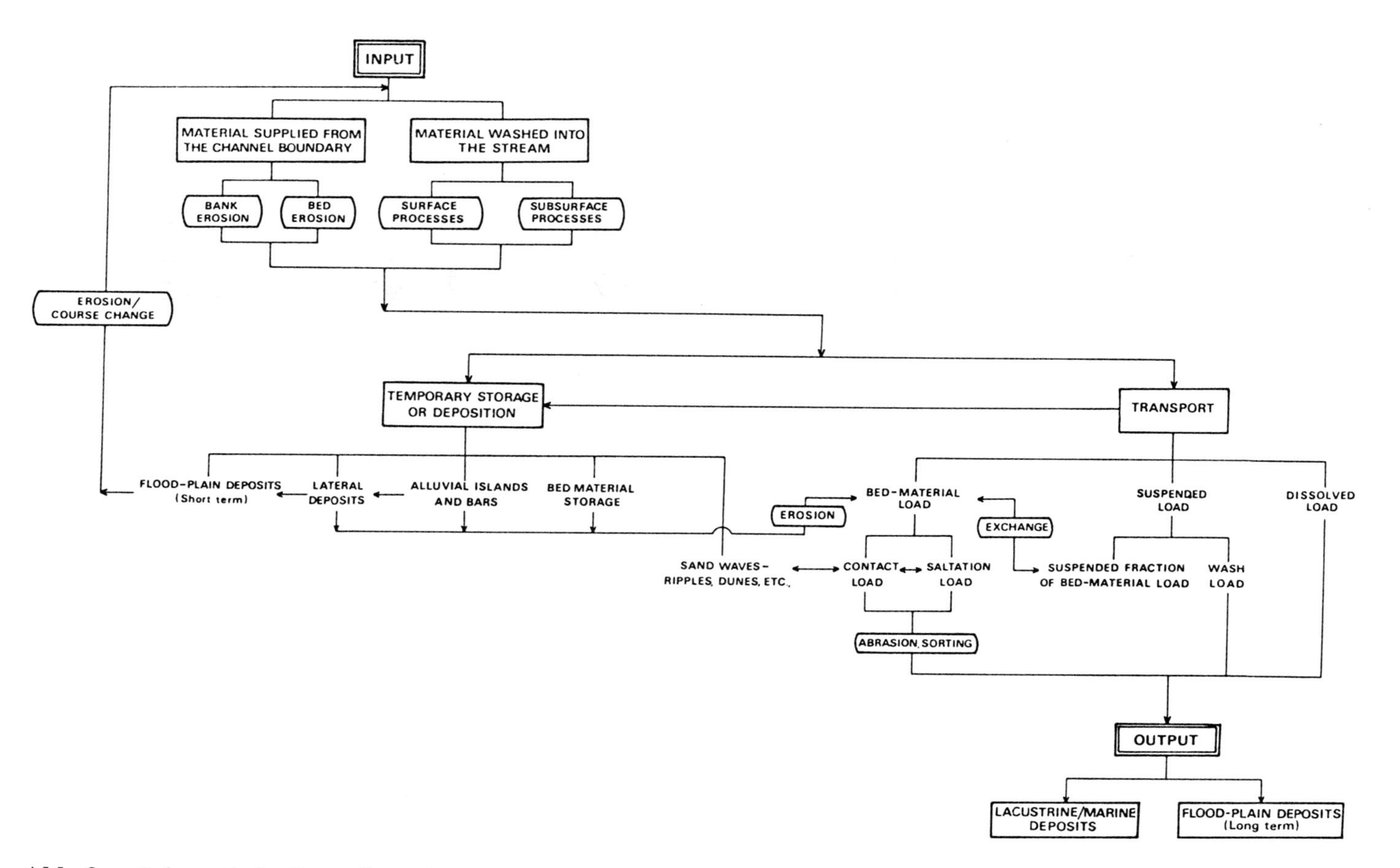

Abb. 3: Schematische Darstellung des Sedimenttransportes innerhalb und durch ein fluviales System (Quelle: KNIGHTON 1984)

Nach KNIGHTON (1984) wird das transportierte Sediment entweder in den Fluß eingetragen oder stammt aus dem Gerinne selbst (siehe Abb. 3). Dieses Material wird teilweise temporär gespeichert, d. h. es kommt im Gerinnebett oder auf der Aue kurzzeitig wieder zur Ablagerung. Dagegen nimmt das weiter in Bewegung befindliche Material als Lösungs-, Suspensions- oder Bettfracht an den Prozessen teil, die flußab durch Erosion, Abrasion und Sortierung das Gerinne gestalten. Es geht dem System endgültig verloren, wenn es (als Output) das Gebiet verläßt oder für einen langen Zeitraum als Auensediment fixiert wird.

Die quantitativen Angaben zum Transport von Schwebstoffen sind weit gestreut. Nach den Daten der Deutschen Gewässerkundlichen Jahrbücher sind die Schwebstoffkonzentrationen in deutschen Flüssen relativ gering (SCHMIDT 1984, 1985). Die Bundesrepublik Deutschland paßt sich so in das globale Verteilungsmuster ein, in dem die humid temperierten Gebiete generell durch geringe Schwebstoffkonzentrationen gekennzeichnet sind (SCHMIDT 1985: 99). Im allgemeinen liegen die Durchschnittswerte um 40-50 mg/l, wobei keine Angaben zur Datengrundlage oder zum Meßzeitraum gemacht werden. Die an Hochwasser gebundene Spitzenkonzentration der Schwebstofführung schwankt am Rhein um 500 mg/l, während an den größeren Nebenflüssen zum Teil wesentlich höhere Werte ermittelt wurden (Mosel bei Lehmen 1070 mg/l, Saar bei Saarburg-Staaden 4350 mg/l). Aus diesen Angaben geht allerdings nicht hervor, inwieweit anthropogene Sedimentquellen vorhanden sind (z. B. Bergbau).

Wie bei anderen Prozessen herrscht auch im Bereich des Sedimenttransportes eine hohe zeitliche und räumliche Variabilität. PETTS & FOSTER (1985) konnten bei der Untersuchung gleicher Einzugsgebiete nachweisen, daß die Güte der Abschätzung des Sedimentaustrages entscheidend von der Anzahl der verfügbaren Schwebstoffmessungen abhängt. Da eine detaillierte Probennahme nicht immer möglich ist, hat man versucht, die Schwebstofffracht unter Verwendung anderer Parameter zu ermitteln, so z. B. mit Hilfe des Niederschlags oder des Abflusses.

GREGORY & WALLING (1979) zeigen bei einem Vergleich der Feststofffrachten und des spezifischen Bodenabtrags unterschiedlich gearteter Einzugsgebiete, daß das Niederschlagsgeschehen je nach klimatischen, geologischen und Vegetationsbedingungen zu einer starken geographischen Differenzierung der Feststofffracht in Flüssen führt. Neben dieser räumlichen Differenzierung sind die Transportraten enormen abfluß- und jahreszeitlich bedingten Schwankungen unterworfen. Bezüglich der relevanten Geofaktoren ist die Arbeit von HERRMANN (1972) von großem Interesse, der bei Modellrechnungen für die Schwebstofführung hessischer Mittelgebirgsflüsse eine enge Korrelation zu den Faktoren des Einzugsgebietes herausarbeitet. Zu den Parametern des Flusses besteht dagegen eine nur geringe Beziehung (BREMER 1989). McGUINNESS et al. (1971) haben herausgefunden, daß der Sedimenteintrag aus kleinen Gebieten in Ohio gut mit Niederschlagscharakteristiken und Faktoren der Vegetationsbedeckung korrelieren.

Der Austrag großer Gebiete korreliert dagegen gut mit Fließcharakteristiken der Flüsse. Vergleichbare Trends fanden OTTERBY & ONSTAD (1981) für Einzugsgebiete in Minnesota mit einer Größe zwischen 362 und 38.600 km^2.

Die Messungen des Sedimenttransportes ermöglichen - evtl. unter Berücksichtigung von Zwischendepositionen - eine Abschätzung der Abtragsraten im Einzugsgebiet bei jeweils einem Hochwasserereignis oder im Laufe eines hydrologischen Jahres. So finden sich die höchsten Abtragungsraten z. B. im oberen Einzugsgebiet des Gelben Flusses in China, wo der Lößboden intensiv kultiviert wird und Starkregen auftreten. DOUGLAS (1976a) gibt eine ausführliche Zusammenstellung der Einflußfaktoren, die in Haupt- und Nebenfaktoren unterschieden werden (siehe auch WALLING & WEBB 1981).

Auf den Hauptfaktor "Größe des Einzugsgebietes" haben dabei WUNDT (1962a, 1962b), WILSON (1973) und JANSSON (1982) hingewiesen. Je größer das Gebiet ist, desto eher sind temporäre oder dauernde Ablagerungen darin enthalten. In diesem Zusammenhang bemängelt BRANSKI (1981), daß oftmals bei der Berechnung der Abtragsraten die Bett- und Lösungsfracht nicht berücksichtigt wird. Dabei ist der Fehler in zusammengesetzten Gebieten mit unterschiedlich ausgestatteten Teilräumen (incremental basins) viermal größer als in einfachen Einzugsgebieten (simple basins).

Vegetation und Boden werden als abgeleitete Faktoren des Hauptfaktors Klima betrachtet. Sie können demnach vernachlässigt werden. Statt dessen werden die Klimazone bzw. einzelne Klimaelemente oder der Abfluß berücksichtigt (vgl. JANSSON 1982). Nach OHMORI (1983, 1983a) steigen z. B. die Abtragungsraten ab 600 mm stetig mit zunehmender Niederschlagsmenge. Als dritter Hauptfaktor ist das Relief sowohl in Bezug auf die Reliefenergie als auch auf das Alter anzusehen (siehe hierzu auch FARRENKOPF 1987, 1988).

Es zeigt sich, daß keine einfache Korrelation zwischen Abtragungsraten und einzelnen Geofaktoren herzuleiten ist. Multifaktorelle Relationen sind i. d. R. nur für das jeweilige Einzugsgebiet gültig, d. h. auf andere Gebiete nicht übertragbar oder in anders gearteten Gebieten nicht anwendbar. Diese Anmerkung von BREMER (1989) verdeutlicht, daß direkte Messungen erforderlich sind, um zumindest in Teilbereichen zu konkreten Aussagen zu kommen.

Flußfege (Spülfracht, wash load)

Eine besondere Form des Schwebstofftransports ist die Flußfege (Spülfracht, wash load), durch die bei Hochwasserabfluß große Sedimentmengen transportiert werden (KNIGHTON 1984). Dieses Phänomen tritt verstärkt bei ansteigender Hochwasserwelle auf. Über die Sedimentfracht hinaus, die von den Flächen eingetragen wird, ist der erhöhte Abfluß in der Lage, die während Trockenwetterabfluß an der Gerinnesohle zwischendeponierten Sedimente zu remobilisieren und abzutransportieren.

Es kommt bei diesem Prozeß in der Regel zu keinen Sedimentakkumulationen im Gerinnebett.

Im Unterschied zur Suspensionsfracht (suspended load), bei der die Konzentration zur Gerinnesohle zunimmt, sind bei der Spülfracht die Schwebstoffe im Querprofil homogen verteilt (CHORLEY et al. 1984). Während die Suspensionsfracht nach CHORLEY et al. (1984) nur zeitweise als Schweb transportiert wird, bleibt die Spülfracht kontinuierlich in Schwebe und wird mit der Geschwindigkeit des Abflusses transportiert. SIMONS et al. (1963) verdeutlichen, daß hohe Suspensionskonzentrationen, die für Prozesse der Flußfege typisch sind, die Viskosität des Wassers erhöhen und damit die Turbulenz abdämpfen. Dadurch wird der Transport von etwas gröberem Sohlenmaterial früher ermöglicht als es ohne hohe Suspension der Fall wäre.

KNIGHTON (1984) setzt Spülfracht mit Schwebfracht gleich, es ist also keine besondere Form des Schwebstofftransportes. Vielmehr ist darunter der Transport von sehr feinkörnigem Material zu verstehen, daß ablagerungsfrei in Schwebe und ohne Wechselwirkung mit der Gewässersohle transportiert wird. Nach WESTRICH (1988) ist "dieser Transportzustand typisch für allgemein geschiebeführende Flußstrecken bei unterkritischen Mittel- und Niedrigwasserabflüssen mit entsprechender Belastung durch mineralische Schwebstoffe aus der Bodenerosion (Erosionssedimente), durch organische und anorganische Feststoffe aus Trenn- bzw. Mischwasserkanalisationen (Abwasserschwebstoffe), die insbesondere bei intensiven Niederschlägen in kleinen Teileinzugsgebieten eingetragen werden und durch autogen produzierte Biomasse" (WESTRICH 1988: 18).

Die Spülfracht ist grundsätzlich schwierig von dem suspendierten Anteil der Bettfracht zu unterscheiden. Erstere wird besonders kontrolliert durch die Verfügbarkeit von Sedimenten im Einzugsgebiet und im Gerinnebett, letztere ist abhängig von den Abflußbedingungen. Ein wesentlicher Aspekt der Spülfracht liegt also darin, daß die Transportrate prinzipiell eher durch die Versorgung aus dem Einzugsgebiet und dem Gerinne als durch die Transportkapazität des Flusses selbst bestimmt wird (KNIGHTON 1984). Das bedeutet, daß die Kapazität des Flusses höher ist, als die Menge an Sedimentfracht, die er tatsächlich transportiert. Der Abfluß wäre in der Lage, eine größere Sedimentmenge zu transportieren.

Eine hohe Spülfracht drückt sich in einem hohen Schluff-Ton-Gehalt der Auensedimente und damit auch der Gerinneufer aus. Daraus folgert SCHUMM (1960), daß Flüsse, die vorherrschend Spülfracht transportieren, Gerinne aufweisen, die relativ eng und steil sind (s. o.). Eine größere Bettfracht, d. h. größerer Bestandteil an gröberen Komponenten ist dagegen verantwortlich für ein weites und flaches Querprofil mit den typischen Gleit- und Prallhangformen.

Herkunft des Materials

Das Material wird einerseits aus der Erosion kohäsiven Ufermaterials zur Verfügung gestellt, wobei das feine Sediment durch das Fließen abgeschert wird oder in Suspension gebracht wird, nachdem das Ufer nachgebrochen ist (s. o.). Andererseits stammen die Sedimente aus der Oberflächenerosion im Einzugsgebiet durch Prozesse wie "rainsplash" oder "surface wash", auf die im Rahmen dieser Arbeit aber nicht näher eingegangen wird. Während die Ufererosion teilweise abhängig ist von den Abflußcharakteristika, ist die zweite Quelle davon unabhängig. KNIGHTON (1984: 67) nennt Arbeiten von GRIMSHAW & LEWIN (1980), die am Istwyth-Fluß in Zentral-Wales mit Hilfe unterschiedlich gefärbter Sedimente aus dem Gerinne und dem Einzugsgebiet beide Sedimentquellen unterscheiden konnten. In dem Einzugsgebiet von 170 km^2 kommt über die Hälfte der Suspensionsfracht aus dem Gerinne selbst, wobei der Anteil des Sediments von der Fläche bei großen Ereignissen zunimmt. Im allgemeinen tendieren die oberen Teile des Einzugsgebietes, die steilere und kürzere Hänge haben, dazu, die Gerinne mit "non-channel sediment" zu versorgen. Weiter flußabwärts, wo die Hänge länger und weniger steil sind, vergrößert sich die Möglichkeit von temporärer Akkumulation erodierten Materials, und der Anteil der Gerinneerosion wird wichtiger (GRIMSHAW & LEWIN 1980). Vergleichbare Resultate liefern Untersuchungen am unteren Waimakariri-Fluß in Neuseeland. Dort stammen mindestens 65 % des transportierten Materials lokal von Gerinnesohle und -ufern (GRIFFITHS 1979).

Beziehung Abfluß/Spülfracht

Um die Sedimentbelastung von Vorflutern auch für Zeiträume zu ermitteln, in denen keine Messungen stattfinden, wird versucht, die Abflußmenge als Hilfsvariable heranzuziehen. Die Sedimentversorgung ist aber hoch variabel und oft vom Abfluß unabhängig, so daß die Beziehungen zwischen Abfluß und Schwebstoffkonzentration nicht gut definiert sind (z. B. COLBY 1963). WALLING (1977) und MANGELSDORF & SCHEUERMANN (1980) bestätigen, daß die aufgestellten Beziehungen nur für das jeweilige Gebiet gültig sind, in dem die Messungen durchgeführt wurden. Aber auch dort ist die Streuung der Werte sehr groß. WALLING (1977) hat darauf hingewiesen, daß die Berechnung des monatlichen Schwebstoffaustrages unter Verwendung einer solchen Beziehung zu einer Überschätzung der Fracht von z. T. mehreren 100 % führen kann. Dies ist teilweise das Ergebnis von Hysteresis-Effekten, bei denen größere Frachten eher am ansteigenden Ast als am abfallenden Ast bei gleichem Abfluß vorkommen.

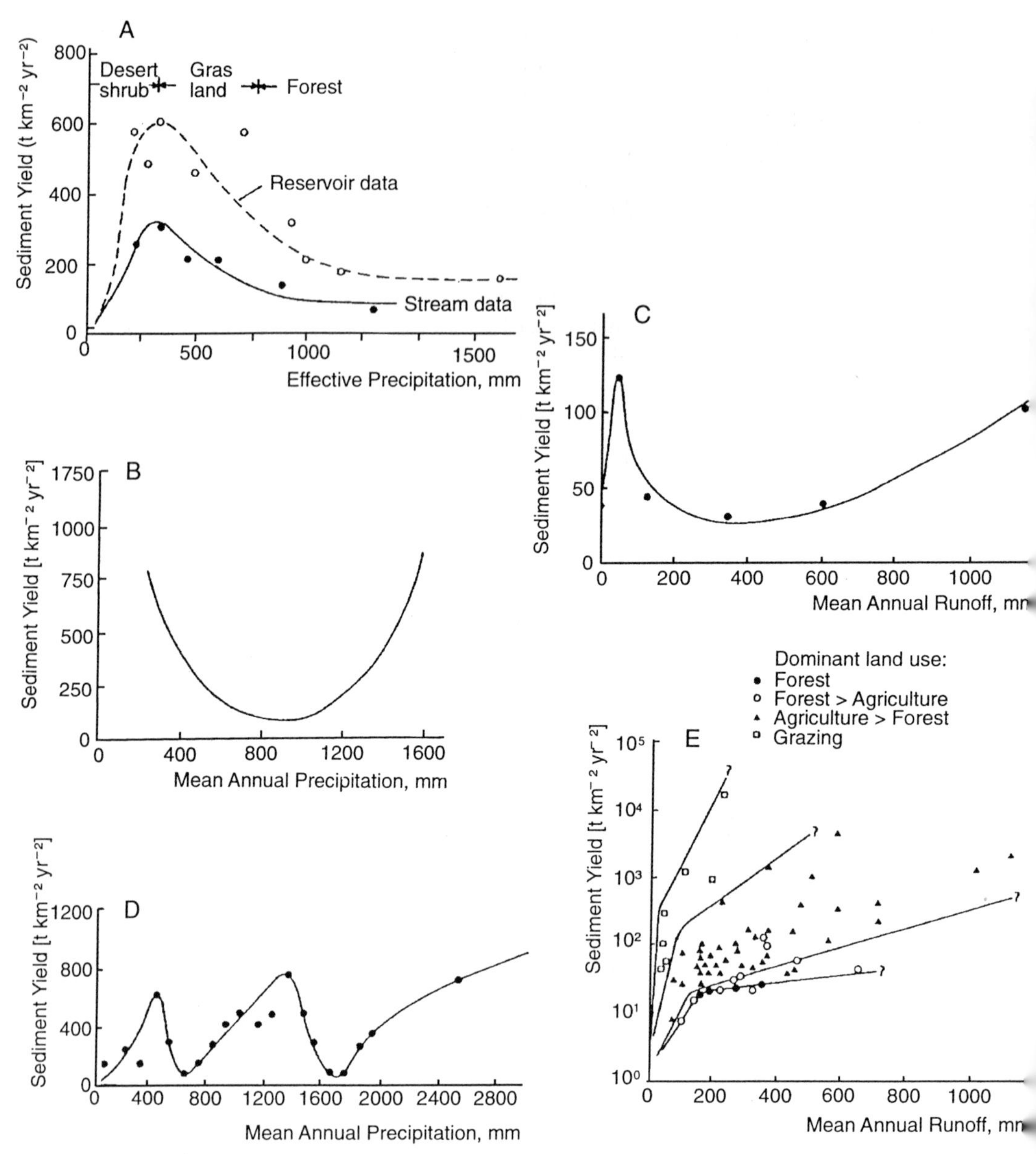

Abb. 4: Beziehung des Sedimentertrages zu: **A**. Effektiver Niederschlag (LANGBEIN & SCHUMM 1958) **B**. Mittl. jährl. Niederschlag (FOURNIER 1960) **C**. Mittl. jährl. Abfluß (DOUGLAS 1967) **D**. Mittl. jährl. Niederschlag (WALLING & KLEO 1979) **E**. Mittl. jährl. Abfluß für 4 Nutzungen (DUNNE 1979) (Quelle: KNIGHTON 1984).

Hysteresis-Beziehungen sind nicht unabhängig von der Gebietsgröße. In kleinen EZG kommt der Sedimentpeak vor dem Abflußpeak, in großen Gebieten kann er dem Abflußpeak erheblich hinterherlaufen (KNIGHTON 1984). Diese Theorie widerspricht aber der von GRIMSHAW & LEWIN (1980), die feststellen, daß mit zunehmender Gebietsgröße der Anteil der Gerinneerosion am gesamten Schwebstofftransport zunimmt. Diese Tatsache macht sich aber gerade dadurch bemerkbar, daß bei Hochwasserabfluß mit Flußfege die Schwebstoffwelle der Abflußwelle vorauseilt.

Diese Problematik drückt sich auch in den oft sehr unterschiedlichen Abfluß-Suspensionsfracht-Beziehungen aus. In der Regel handelt es sich dabei um Potenzfunktionen der folgenden Form (KNIGHTON 1984: 67):

$$Q_{susp} = r * Q^{j}$$

Q_{susp} :	Suspensionsfracht
r:	Suspensionsfracht-Abfluß-Koeffizient
j:	Exponent der Suspensionsfracht-Abfluß-Beziehung

Der Sedimentaustrag aus einem Flußgebiet (sediment yield), in dem die Spülfracht als dominante Komponente enthalten ist, wird kontrolliert von vier Hauptfaktoren: Niederschlag- und Abflußcharakteristika, Bodenwiderständigkeit, Topographie des Gebietes und der Natur der Vegetationsbedeckung. Abb. 4 zeigt die Beziehungen zwischen Sedimentertrag und Niederschlags- bzw. Abflußcharakteristika.

Die Zusammenstellung zeigt, wie groß die Unterschiede bei verschiedenen Autoren sind, vergleicht man z. B. die Beziehungen des mittleren jährlichen Niederschlags zu dem Sedimentertrag (FOURNIER 1960 und WALLING & KLEO 1979). Was den Einfluß der Vegetation anbelangt, nennt KNIGHTON (1984) z. B. eine Studie im kleinen Colorado-Einzugsgebiet, bei der die Umwandlung von Buschvegetation (sagebrush) in Grasland den Sedimentertrag um 80 % reduziert hat, ohne den jährlichen Gesamtabfluß signifikant zu beeinflussen (LUSBY 1979).

Die Beziehungen zwischen Abfuß und Sediment sind mit zusätzlichen Schwierigkeiten verbunden: KNIGHTON (1984) stellt heraus, daß bei tonig-schluffigen Substraten der Abfluß höhere Sedimentfrachten liefert, als bei Korngrößen über 63 µm. Für die Fraktionen Sand und Kies stellt er die Beziehung $Q_{susp} = 2{,}19 * Q^{1{,}96}$ auf. MANGELSDORF & SCHEUERMANN (1980) belegen mit Hilfe von Untersuchungen von GRUBER (1979) an der Ammer, daß die Beziehung von Abfluß und Schwebfracht weder mit einer linearen ($r^2 = 0{,}569$), halb-logarihmischen ($r^2 = 0{,}615$) noch einer doppelt-logarithmischen ($r^2 = 0{,}600$) Funktion gut beschrieben werden kann. GRUBER (1978) stellt außerdem - in diesem Fall für die Donau - unterschiedliche Abfluß-Schwebfracht-Beziehungen im Längsverlauf heraus. Besonders der Rückhalteeffekt der Staustufe zwischen Engelhartszell und Deutsch-Altenburg hat zur Folge, daß bei gleichem Abfluß

(6.000 m^3/s) die Schwebfracht im Unterwasser weniger als ein Drittel der Schwebfracht des Oberwassers ausmacht.

Eine Reihe von Untersuchungen beschäftigen sich mit dem Einfluß der Nutzung bzw. der Vegetationsbedeckung auf den Feststoffaustrag (z. B. DEMUTH & MAUSER 1983; WOHLRAB et al. 1983). DUNNE (1979) hat den Sedimentertrag von 61 kenianischen Einzugsgebieten untersucht. Dabei ergeben die unterschiedlichen Vegetations- und Nutzungsformen Wald (1), Waldbedeckung über 50 % des Gebietes (2), landwirtschaftliche Fläche über 50 % (3) und Grasland (4) unterschiedliche Abtragungsraten. Wenn der durchschnittliche Bedeckungsgrad von 1 nach 4 abnimmt, steigt der Sedimentaustrag, der außerdem zunehmend empfindlich auf den Abfluß reagiert. Darin erscheint gleichzeitig eine progressive Zunahme der Variation des Sedimentaustrages. DUNNE (1979) schließt daraus, daß der Sedimentertrag, der beträchtlich von 8-20.000 $t/km^2 * $ Jahr schwankt, erheblich von der Landnutzung kontrolliert wird, während klimatische und topographische Faktoren subsidiären Effekt haben.

WALLING & WEBB (1981) zeigen, wie hoch die Variation der Schwebstoffkonzentration in demselben Gebiet selbst bei unmittelbar aufeinanderfolgenden Hochwasserereignissen sein kann (Abb. 5).

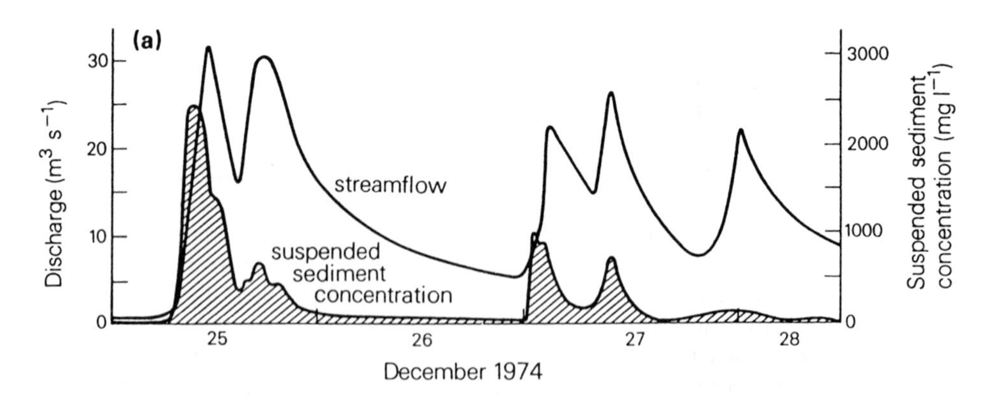

Abb. 5: Variation der Schwebstoffkonzentration während einer Reihe von Hochwasserereignissen am Fluß "Dart", Devon (Quelle: WALLING & WEBB 1981)

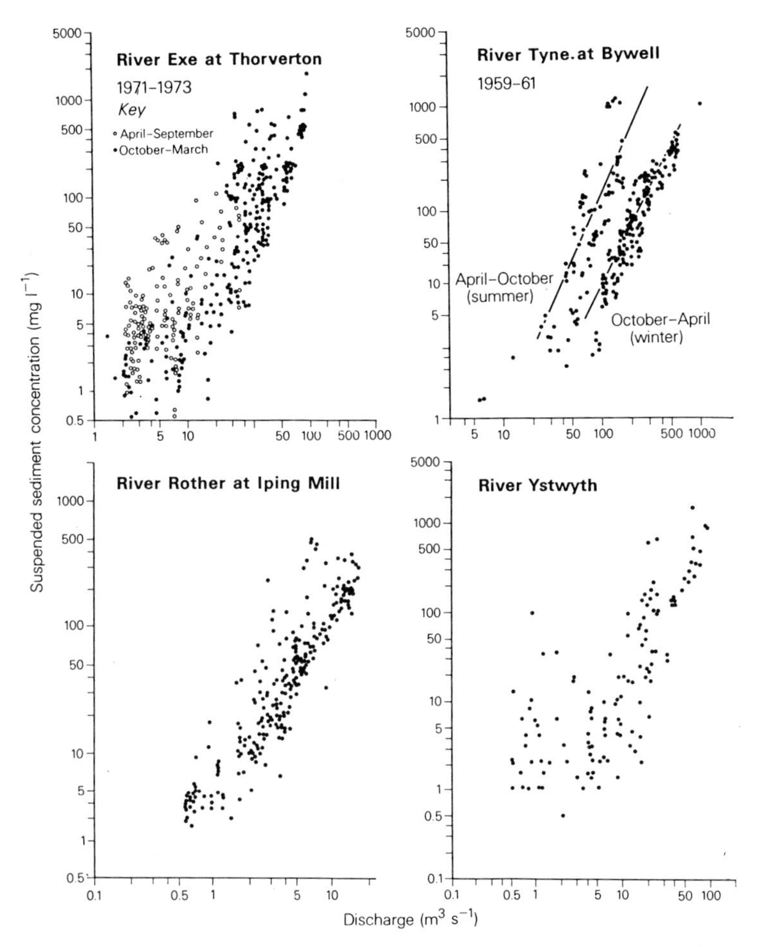

Abb. 6: Verhältnis von Suspensionskonzentration zu Abfluß an vier britischen Flüssen (Quelle: WEBB & WALLING 1981)

Darüber hinaus können bezüglich des Abfluß-Konzentrations-Verhältnisses Sommer- und Winterereignisse deutlich unterschieden werden (Abb. 6). Die Sommersituation (April-September) am "Exe" zeigt deutlich höhere Sedimentkonzentrationen bei gleicher Abflußmenge als der Winter. Am "Tyne" tritt dieser Unterschied noch deutlicher hervor. Da die Punktwolken sich hier nicht überschneiden, handelt es sich offensichtlich um zwei voneinander unabhängige Systeme. Die beiden unteren Kurven in Abb. 6 machen deutlich, daß der Zusammenhang zwischen Abfluß und Sedimentkonzentration relativ eng (am "Rother") oder sehr weit gestreut sein kann (am "Ystwyth"). Für den letztgenannten Fluß konnte darüber hinaus gezeigt werden, daß bei Hochwasser teilweise eine beträchtliche Sedimentmenge aus dem Gerinnebett selbst stammt (s. o.). Das ist möglicherweise eine Erklärung für die weite Streuung der Werte.

Die Variation ist noch größer, wenn unterschiedliche Gebiete miteinander verglichen werden. In Abb. 7 sind die Beziehungen zwischen Schwebstoffkonzentration und Abflußspende von 17 britischen Flüssen dargestellt. Bei den Flüssen "Tyne" und "Rosebarn" sind wieder Sommer (a) und Winter (b) getrennt. Hier zeigt sich, daß bei einer Abflußspende von 0,1 $m^3/s * km^2$ die Suspensionskonzentration zwischen 50 und ca. 800 mg/l schwankt. Dies bestätigt die Aussage von WALLING (1977) und MANGELSDORF & SCHEUERMANN (1980), daß aus diesen Beziehungen abgeleitete Gleichungen nur für das betreffende Gebiet selbst gültig sind und nicht übertragen werden können.

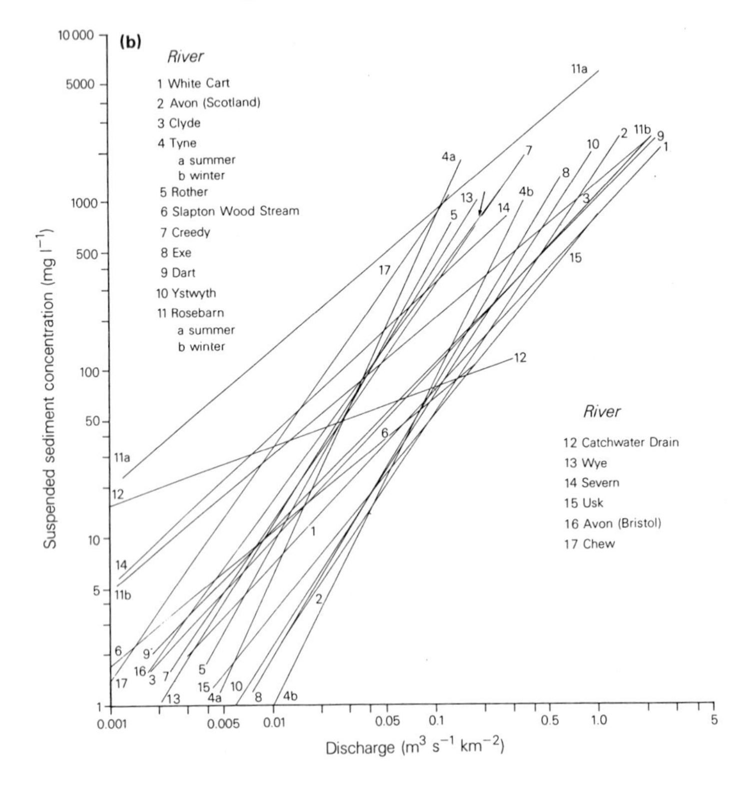

Abb. 7: Zusammenstellung von Sedimentkonzentration-Abfluß-Beziehungen für eine Auswahl britischer Flüsse (Quelle: WALLING & WEBB 1981)

In Tabelle 1 sind die Schwebstoff- und Lösungsfrachten britischer und deutscher Flüsse zusammengestellt, nach zunehmender Größe geordnet (Daten aus WALLING & WEBB 1981; MANGELSDORF & SCHEUERMANN 1980). Bei dieser Auswahl wurde die Größe des Elsenzgebietes berücksichtigt, um die Werte nachträglich vergleichen zu können. Aus dieser Tabelle ist auch ersichtlich, wie gering die Schwebstofffracht gegenüber der Lösungsfracht sein kann.

Tab. 1: Schwebstoff- und Lösungsfrachten ausgewählter Einzugsgebiete in Großbritannien und Deutschland (Datenquelle: MANGELSDORF & SCHEUERMANN 1980; WALLING & WEBB, in LEWIN 1981)

Fluß	Fläche [km^2]	Schwebfracht [t/km^2*yr]	Lösungsfracht [t/km^2*yr]	Ouotient
Esk	310	57	51	1,12
Kelvin	335	33		
Welland	531	14		
Exe	601	24	85	0,28
Avon	666	27	148	0,18
Leven	784	36		
Usk	912	46	129	0,36
Rhein	103.730	37	bei Kaub	
Mosel	27.100	44	bei Cochem	
Main	21.505	12	bei Kleinheubach	
Neckar	12.710	30	bei Rockenau	

Maßstab und Übertragbarkeit

In der Geomorphologie wird bei einer Bilanzierung das Einzugsgebiet als Einheit vorausgesetzt (GREGORY & WALLING 1973). Da das komplexe Wirkungsgefüge der relevanten Parameter aber noch zu wenig bekannt ist, ist die systematische Analyse eines fluvialen Systems selbst auf der Maßstabsebene von Kleinstgebieten schwierig (siehe Einleitung). Die umfassende Analyse nur einer der Größen (mit "ausreichender" zeitlicher und räumlicher Auflösung) ist mit einem erheblichen apparativen bzw. personellen Aufwand verbunden, der meistens nur in besonders dafür konzipierten Projekten erbracht werden kann (vgl. auch BARSCH et al. 1994).

Es ist offensichtlich, daß Ergebnisse, die aus Studien eines bestimmten Maßstabs abgeleitet werden, nicht notwendigerweise auf einen anderen Maßstab angewendet oder übertragen werden können (CHORLEY, SCHUMM & SUGDEN 1984). Das bedeutet, daß nicht ohne einen weiteren Nachweis eine kleine Form oder ein begrenzter Wirkungsbereich räumlich extrapoliert werden kann, indem man längere Zeiträume für die Formung ansetzt. Zeit und Raum sind in Bezug auf morphologische Prozesse nicht zu substituieren (BREMER 1989). Eine häufig auftretende Fehlerquelle bei diesen Betrachtungen ist das Überspringen von Dimensionsstufen, auf das bereits NEEF (1967) hingewiesen hat.

Entsprechend verhält es sich mit der Übertragbarkeit von Ergebnissen aus kleinen Einzugsgebieten auf größere Systeme. DUIJSINGS (1987) hat detaillierte Sedimenthaushalte aufgestellt und konnte zeigen, daß Hochrechnungen auf mittlere

Einzugsgebiete - die sich um mehr als 2 Größenordnungen von den kleineren unterscheiden - große Schwierigkeiten bereiten.

Ein Parameter, dessen räumliche Ausdehnung für die Abflußbildung relevant ist, ist die Niederschlagsverteilung. Advektive Niederschläge auf regionaler Ebene, d. h. die ein Einzugsgebiet > 100 km^2 betreffen, sind zu unterscheiden von lokalen Konvektionsniederschlägen, die in einem Gebiet von < 10 km^2 fallen. Durch die größere Konzentration in dem kleineren Gebiet ist die Strömungskraft größer (BAKER & COSTA 1987) und die Ereignisse können sich lokal katastrophal auswirken. Dies führt zu kurzlebigen Umstrukturierungen in kleinen Gebieten, während Ereignisse, die das gesamte Einzugsgebiet betreffen, eher langzeitliche Änderungen zur Folge haben (BEVEN & CARLING 1989).

DIECKMANN et al. (1981) zeigen, daß selbst innerhalb eines kleinen Einzugsgebietes von 30 km^2 auf Sardinien die Niederschläge und Abflüsse eine hohe räumliche Variabilität aufweisen. Dieser Problematik ist nur so zu begegnen, daß ein sehr dichtes Meßnetz errichtet werden muß, das dann aber nur eine sehr geringe Gebietsgröße abdeckt. In den gemäßigten Breiten beschäftigen sich u. a. FROEHLICH & SLUPIK (1984), AMBROISE et al. (1984) und VIVILLE et al. (1986) mit diesen Fragen. Sie weisen besonders auf die hohe Variabilität des Abflusses und der dazu beitragenden Flächen hin, was sich auch auf den Abtrag auswirkt. Von Seiten der Bodenerosion werden Ergebnisse vorgelegt, die auf der Ebene von Parzellen und Kleinsteinzugsgebieten Lösungsansätze zu diesen Fragestellungen liefern (vgl. DE BOOT & GABRIELS 1980; KIRKBY & MORGAN 1980; SCHWERTMANN 1982; WALTHER 1980).

Der zeitliche Maßstab wird relevant, wenn man z. B. die Gestalt des Flußbettes betrachtet. So wird das Gefälle in "moderner Zeit" (etwa 1000 Jahre) von den Taldimensionen der geologischen Zeit bestimmt. Demgegenüber sind die heute (1 Jahr oder weniger) zu beobachtenden Abflußverhältnisse und -charakteristika wiederum von der Gestalt des Flußbettes abhängig. Nach BREMER (1989) lassen sich kurzfristige Veränderungen im System nur für einen begrenzten Zeitraum von hundert bis zu wenigen tausend Jahren extrapolieren. Wie sie sich in der Summation auswirken, d. h. welche langfristigen Veränderungen (10^4 - 10^5 Jahre) sie bewirken, ist nur aus der Reliefanalyse zu klären. Diese langfristigen Veränderungen werden in einer Zeiteinheit gesehen, die meist eine bis zwei Größenordnungen kleiner ist, als die momentanen Ausschläge der Prozesse (BREMER 1989).

Dies wird sehr eindrücklich in der schematischen Darstellung der Veränderungen der Flußsohle sichtbar (Abb. 8). Hier sind die Ausschläge zwischen Mittelwasser, mittlerem Hochwasser und Niedrigwasser größer als die Unterschiede im langfristigen Trend (unterer Teil der Abbildung - asymptotische Kurve). Bei Katastrophenhochwasser (HHQ) kann eine Diskontinuität erfolgen, die in einer extremen Ausschürfung oder aber in einer ungewöhnlich hohen Aufschüttung besteht (BREMER 1989). Daraus folgt, daß es grundsätzlich sehr problematisch ist, bei der Untersuchung aktueller Prozesse im Rahmen von wenigen Jahren aus einem oder mehreren Ereignissen eine Entwicklung oder einen Trend zu ermitteln.

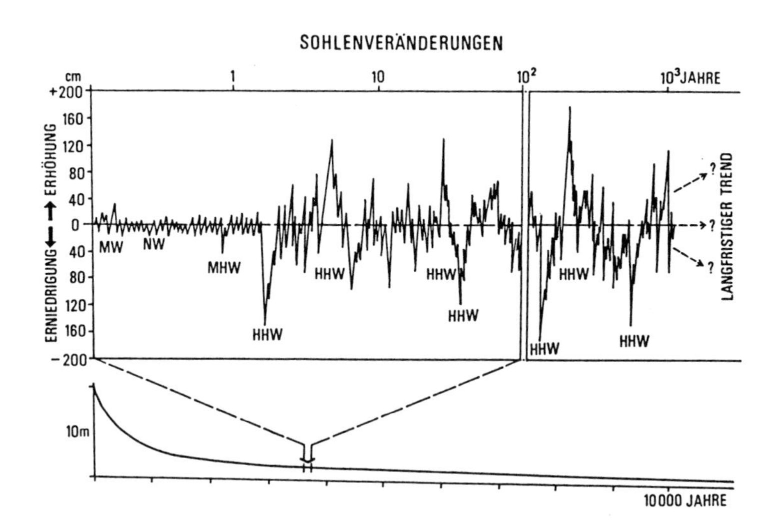

Abb. 8: Schematische Darstellung der Veränderung einer Flußsohle (Quelle: BREMER 1989)

Anthropogene Einflußnahme auf Aue und Gerinne

Dieser Problemkreis ist bei aktuellen Untersuchungen zu berücksichtigen, da Flußsysteme im dicht besiedelten mitteleuropäischen Raum in der Regel vom Menschen durch Veränderungen im Einzugsgebiet und am Vorfluter nicht unerheblich beeinflußt werden (vgl. ROBBINS & SIMON 1983; SIMON & HUPP 1986). Diese Veränderungen beziehen sich auf viele Bereiche - z. B. über die Landnutzung auf den Wasserhaushalt oder über den Bau von Staustufen auf Fließverhalten, fluviale Dynamik und Gewässerökologie.

Die gegenwärtige fluviale Dynamik ist in den meisten mitteleuropäischen Einzugsgebieten, speziell den Lößgebieten, erheblich durch anthropogene Eingriffe (Bodenerosion, Gerinneaus- und -verbau etc.) bestimmt. Der Eingriff des Menschen in das geomorphologische Geschehen wird z. B. durch die Sedimentation des Auelehms dokumentiert, der im wesentlichen das Ablagerungsmaterial der Bodenerosion ist (MENSCHING 1951). Dieser Prozeß setzt im Neolithikum und in verstärktem Maße vor rund 1000 Jahren mit zunehmender Kultivierung ein. Durch die Sedimentakkumulation wurde der Talboden um 2-7 m aufgehöht. In einzelnen

Flußgebieten werden diese Flächen von mittleren Hochwassern heute nicht mehr überschwemmt. Damit wird die weitere Auelehmsedimentation stark verzögert (BREMER 1989; siehe auch BURRIN 1985; DURY 1985; JONES et al. 1985).

Darüber hinaus hat seit rund 150 Jahren der Mensch den Fluß durch Baumaßnahmen verändert. Die Anlage von künstlichen Erosionsbasen hat im Unterwasser lokale Tieferlegungen des Flußbettes initiiert. Ein anschauliches Beispiel ist die neueste Staustufe am Rhein bei Iffezheim. Die weitere Auskolkung und Tieferlegung der Sohle (seit Fertigstellung 1970 Sohlenerosion um 7 m) kann nur durch regelmäßige Geschiebezugabe verhindert werden. Auch diese lokal begrenzten Veränderungen haben einen Effekt über den Standort der direkten Einflußnahme hinaus. Daher ist der Einfluß des Menschen in der Regel nicht genau erfaßbar bzw. quantifizierbar. Außerdem fehlt der Maßstab für eine Extrapolation in die Vergangenheit.

Entsprechendes gilt für die Abtragsraten. SLAYMAKER (1982) arbeitet einige Parameter heraus, auf welche Weise der Mensch die Abtragung beeinflußt. Hier spielt z. B. die veränderte Landnutzung mit Zunahme der landwirtschaftlichen und bebauten Flächen eine zentrale Rolle. DOUGLAS (1967) bezweifelt generell, daß die heute gemessenen Abtragungsraten die natürlichen Verhältnisse wiedergeben. Damit wäre eine Extrapolation auf längere Zeiträume unmöglich. LEOPOLD (1956) schätzt, daß infolge der Kultivierung eine Steigerung der Abtragungsraten um den Faktor 2 bis 50 eingetreten ist.

2.3 Fragestellungen für die Elsenz

Aus den Ausführungen zum Sedimenttransport und zur Gerinnebettgestaltung ist der große Forschungsbedarf deutlich geworden, der im Bereich der aktuellen fluvialen Dynamik besteht (siehe auch DVWK 1988). EISMA (1993:10) beschreibt den Stand der Untersuchungen zum Schwebstofftransport bzw. die Datenlage so: "For most rivers, the data on which the estimates for average yearly suspended load are based are inadequate." Dies gilt besonders für mittlere und größere Flußgebiete Mitteleuropas, bei denen der Schritt zur detaillierten Quantifizierung und Bilanzierung getan werden muß.

Im Rahmen dieser Arbeit soll daher versucht werden, mit Hilfe einer geeigneten Methodik für mittlere Einzugsgebiete die folgenden Fragenkomplexe zu beantworten:

- Ein mittleres Einzugsgebiet (wie die Elsenz) unterscheidet sich von kleineren Gebieten nicht nur durch die größere Fläche. Ergebnisse aus kleinen Gebieten können nicht ohne weiteres auf größere extrapoliert werden. Daraus ergibt sich die Frage, inwieweit es möglich ist, das Gesamtgebiet zu beschreiben, ohne es als die Summe der Teilgebiete darzustellen. Welche Methodik muß zur Erfassung der Prozesse in den unterschiedlichen Maßstabsebenen angewendet bzw. entwickelt werden? In der Literatur wird bisher bezüglich der Gebietsgrößen keine methodische Unterscheidung getroffen.

- Die Effektivität bestimmter Ereignisse ist (aufgrund des seltenen Auftretens verständlich) nicht ausreichend bekannt. Dies legt nahe, daß an der Elsenz und den ausgewählten Teilgebieten besonders die Hochwasserereignisse detailliert beprobt werden müssen. Darüber hinaus sind die Gerinnebetten als mögliche Sedimentquellen zu untersuchen. Bei Hochwasserereignissen werden unterschiedliche Schwellenwerte überschritten. Können an der Elsenz im Laufe dieser Ereignisse Schwellenwerte festgestellt werden?

- Im Hinblick auf den Ablauf der Prozesse spielen Flußlängsprofil, Laufmuster, Sohlenlängsprofil und Gerinnequerschnitt eine wichtige Rolle. Hierbei soll geprüft werden, welchen Einfluß diese geometrischen Parameter auf die fluvialdynamischen Prozesse haben und umgekehrt, wie die Prozesse die Formen verändern. Wie kann z. B. Erosion oder Akkumulation in einem Fluß festgestellt werden, der unter der Wasserlinie nicht einsehbar ist?

- Die transportrelevanten Ereignisse werden wesentlich durch Niederschlag und Abfluß bestimmt. Daraus ergibt sich die Frage, welche Auswirkungen die Niederschlags- und Abflußverhältnisse auf den Stofftransport haben. Die statistische Verteilung bzw. auch die Jährlichkeiten dieser Prozesse sind für die Einordnung in einen längeren Zeitraum wichtig. Hierbei sind ufervoller Abfluß und Vorlandabfluß zu berücksichtigen, da sie gerinnebett- bzw. auengestaltend wirken.

- Zum Sedimenttransport in Flüssen werden sehr unterschiedliche Angaben gemacht (z. B. SCHMIDT 1985). Da besonders aus mittleren Einzugsgebieten bisher nur vereinzelte Angaben vorliegen, soll an der Elsenz der Materialtransport detailliert untersucht werden.

- Die Aufhöhung der Auen durch Sedimentakkumulationen hat dazu geführt, daß bei mittleren Hochwasserereignissen die Auenflächen teilweise nicht mehr überflutet werden. Das hat wesentliche Auswirkungen auf die Bilanz der Sedimenttransporte des gesamten Einzugsgebietes, da die Auenflächen als Hochwasser- und Sedimentrückhalt nicht mehr zur Verfügung stehen (PIZZUTO 1986). An der Elsenz soll daher geprüft werden, bei welchen Abflußereignissen die Vorländer überflutet werden. Darüber hinaus ist zu klären, ob Sediment auf der Aue akkumuliert wird, wenn es zur Überschwemmung der Vorländer kommt.

- In historischer Zeit wird das System zusätzlich durch den Menschen beeinflußt. Seine Eingriffe auf die Fläche des Einzugsgebietes (z. B. Veränderung der Landnutzung) und in das Gerinne sind - wenn möglich - von den natürlichen Gegebenheiten zu unterscheiden.

Die Untersuchungen an der Elsenz finden in einem begrenzten zeitlichen Rahmen von wenigen Jahren statt. Daher kann es u. U. schwierig sein, die Entwicklung bestimmter Aspekte (z. B. Veränderung der Gerinnebetten) aus der Veränderung der Form zu ermitteln. Die Formen können sich sehr langsam verändern, daß sie in dem Untersuchungszeitraum meßtechnisch kaum nachzuweisen sind. Die Prozesse allerdings, die zu diesen Formveränderungen beitragen, liefern diesbezüglich klarere Erkenntnisse, da sie zeitlich sehr konzentriert auftreten. Diese These soll mit Hilfe der Ergebnisse aus den Untersuchungen an der Elsenz überprüft werden, die auf intensiver Prozeßforschung beruhen.

3. DAS UNTERSUCHUNGSGEBIET

Die Ausstattung des Einzugsgebietes ist einer der wesentlichen Parameter, die die fluviale Dynamik, d. h. den Hochwasserabfluß, den Sedimenttransport und die Gerinnebettgestaltung an der Elsenz beeinflussen. Zunächst wird in diesem Kapitel das Untersuchungsgebiet naturräumlich eingeordnet, dann die geologische Entwicklung des Raumes aufgezeigt. Mit der Ausprägung von Geologie und Relief hängen Geomorphologie, Substrat und Boden und auch Vegetation und Bodennutzung zusammen. Der dritte unabhängige Gebietsfaktor, das Klima, wird hinsichtlich des wichtigsten Teilfaktors Niederschlag diskutiert. Im Bereich der Hydrographie werden Abflußverhalten, Sedimenttransport und anthropogene Veränderungen der Gerinne untersucht.

Das Elsenzgebiet im zentralen und nördlichen Teil des Kraichgaus ist schon zu neolithischer Zeit ein vom Menschen stark besiedelter Raum gewesen (vgl. auch BARSCH et al. 1989a, 1994). Seit dieser Zeit wird er stetig vom Menschen beeinflußt und verändert. Die fruchtbaren Lößböden werden intensiv landwirtschaftlich genutzt (siehe Foto 1). Dadurch kam und kommt es zu Bodenerosionsprozessen von teilweise erheblichem Ausmaß (EICHLER 1974; QUIST 1987; vgl. dagegen BAADE 1994). Außerdem hat der vielfache Einstau der Elsenz zur Betreibung der Mühlen oder zur Wasserkraftnutzung seit dem Mittelalter die Flußdynamik erheblich beeinflußt. Der dritte wesentliche Aspekt zur Beschreibung des Gebietes ist das Siedlungsflächenwachstum nach dem zweiten Weltkrieg und die Ansiedlung von Industrie, die die bevorzugt genutzten Auenflächen nicht unerheblich beeinflussen.

3.1 Auswahl des Gebietes

Ein wichtiges Kriterium für die Auswahl des Einzugsgebietes der Elsenz waren die bereits vorliegenden wissenschaftlichen Untersuchungen. MERZ & PLESSING (1990) haben aus Anlaß eines "Schutzkonzeptes Elsenztal" eine Literaturzusammenstellung der bisher im Elsenzgebiet durchgeführten Untersuchungen vorgenommen. Neben klimatischen und vegetationskundlichen Arbeiten sind 47 Titel zur "Hydrologie und Gewässergüte", 30 Titel zur "Entwicklung der Gewässer- und Kulturlandschaft" und 28 Titel zum Thema "Geologie und Geomorphologie" enthalten. Die Zusammenstellung zeigt aber auch, in welchen Bereichen es ein deutliches Wissensdefizit gibt. Dies betrifft in ganz entscheidender Weise die Untersuchung der Prozeßabläufe und die Formung von Gerinne und Aue durch Hochwasserereignisse. Darüber hinaus ist die Sedimentbelastung der Vorfluter und dessen Bilanzierung bisher nicht bekannt, d. h. Untersuchungen zur aktuellen fluvialen Dynamik fehlen weitgehend.

Foto 1: Oben: Landwirtschaftlich intensiv genutztes Gebiet im NE des Elsenzgebietes (Langenzell am Biddersbach). Unten: Die landwirtschaftliche Nutzung geht teilweise direkt bis an den Vorfluter

Ein Teil der von MERZ & PLESSING (1990) genannten Untersuchungen beschäftigen sich mit speziellen geomorphologisch-hydrologischen Fragestellungen, auf die im einzelnen noch eingegangen wird (z. B. FLÜGEL 1979; KOLB 1931; DIKAU 1986; SCHOTTMÜLLER 1961; SCHORB 1988; SCHAAR 1989). Zusätzlich liegen in Verbindung mit Wasserhaushaltsuntersuchungen Informationen zum Abfluß der Elsenz und ihrer holozänen Dynamik vor (vgl. BARSCH & FLÜGEL 1978, 1988; FLÜGEL 1982, 1988 und SCHORB 1988). Mit den Problemen der Bodenerosion und des Hangabtrages beschäftigen sich im Elsenzgebiet besonders DIKAU (1982, 1983, 1986), EICHLER (1974) und QUIST (1987). Untersuchungen zur Talauenentwicklung liegen von SCHOTTMÜLLER (1961) vor, der die maximale holozäne Sedimentmächtigkeit mit bis 10 m angibt. Von FLÜGEL (1982) werden Torfe aus den Talauensedimenten der Elsenz datiert, deren holozänes Alter damit belegt wird. Noch keine Untersuchungen liegen bisher zur Stratigraphie und zum Ablagerungsmilieu dieser Sedimente vor (Abb. 18). Dieser Fragenkomplex wird im zweiten Schwerpunkt dieses Projektes bearbeitet (siehe Kap. 1 und SCHUKRAFT 1995).

Die für die genannten Arbeiten vorgenommenen Geräteinstallationen können teilweise übernommen werden, so daß bereits einige langjährige Niederschlag- und Abflußmeßreihen vorliegen - ein wesentlicher Aspekt bei der Untersuchung längerer Entwicklungen. Dies betrifft in erster Linie den Abflußpegel am Ausgang des Gesamteinzugsgebietes (Elsenz/Hollmuth), da hier der amtliche Landespegel (Elsenz/Bammental) seit 1967 nicht mehr in Betrieb ist (Abb. 9). Im Untersuchungsgebiet werden von der LANDESANSTALT FÜR UMWELTSCHUTZ (1990) drei Abflußpegel betrieben, deren Meßreihen teilweise bis in die 50er Jahre zurückreichen. Die Abflußganglinien der Pegel Elsenz/Meckesheim und Schwarzbach/Eschelbronn (Abb. 27) dokumentieren die unterschiedliche Charakteristik der Teileinzugsgebiete (Abb. 31, 32, 33, Tab. 3). Sie erlauben außerdem eine Analyse der Meßreihen auf langjährige Entwicklungen (Trends etc.).

Im Einzugsgebiet sind insgesamt sieben amtliche Niederschlagsmesser, allerdings keine Niederschlagsschreiber vorhanden. Die maximalen Auflösungen sind demnach Tagessummen, die dem Meteorologischen Jahrbuch zu entnehmen sind. Damit können zwar Jahresisohyeten errechnet werden, für die Untersuchung einzelner Niederschlagsereignisse sind diese Daten aber zu wenig differenziert.

Ein weiteres Kriterium für die Auswahl des Gebietes ist die Erreichbarkeit der Geräte und Probennahmepunkte. Besonders bei der Untersuchung von Hochwasserereignissen durch vielfach manuelle Probennahme ist es notwendig, alle Teile des Einzugsgebietes schnell erreichen zu können. Nur so ist es möglich, den aufsteigenden Ast der Hochwasserwelle zu verfolgen. Dieser ist durch einen starken Anstieg der Sedimentkonzentrationen gekennzeichnet und daher zu berücksichtigen (WALLING & WEBB 1981). Die Beprobung in einem ausgewählten Teileinzugsgebiet (21,4 km^2) in ca. 50 km Entfernung von Heidelberg stellt diesbezüglich schon die Grenze schneller Erreichbarkeit dar. Durch die Entwicklung der automatischen Probennehmer ergeben sich für die Zukunft weniger Einschränkungen.

Für die Bearbeitung der genannten Fragestellung haben sich die bereits vorliegenden Untersuchungen und Datenreihen als sehr hilfreich erwiesen. Das gilt besonders für die Datengrundlagen, die eine Charakterisierung der Teilgebiete erlauben (Niederschlagsverteilung, Abflußverhalten).

3.2 Lage und naturräumliche Einordnung

Das Einzugsgebiet der Elsenz liegt am nordwestlichen Rand der südwestdeutschen Schichtstufenlandschaft. Es entwässert zum überwiegenden Teil den nördlichen Kraichgau, an den sich die Naturräume des Sandstein-Odenwalds (N), Bauland und Neckarbecken (E und SE), Strom- und Heuchelberg (S) und die Hardtebenen (W) anschließen.

Die Mündung der Elsenz in den Neckar befindet sich ca. 15 km südöstlich von Heidelberg in Neckargemünd im südlichen Odenwald (Kleiner Odenwald). Das Einzugsgebiet wird im Norden und Osten begrenzt durch die Wasserscheide zum Neckar. Die im Westen gelegenen Nachbargebiete entwässern in den Oberrheingraben und damit direkt in den Rhein, der weiter im Norden auch für den Neckar die Vorflut darstellt. Das Elsenzgebiet umfaßt eine Fläche von 542 km^2 (Abb. 9).

Das Elsenzgebiet hat damit Anteil an zwei unterschiedlichen Landschaftstypen. Dem seit langer Zeit landwirtschaftlich genutzten, lößbedeckten, wenig reliefierten Muschelkalk- und Keupergebiet des Kraichgaus (Altsiedelland) steht der steilere, größtenteils bewaldete Buntsandstein-Odenwald (Jungsiedelland) gegenüber (vgl. auch BARSCH et al. 1989b).

3.3 Geologie

Der geologische Untergrund wird durch den Übergang des südlichen Buntsandstein-Odenwaldes (Kleiner Odenwald) im Norden des Untersuchungsgebietes in die zu großen Teilen lößbedeckten Muschelkalk- und Keuperformationen im mittleren und südlichen Teil gekennzeichnet (GRAUL 1977; SCHWEIZER & KRAATZ 1982; DIKAU 1986). Es handelt sich dabei um den nach S und SE einfallenden mittleren (sm) und oberen Buntsandstein (so) der Königstuhlscholle, der im wesentlichen aus fluvialen, diagenetisch oft stark zementierten Rotsedimenten besteht (MADER 1985). Diese Scholle taucht in Form einer Flexur im Gebiet Mauer und Meckesheim unter die Schichten des Muschelkalkes ab (siehe Abb. 9).

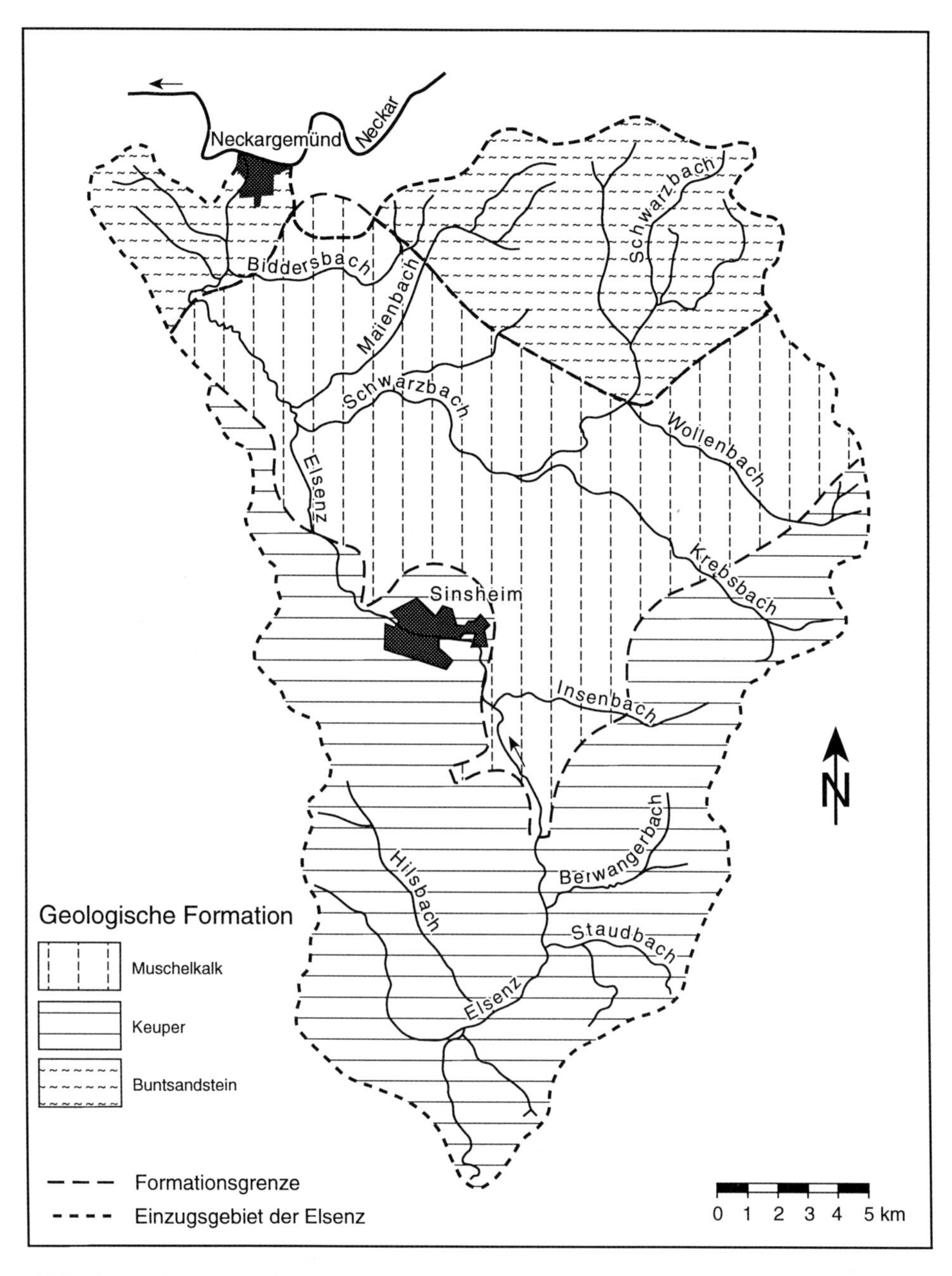

Abb. 9: Einzugsgebiet der Elsenz mit geologischem Untergrund, den größeren Zuflüssen und Siedlungen (vgl. auch BARSCH et al. 1989b)

Die marinen Ablagerungen des Muschelkalks erreichen, ebenfalls nach Süden einfallend, im Kraichgau Mächtigkeiten von 200-300 m und bilden die zentrale Einheit im Einzugsgebiet der Elsenz. Der obere Muschelkalk (mo) ist mit über 100 m mächtigen, harten karbonatischen Gesteinen eine Schichtfolge, die markant zu Tage tritt (siehe Kap. 3.4). Er ist flächenhaft verbreitet, während mu und mm nur in schmalen Streifen an den nördlichen (zum so) und südlichen Rändern (zum ku) ausstreichen (SCHWEIZER & KRAATZ 1982).

Im südlichen Teil des Untersuchungsgebietes lagern dem Muschelkalk die Formationen des Keupers auf (Abb. 9). Der Untere Keuper oder Lettenkeuper (ku) setzt sich aus Tonmergel-, Tonstein-, und Sandsteinschichten mit eingelagerten dolomitischen Karbonatbänken zusammen. Aufgrund der damit verbundenen geringen bis mittleren Widerstandsfähigkeit bilden sich "weichere" Geländeformen aus. Im mittleren Keuper (km) wechseln Lagen von Mergeln, Sandsteinen und Steinmergeln. Er hat mit einer Mächtigkeit von über 200 m den Hauptanteil der Keuperformation (THÜRACH 1896). Im einzelnen wird er von oben nach unten in den Knollenmergel (km_5), den oberen Steinmergelkeuper (km_4), die roten Mergel (km_3), den Schilfsandstein (km_2) und den unteren Gipskeuper (km_1) gegliedert. Letzterer ist für die weiteren Betrachtungen von wesentlicher Bedeutung. Ursprünglich war den Mergeln und Schiefertonen (Letten) in Lagen und Knollen Gips eingeschaltet. Gipsresiduen zeigen, daß Anhydrit bzw. Gips im Bereich der Geologischen Karte 1:25.000, Blatt Sinsheim, ehemals sehr verbreitet war. Jetzt fehlt er zu Tage liegend in diesem Gebiet völlig (THÜRACH 1896).

Die E-W-streichende Mulde des Kraichgaus entstand im Zusammenhang mit der Heraushebung der südwestdeutschen Großscholle (Beginn der Kreidezeit) und dem Einbruch des Oberrheingrabens (seit dem älteren Tertiär), der mit dem Anstieg der Grabenschultern gekoppelt war (KUNERT 1968; ILLIES 1971, 1981). Dabei blieb der Kraichgau gegenüber Odenwald und Schwarzwald in seiner Hebungstendenz zurück (SCHWEIZER & KRAATZ 1982). Die Störungssysteme oder Verwerfungen, die im Kraichgau auftreten (Abb. 10), verlaufen daher entweder in Richtung SSW-NNE annähernd parallel zum dortigen Rheingrabenrand, oder sie halten die Richtung N-S ein, in welcher die Störung Rheingraben/Odenwald verläuft (THÜRACH 1896).

Die tektonische Beanspruchung wirkt sich in Kombination mit dem geologischen Untergrund auf die Gestaltung des Flußlaufes der Elsenz und ihrer Aue aus (Abb. 10). Von Elsenz über Hilsbach und den Steinsberg verläuft eine Störung in Richtung Waibstadt (LUTZ 1981). Die Subrosion des Gipskeupers entlang dieser Verwerfung wird für die Entstehung der breiten Talaue bei Sinsheim/Rohrbach verantwortlich gemacht (THÜRACH 1896). Unterstrichen wird die tektonische Beanspruchung durch die tertiären Vulkanite, die den 330 m hohen Steinsberg südlich von Sinsheim aufbauen, der hauptsächlich aus Nephelinbasalt besteht (LUTZ 1981).

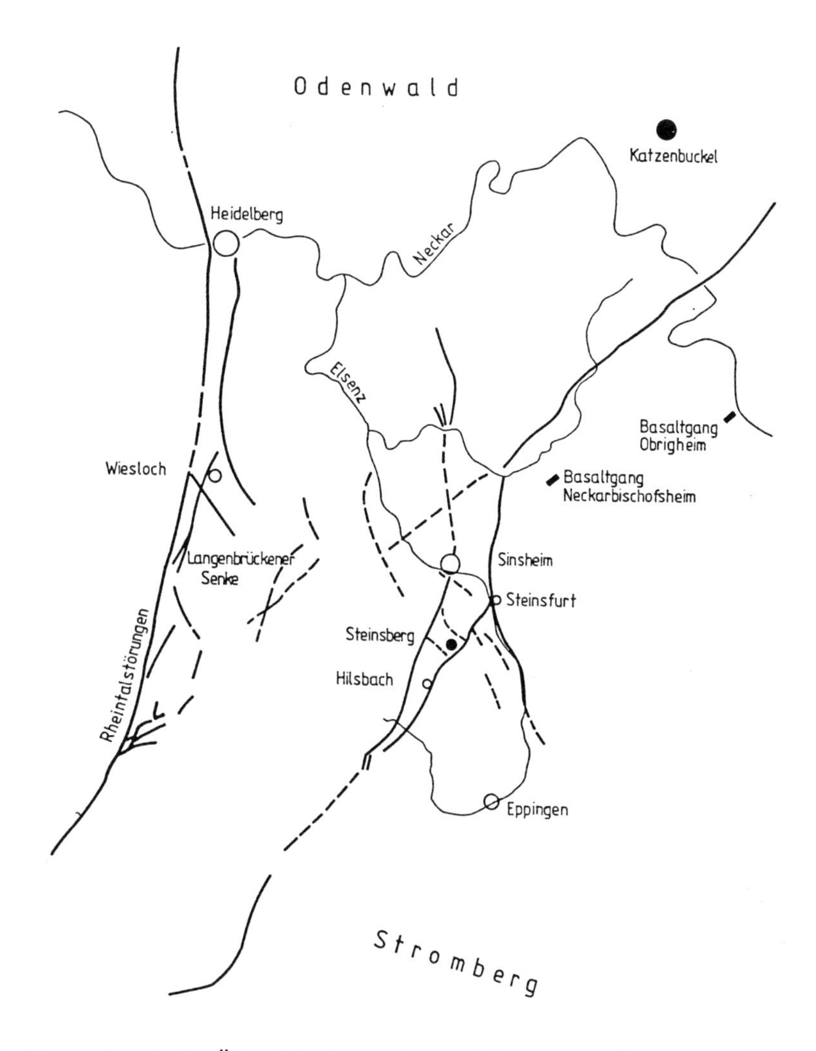

Abb. 10: Tektonische Übersichtskarte des Kraichgaus (Quelle: LUTZ 1981)

Im nördlichen Einzugsgebiet wird das heutige Bild der Flußlandschaft der Elsenz durch den ehemaligen Neckarlauf geprägt. Abb. 11 zeigt den Verlauf der ehemaligen Neckarschlinge in vier Stadien ab ca. 600.000 Jahren vor heute (SCHWEIZER & KRAATZ 1982). Entsprechend sind die ältesten bekannten fluvialen Sedimente ("Wiesenbacher Schotter") im Jungoberpliozän (BECKSMANN 1949) bzw. ältesten Pleistozän (MEIER-HILBERT 1972) vom Neckar abgelagert worden. Darüber wurden vor dem endgültigen Rückzug des Neckars aus dem Einzugsgebiet die "Maurer Sande" mit einer Mächtigkeit von mindestens 15 m geschüttet (SCHOETENSACK 1908, in SCHWEIZER & KRAATZ 1982).

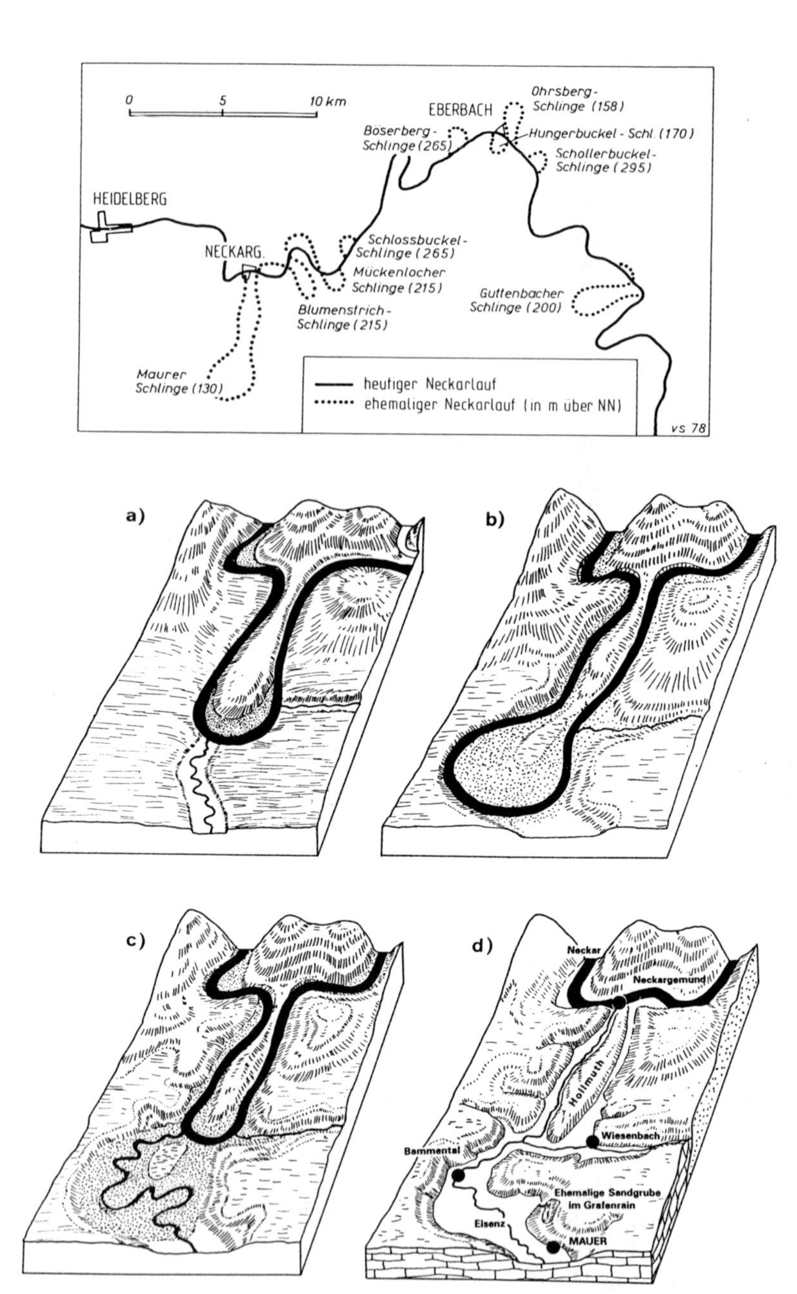

Abb. 11: Lage der alten Neckarschlingen im Bereich des Odenwaldes und Entwicklung der Neckarschlinge von Mauer (Quelle: SCHWEIZER & KRAATZ 1982)

Vermutlich im Altpleistozän durchschnitt der Neckar den Mäanderhals seines Umlaufberges (heute Neckargemünd). Im Anschluß sedimentierte die Elsenz in ihrer neuen Unterlaufpartie die Wolfsbuckelkiese, bevor sie sich durch Tieferlegung der Erosionsbasis um ca. 20 m einschnitt. Sie räumte dabei den Westschenkel der Maurer Neckarschlinge nahezu vollständig aus (SCHWEIZER & KRAATZ 1982). Im Engtal der Elsenz südlich von Neckargemünd konnten in einem Talquerprofil durch die rezente Elsenzaue die Reste der Neckarschotter aufgeschlossen werden (GUDE 1991; SCHUKRAFT 1995)

Während der Kaltzeiten des Pleistozäns (besonders der trocken-kalten Hochglaziale) kam es im Kraichgau zu teilweise sehr mächtigen Lößablagerungen. Das Material wurde aus den Schotterebenen des Oberrheingrabens ausgeweht und im Kraichgau von der periglazialen Tundrenvegetation ("Lößtundra") festgehalten. Die geringsten Lößmächtigkeiten zeigt der im Norden und Nordosten des Einzugsgebietes gelegene Buntsandsteinbereich (siehe Abb. 9), der mit Höhen bis über 400 m ü. N.N. auch den am höchsten gelegenen Teil des Gesamteinzugsgebiets darstellt. Nach KUNERT (1968) reichen die Lößablagerungen bis in Höhen von mindestens 510 m ü. N.N. im Kleinen Odenwald. BARSCH et al. (1986) setzen diese Grenze schon bei ca. 400 m ü. N.N. an, wo die Lößauflage meist so gering ist, daß kaltzeitliche Schuttdecken die Oberfläche bilden. Nach Süden und Westen in den flachreliefierten Kraichgau nehmen die Mächtigkeiten zu. Die größten Lößmächtigkeiten sind bisher am westlichen Rand des Kraichgaus mit ca. 25 m gefunden worden (östlich von Wiesloch). Auf der Geologischen Karte des Blattes Sinsheim nehmen Löß und Lößlehme mit etwa 4/5 den weitaus größten Teil der gesamten Oberfläche ein (THÜRACH 1896).

3.4 Relief und Geomorphologie

Im Elsenzgebiet können vier physiogeographische oder geomorphologische Einheiten unterschieden werden, denen FLÜGEL (1988) geologische Formationen bzw. Abteilungen zuweist:

- Das stärker geneigte Relief des Kleinen Odenwaldes zwischen Neckar und Bammental wird durch den mittleren Buntsandstein gebildet.
- Das kuppige Hügelrelief, das südlich des Kleinen Odenwaldes beginnt und das Einzugsgebiet von Schwarzbach und Krebsbach umfaßt, wird vom Muschelkalk und vom mittleren Keuper unterlagert.
- Das flach geneigte Riedelrelief im südlichen und südwestlichen Teil des Einzugsgebietes liegt vollständig im Keuper. Die Hochflächen sind hier von den Vorflutern wie dem Hilsbach oder dem Quellbach der Elsenz in langgestreckte Riedel zerschnitten.
- Die flachen, z. T. breiten Talauenflächen bestehen überwiegend aus Hochflutsedimenten und randlich teilweise aus Kolluvium.

Als Maß zur Erfassung der potentiellen Energie kann die Reliefenergie dienen, die die absolute Höhendifferenz zwischen dem höchsten und niedrigsten Punkt eines gewählten Ausschnittes der Erdoberfläche darstellt. Eine hohe Reliefenergie ist Ausdruck einer kurzen Wegstrecke von einem höher gelegenen zu einem tiefer gelegenen Niveau. Die Niederschläge werden hier rascher in Oberflächenabfluß umgesetzt, aber auch Interflow und Grundwasser haben einen schnelleren Durchsatz. Die räumliche Verteilung der Reliefenergie kann somit als ein brauchbarer Anhaltspunkt für das Abflußverhalten in einem Flußgebiet dienen.

Daher wurde im Rahmen dieses Projektes von KADEREIT (1990) die Verteilung der Reliefenergien nach der Feldermethode (RICHTER 1965) in einem 500*500-m-Gitter aus der Topographischen Karte 1:50.000 aufgenommen. Insgesamt handelt es sich bei dem Einzugsgebiet von 542 km^2 um 2302 Werte. Die Summenkurve dieser Daten zeigt Abb. 12. In dem flachwelligen Hügelland des Elsenzgebietes ist der Anteil der Höhendifferenzen zwischen 1 und 15 m wenig vertreten. Der überwiegende Teil der Werte liegt im Bereich von 20 bis 70 m. Die Werte über 70 m bis maximal 167 m haben wiederum einen sehr geringen Anteil.

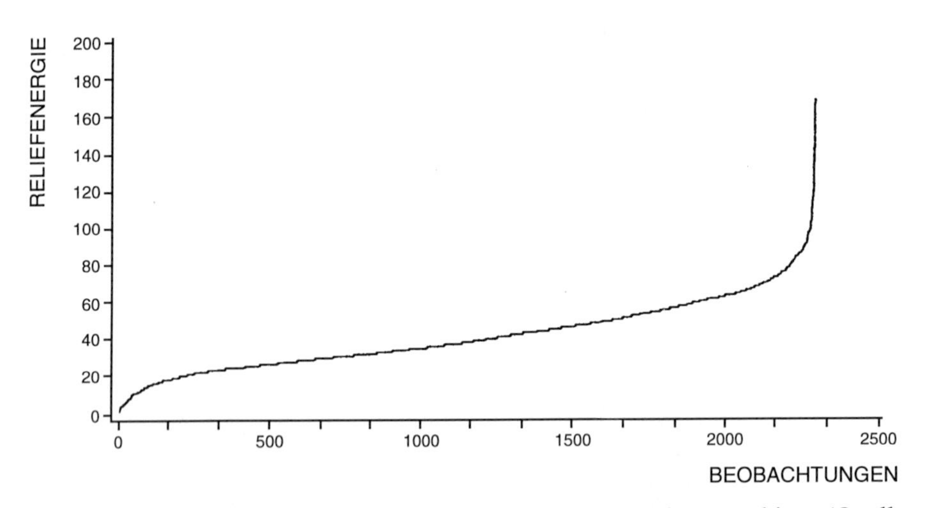

Abb. 12: Summenkurve der Reliefenergie im Elsenzeinzugsgebiet (Quelle: KADEREIT 1990)

Die Höhendifferenzen werden in vier äquidistante Klassen von 15 m Klassenbreite und eine weitere Klasse ≥ 60 m eingeteilt (KADEREIT 1990). Die Verteilung der relativen Häufigkeiten (Abb. 13) zeigt im Gesamtgebiet (a) eine etwas schiefe Verteilung zu den hohen Werten, was im wesentlichen dem Bild des Schwarzbachgebietes (c) entspricht. Daran kann auch die deutlich schiefe Verteilung zu den niedrigen Werten im Bereich der oberen Elsenz bis Reihen (b) nichts wesentliches ändern. Die Darstellung der Reliefenergie spiegelt im Elsenzeinzugsgebiet (Abb. 14) in eindrücklicher Weise die morpho-tektonischen Verhältnisse wider. Von Süden nach Norden ergibt sich folgendes Bild (ergänzt nach KADEREIT 1990):

- Ein schmales SW-NE verlaufendes Band hoher Reliefenergien (≥ 45 m und ≥ 60 m) begrenzt am Südrand das Untersuchungsgebiet. Es handelt sich hierbei um die nach N und NW exponierten Stirnhänge des Stufenbildners des Schilfsandsteins (km_2), der die nördlichen Ausläufer des Stromberges (u. a. Heuchelberg) aufbaut.
- Im nördlich anschließenden Drittel des Untersuchungsgebietes herrschen Werte zwischen 15 bis 45 m vor. In diesem Bereich stehen die geomorphologisch wenig widerstandsfähigen Gesteine des unteren Keuper (ku) an.
- Im Bereich von Sinsheim verläuft in Richtung SW-NE ein Band höherer Reliefenergien. Dies orientiert sich an den mächtigen, karbonatischen Schichten des oberen Muschelkalkes (Schichtstufe im mo).
- Nach NW schaltet sich im mittleren Schwarzbachgebiet ein Bereich niedriger Reliefenergie ein. Hier bildet der untere Muschelkalk (mu) das Hangende, dessen Verwitterung ein flachwelliges Relief produziert.
- Im Norden des Elsenzgebietes herrschen im Hebungsgebiet des Buntsandstein-Odenwaldes (geologisch Oberer (so) und Mittlerer Buntsandstein (sm)) wieder hohe Reliefenergien vor. Die größten Werte konzentrieren sich westlich der Elsenz im Bereich der Königstuhlscholle. Hier zeigen 75 % der Gitterfelder eine Höhendifferenz, die über 90 m beträgt.

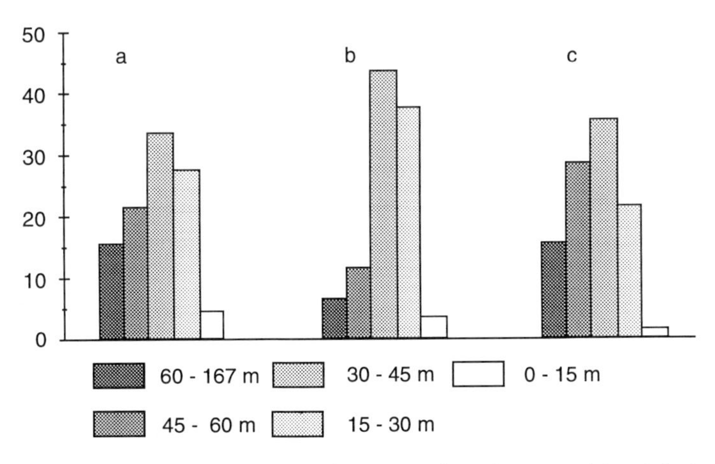

Abb. 13: Die Verteilung der Höhendifferenzen im Gesamtgebiet (**a**), im oberen Elsenzgebiet (**b**) und am Schwarzbach (**c**) (Quelle: KADEREIT 1990)

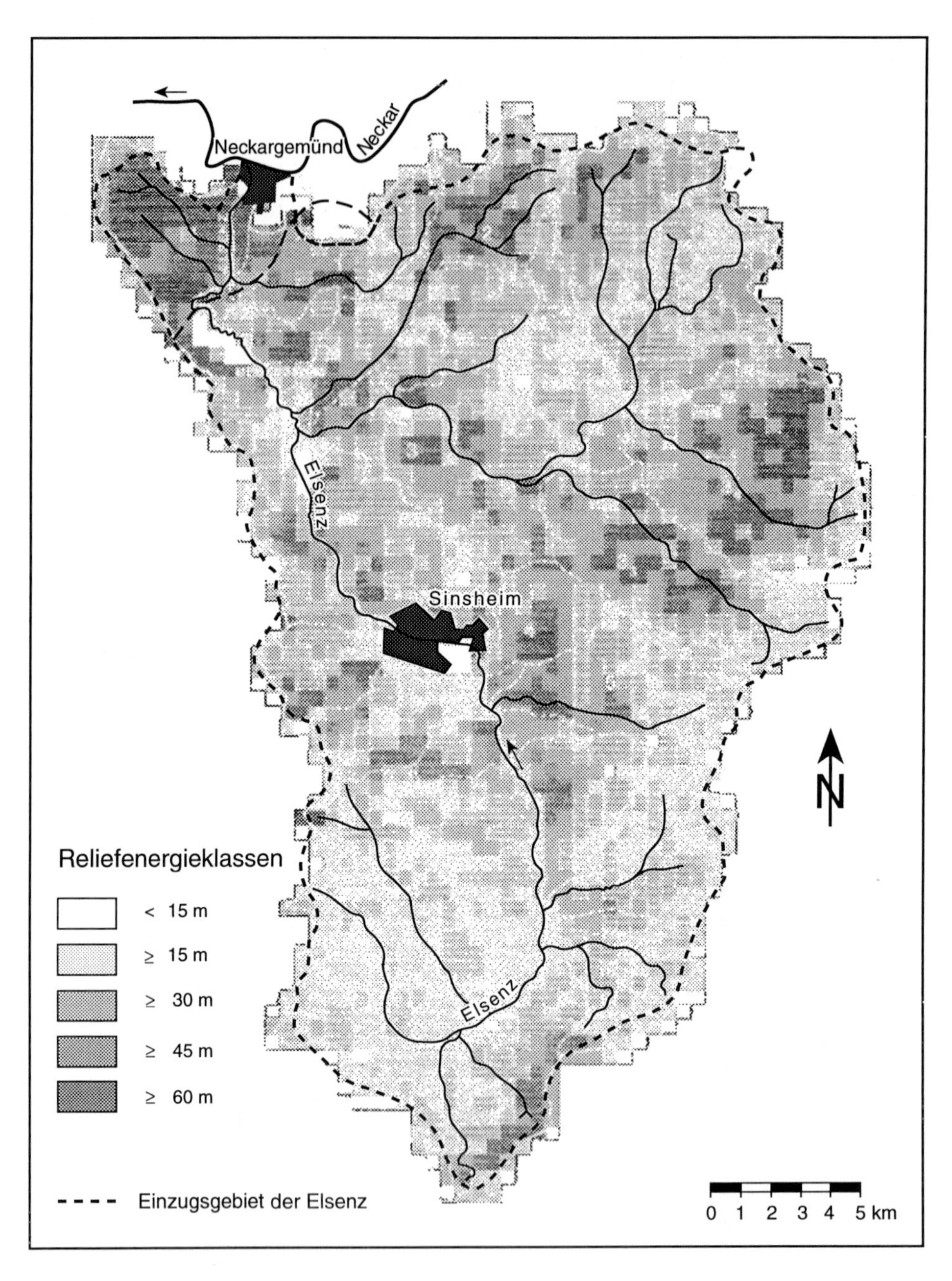

Abb. 14: Die Reliefenergieklassen im Einzugsgebiet der Elsenz, aufgenommen von TK 50, 500∗500 m-Gitter (verändert nac h KADEREIT 1990)

Der nördliche Buntsandstein-Odenwald läßt sich auch bezüglich der Lockermaterialgenese von dem südlich anschließenden Gebiet unterscheiden. Im Bereich der relativ steilen Buntsandsteinhänge sind zahlreiche Blockschuttströme vorhanden, die von den ehemals periglazialen Formungsbedingungen zeugen (GRAUL 1977). Südlich schließt ein tiefer gelegenes und flachwelliges Gebiet an. Der Löß überlagert hier den größten Teil der Muschelkalk- und Keuperschichten (s. o.). Er ist in dem gesamten südlichen Gebietsteil landschaftsprägend.

3.5 Substrat und Böden

Die chemischen und physikalischen Bodeneigenschaften beeinflussen im Zusammenhang mit den meteorologischen Faktoren die Bildung der Abflußkomponenten (Oberflächen-, Zwischen- und Grundwasserabfluß). Wenn es zu einem Hochwasserereignis kommt, spielt die Ausprägung des Bodens (Korngrößen, Porenvolumen etc.) und noch stärker der aktuelle Zustand (z. B. Bodengefrornis) eine entscheidende Rolle.

Als typisches Beispiel für den nördlichen Buntsandsteinbereich beschreibt FLÜGEL (1979) ein Bodenprofil vom Gebiet "Hollmuth". Es handelt sich um eine Braunerde auf Lößlehm mit eingelagertem Buntsandsteinschutt. Der Profilaufbau ist gegliedert in A_h (0-20 cm), B_v (20-70 cm), B_s (70-90 cm), C_v (90-100 cm) und C (100-180 cm). Ein anderer vorherrschender Bodentyp im nördlichen Elsenzgebiet ist die Parabraunerde aus lehmigem Solifluktionsmaterial (FLÜGEL 1988). In Abbildung 15 ist das Profil mit der Verteilung des Porenvolumens, der Porengrößen und der Korngrößen dargestellt.

Der Löß ist zum überwiegenden Teil das Ausgangssubstrat für die Bodenbildung im Kraichgau bzw. im Einzugsgebiet der Elsenz. Das äolische Sediment ist ungeschichtet, karbonathaltig und weist ein stark ausgeprägtes kapillares Gefüge auf. Die dominante Fraktion ist mit 0,02-0,06 mm Durchmesser die Schluffkorngröße (EITEL 1989). Nach BENTE & SCHWEIZER (1988) sind auch Lagen mit vermehrtem Sandanteil enthalten. Von hydrologischer Bedeutung sind das hohe Porenvolumen und die hohe Wasseraufnahmefähigkeit (bis zu 0,5 m^3 Wasser in 1 m^3 Substrat). Für die hohe Wasserwegsamkeit ist das Grobporensystem (GERMANN 1980; MORGENSCHWEIS 1980) und für die hohen kapillaren Aufstiegsraten der hohe Mittelporenanteil (0,2-10 µm) des Lösses verantwortlich (SCHAAR 1989).

Die Bodenbildung in den Lößgebieten des mittleren und südlichen Einzugsgebietes führte überwiegend zur Entwicklung von Parabraunerden (EITEL 1989). In Abbildung 16 ist eine Parabraunerde aus Löß beschrieben (FLÜGEL 1988).

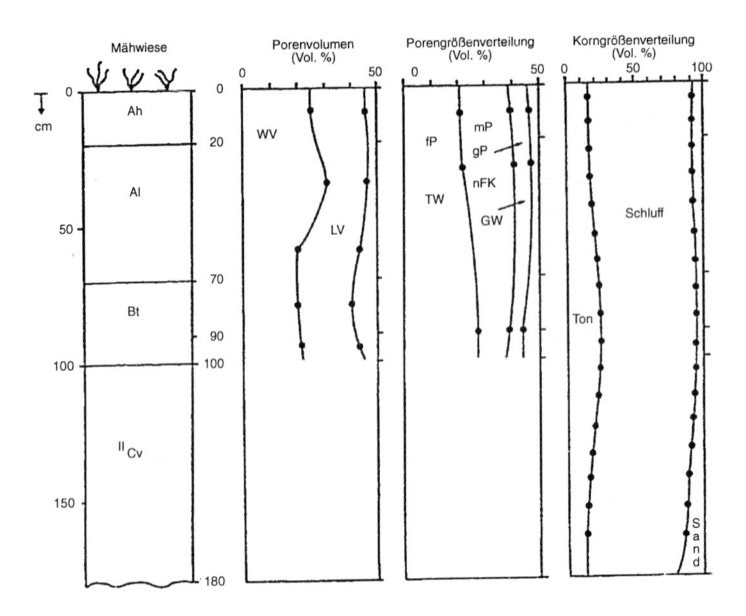

Abb. 15: Parabraunerde aus lehmigem Solifluktionsmaterial im Gebiet des "Hollmuth" nördlich von Bammental, mit den bodenphysikalischen Kennwerten (Quelle: FLÜGEL 1988)

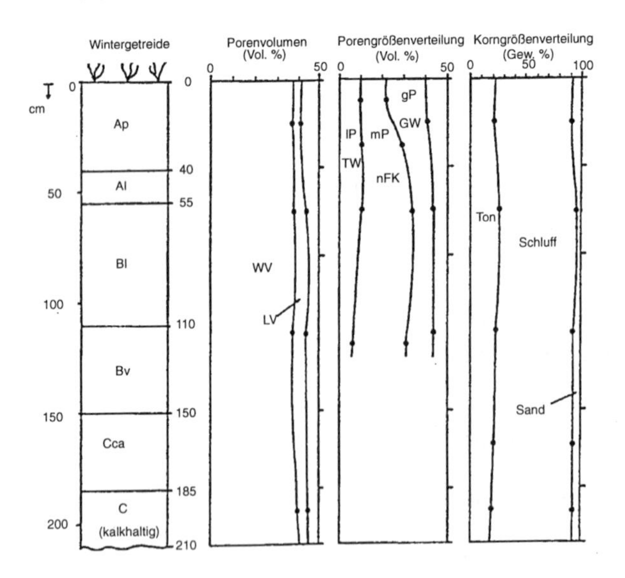

Abb. 16: Parabraunerde aus Löß am "Plötzberg" nördlich von Meckesheim, mit den bodenphysikalischen Kennwerten (Quelle: FLÜGEL 1988)

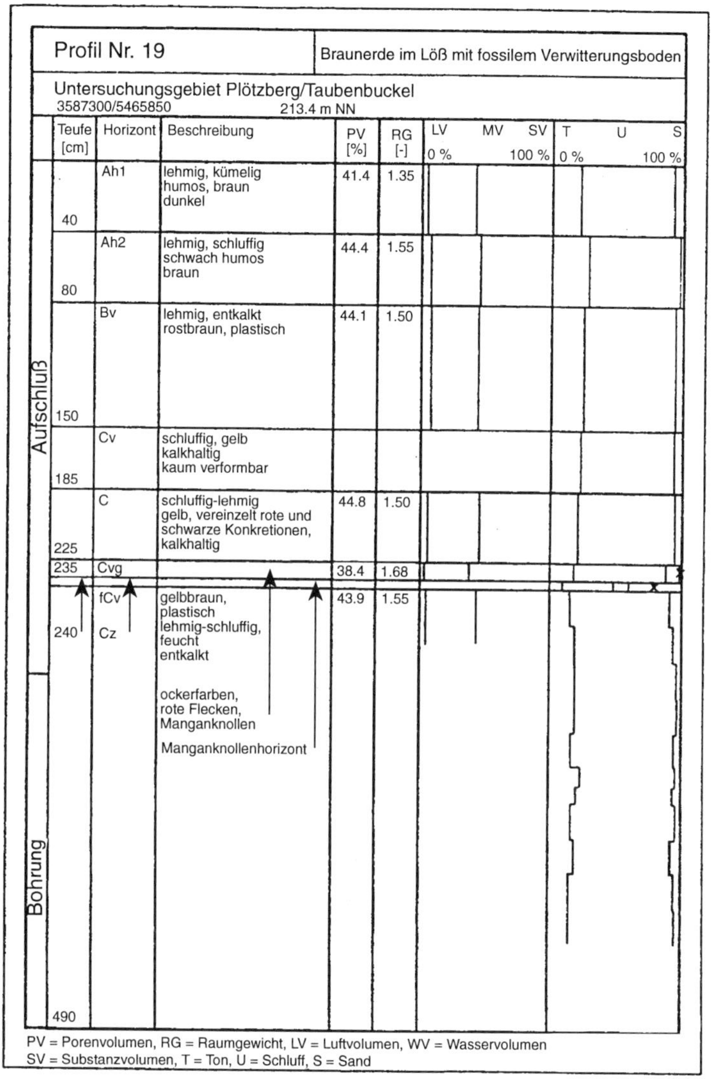

Profil Nr. 19		Braunerde im Löß mit fossilem Verwitterungsboden				
Untersuchungsgebiet Plötzberg/Taubenbuckel 3587300/5465850 213.4 m NN						
Teufe [cm]	Horizont	Beschreibung	PV [%]	RG [-]	LV MV SV 0 % 100 %	T U S 0 % 100 %
40	Ah1	lehmig, kümelig humos, braun dunkel	41.4	1.35		
80	Ah2	lehmig, schluffig schwach humos braun	44.4	1.55		
150	Bv	lehmig, entkalkt rostbraun, plastisch	44.1	1.50		
185	Cv	schluffig, gelb kalkhaltig kaum verformbar				
225	C	schluffig-lehmig gelb, vereinzelt rote und schwarze Konkretionen, kalkhaltig	44.8	1.50		
235	Cvg		38.4	1.68		
240	fCv Cz	gelbbraun, plastisch lehmig-schluffig, feucht entkalkt; ockerfarben, rote Flecken, Manganknollen; Manganknollenhorizont	43.9	1.55		
490						

Aufschluß (0–235 cm); Bohrung (235–490 cm)

PV = Porenvolumen, RG = Raumgewicht, LV = Luftvolumen, WV = Wasservolumen
SV = Substanzvolumen, T = Ton, U = Schluff, S = Sand

Abb. 17: Braunerde im Löß mit fossilem Verwitterungsboden nordöstlich von Meckesheim (Quelle: SCHAAR 1989)

SCHAAR (1989) beschreibt als Beispiel für einen Bodentyp im Bereich des Kuppenreliefs (s. o.) nordöstlich von Meckesheim eine Braunerde auf Löß (siehe Abb. 17). Auf den Keupermergeln und über Schilf- und Stubensandstein findet man außerdem saure und z. T. auch podsolige Braunerden (WEBER 1990). Die überfluteten bzw. vernäßten Talauenbereiche sind Standorte für Auen-Braunerden und Auen-Gleye (FLÜGEL 1988).

Lößböden sind als sehr gute ackerbauliche Standorte zu bezeichnen, die seit Jahrtausenden genutzt werden (vgl. auch BARSCH et al. 1993). Infolge der intensiven landwirtschaftlichen Bearbeitung und der daraus resultierenden Bodenerosion (DIKAU 1986) sind die natürlichen Bodenprofile gestört und gekappt (FLÜGEL 1988). Dementsprechend sind im Kraichgau besonders an den Oberhängen der Lößrücken nur noch flachgründige Pararendzinen bzw. Lößrohböden vorhanden (SCHLICHTING 1986). Nach MÜLLER (1959, 1977) zeugen besonders die Waldrandstufen von der schon lang andauernden Erosion. DIKAU (1986) hat Bodenverluste von 36 t/ha in Maiskulturen nördlich von Meckesheim für das Jahr 1980 ermittelt. Im Zuckerrübenanbau stiegen die Werte 1981 auf 458 t/ha.

DIKAU (1986) beschreibt zwei unterschiedliche Ackerstandorte auf Löß bzw. Löß über verwittertem Lettenkeuper. Dabei handelt es sich um eine flachgründige, kalkreiche Pararendzina mit A_p (0-20 cm) und dem Ausgangsgestein C (20-200 cm). Das Bodenprofil ist bereits soweit degradiert, daß der Rohlöß in den Pflughorizont eingearbeitet wird. Die Nutzung erfolgt also bereits im C-Horizont. Der Gehalt an organischer Substanz beträgt nur 1,4 %. Der Schluffanteil in den oberen 30 cm des Profils beträgt 87 %. Die Bodenart ist ein schwach lehmiger Schluff. Das hohe Gesamtporenvolumen von 49-54 Vol.-% bezeugt die gute Wasserleitfähigkeit des Lösses (DIKAU 1986).

Der Standort im Löß über verwittertem Lettenkeuper zeigt ein identisches Profil mit 20 cm mächtigem Pflughorizont und dem direkt anschließenden C-Horizont. Die tonreichen Lettenkeuperschichten spiegeln sich hier im geringeren Schluffgehalt (70 %) und im höheren Tongehalt (16 %) wider.

Für die weiteren Auswertungen im Rahmen dieser Arbeit werden die Dichteangaben und die Porenvolumina aus den dargestellten Bodenuntersuchungen entnommen. Die mittleren Angaben für das Raumgewicht des Bodens sind 1,50 bis 1,55 g/cm^3, für den Pflughorizont gibt FLÜGEL (1982) 1,35 g/cm^3 an. Das durchschnittliche Porenvolumen liegt bei 41 bis 44 Vol.-%.

Während die Böden auf den Flächen durch die Bodenerosion teilweise sehr stark beeinträchtigt sind, findet man in den Hangfußbereichen (Kolluvien) und in den Auen z. T. mächtige Akkumulationen. Dies verdeutlicht das Bodenprofil "Weidenbusch", das auf der Aue südlich von Bammental aufgenommen wurde (Abb. 18). In diesem Profil sind auch einige Altersdatierungen enthalten, die einen Eindruck von den im Laufe des Holozäns unterschiedlichen Akkumulationsraten geben (vgl. auch BARSCH et al. 1993; SCHUKRAFT 1995).

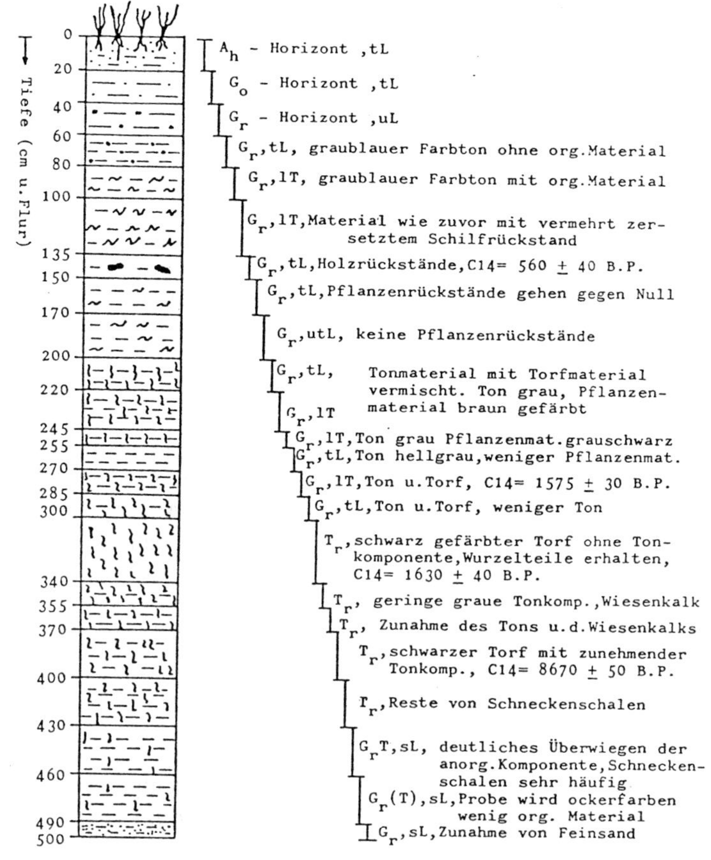

Abb. 18: Boden- und Bohrprofil am "Weidenbusch" südlich von Bammental (Quelle: FLÜGEL 1988)

Im Rahmen der Untersuchungsmethodik für mittlere Einzugsgebiete (vgl. Kap. 1) wird dargelegt, daß eine flächendeckende Bodenaufnahme in dem Gesamtgebiet nicht möglich ist, da sie den finanziellen und zeitlichen Rahmen dieses Projektes bei weitem übersteigt. Um dennoch zu einer Aussage über die Verteilung der Böden zu kommen, werden die beiden Teilgebiete Biddersbach und Insenbach näher untersucht, die als typisch für den jeweils nördlichen bzw. südlichen Teil des Gesamtgebietes angesehen werden.

3.6 Vegetation und Bodennutzung

3.6.1 Einzugsgebiet

Vegetation und Bodennutzung sind Parameter, die sich einerseits hemmend auf Oberflächenabfluß und Bodenerosion auswirken (z. B. geschlossener Wald), andererseits bei Verlust der schützenden Vegetationsdecke im Falle intensiver Bodennutzung den Oberflächenabfluß fördern (GERBER 1989). Die Bebauung trägt durch Bodenversiegelung ebenfalls zum höheren Direktabfluß bei (VERWORN in DVWK 1982). Daher sind diese Faktoren hinsichtlich ihres Einflusses auf die fluviale Dynamik eines Gebietes zu berücksichtigen.

Die potentielle natürliche Vegetation des flachwelligen, lößbedeckten Kraichgaus, der heute zu großen Teilen landwirtschaftlich genutzt wird, ist ein Perlgras-Buchenwald (*Asperulo-* bzw. *Melico-Fagetum*). In Tälchen kommt kleinflächig auch der Sternmieren-Stieleichen-Hainbuchenwald vor (*Stellario holosteae-Carpinetum*) (MÜLLER et al. 1974). Nach ZIEBERT (1964) wurden die Waldflächen des Kraichgaus von artenreichen Laubwäldern eingenommen, wobei jedoch besonders seit Ende der 50er Jahre v.a. bei Neubegründungen von Beständen verstärkt Nadelhölzer zur Verwendung kamen.

Seit dem Neolithikum und vor allem in der Römerzeit wird ein Teil des Waldes gerodet und die fruchtbaren Lößböden durch den sich ansiedelnden Menschen agrarisch genutzt (Altsiedelland). Von FABRICIUS (zit. in METZ 1914) wird die Waldbedeckung im Kraichgau zur Römerzeit auf etwa 26 % geschätzt. Metz (1914) hat diesen Wert mit Hilfe von Flurnamenkartierungen untermauert, so daß der Anteil des Waldes (ca. 25 % der Fläche des Elsenzgebietes) für die letzten 1700 Jahre heute als konstant angenommen werden kann. Es wird allerdings nicht von Flächenkonstanz ausgegangen, d. h. daß nicht immer dieselben Flächen gerodet waren.

Die heutigen Flächenanteile des landwirtschaftlich genutzten Gebietes, des Waldes und der Siedlungen werden planimetrisch aus topographische Karten 1:25.000 ermittelt (vgl. auch BARSCH et al. 1994). Die landwirtschaftlichen Nutzflächen nehmen 68,4 % oder 370,8 km^2 der Gesamtfläche ein. Wald (24,5 %, 132,7 km^2) und Siedlungen (7,1 %, 38,5 km^2) liegen deutlich darunter. Die heutige Waldverteilung spiegelt die Fruchtbarkeit der Böden wieder. Im Norden des Elsenzgebietes, dem weniger fruchtbaren Buntsandstein-Odenwald, liegt der Waldanteil deutlich über dem Durchschnitt, im Süden darunter (vgl. auch BARSCH et al. 1989b). Die Fläche des ehemaligen Kreises Sinsheim im südlichen Gebiet ist z. B. nur noch zu 20 % mit Wald bestanden (MERZ & PLESSING 1990).

Die Angaben von FLÜGEL (1982) zur Flächennutzung zeigen Diskrepanzen zu den hier genannten Werten. Dies hängt offensichtlich mit einer unterschiedlichen Daten- oder Kartengrundlage zusammen. Überdies ist zu berücksichtigen, daß die Planimetrierung der Teilflächen im Maßstab 1:25.000 für das gesamte Elsenzgebiet sehr zeitaufwendig ist. Dennoch werden diese Untersuchungen durchgeführt, um auch aus älteren Ausgaben der TK 25 mögliche Hinweise auf die Veränderung der einzelnen Flächenanteile im Laufe der vergangenen Jahrzehnte zu erhalten.

3.6.2 Aue

Die Fläche der Elsenztalaue nimmt ca. 20 km^2 und die der Zuflüsse ca. 21 km^2 ein, so daß die gesamte Auenfläche im Elsenzgebiet bei ca. 41 km^2 liegt. Die Auen werden teilweise als Siedlungsflächen oder - zum größeren Teil - als landwirtschaftliche Flächen genutzt. Wald kommt nur noch sehr vereinzelt vor. Innerhalb der Auenflächen lassen sich in Anlehnung an NIEHOFF & PÖRTGE (1990) ökologische Teilräume unterscheiden. Die Differenzierung wird vorgenommen, weil sich die einzelnen Landschaftselemente und die darin befindliche Baumvegetation unterschiedlich auf den Abfluß im Vorfluter und den Auenflächen und auf die Ausprägung der Gerinne auswirken. Damit variieren auch die Sedimentationsbedingungen im Randbereich der Gerinne und auf den Auenflächen.

Der aquatische Bereich entspricht dem Gerinne unterhalb der Niedrigwasserlinie. Der Uferbereich reicht von dort bis zur Hochuferkante. Daran schließt sich der Gewässernahbereich an, der in etwa der Ausdehnung des Uferwalls entspricht. Die folgende Gewässeraue wird nach außen gegen den Talhang mit Hilfe der Überschwemmungslinie des HQ_{100} abgegrenzt.

Die Baumgesellschaften des Ufer- und des Gewässernahbereichs sind anthropogen beeinflußte erlenreiche Gehölzgalerien (Erlen-Eschen-Auenwälder; *Alnenion glutinoso incanae Oberd. 53*). Sie bestehen vorwiegend aus Schwarzerle (*Alnus glutinosa*), Bruchweide (*Salix fragilis*) und Esche (*Fraxinus excelsior*). Stellenweise treten Hybridpappeln auf. Während die Erle mit ihrem palisadenartigen Wurzelwerk einen wirksamen Uferschutz bildet, tragen die Pappeln mit ihren Flachwurzeln nicht zu einer höheren Uferstabilität bei. Im Gegenteil verstärken sie durch ihr hohes Gewicht auch in Folge von Überalterung die Instabilität der Ufer (THORNE et al. 1988; GEBHARD 1991). Da die Elsenzaue außerhalb der Ortslagen bis in die ufernahen Bereiche intensiv landwirtschaftlich genutzt wird (vgl. Foto 2 unten), ist die Gehölzgalerie in der Regel auf die steilen Uferböschungen begrenzt. Nur an wenigen Flußstrecken befindet sich ein mehrzeiliger Gehölzstreifen, so z. B. zwischen Bammental und Neckargemünd (KADEREIT et al. 1992).

Im Auenbereich der Elsenz stockt natürlicherweise ein Eichen-Ulmen-Auenwald (*Querco-Ulmetum minoris*) (MÜLLER et al. 1974). An periodisch überfluteten Standorten würden Silberweide-Auwälder (*Salicetum albae*) wachsen. Nach KADEREIT et al. (1992) würden aber auch unter natürlichen Bedingungen auf der Elsenztalaue keine Silberweiden- bzw. Eichen-Ulmen-Auenwaldgesellschaften vorkommen. Die kurze Dauer und die niedrige Frequenz der überufervollen Hochwasserereignisse von nur wenigen Tagen binnen eines oder mehrerer Jahre genügen nicht, um gegenwärtig Standortverhältnisse für diese Auenwaldgesellschaften zu schaffen. Inwieweit es in früheren Jahrhunderten Perioden vermehrter Überflutungen gegeben hat, wird in Kap. 9 diskutiert.

Die Bäume des Auenbereichs beschränken sich heute auf wenige Vorkommen von Erlen-Bruchwäldern (*Alnion glutinosae Malc. 29*) und feuchten Eichen-Hainbuchenwäldern (*Carpinion betuli Issl. 31 em Oberd. 57*). Die ersten treten an Standorten auf, die das ganze Jahr über von Grund- oder Stauwasser beeinflußt sind. Die zweiten kommen an Standorten vor, die durch einen unausgeglichenen Wasser- und Lufthaushalt der Böden gekennzeichnet sind (*Stellario-Carpinetum Oberd. 57*). Der Stieleichen-Hainbuchenwald ist für große Teile der Elsenzaue die potentielle natürliche Vegetation auf ganzjährig feuchten Lehmböden mit hoch anstehendem Grundwasser (KADEREIT et al. 1992).

Ein Teil der Auenflächen wurde zur Wiesenwässerung genutzt. Erstmals erwähnt wird 1617 eine Bewässerung im Bereich Bammental/Reilsheim (WÜST 1983). Aus Aufzeichnungen des Kulturamtes Heidelberg vom 16.04.1923 geht hervor, daß im 19. Jh. das Wiesenland an der Elsenz auf der Gemarkung Meckesheim (52 ha) nach der ersten Heuernte bewässert wurde, um auch nach einem trockenen Sommer eine zweite Heuernte zu ermöglichen. Von 1893 bis zum neuerlichen "Entwurf zur Wiesenbewässerung Meckesheim" im Jahr 1923 soll allerdings auf Meckesheimer Gemarkung nur einmal von der Bewässerung Gebrauch gemacht worden sein. Dieser Entwurf sah eine Bewässerung (Stauberieselung) zwischen Heu- und Öhmdernte vor. Das "Badische Wasserkraftkataster" (WASSER- UND STRASSENBAUDIREKTION KARLSRUHE 1927) beziffert die auf der Talaue bewässerten Flächen mit 297 ha (Elsenztalaue 253 ha, Schwarzbachtalaue 44 ha). Die Wässerungswehre sind heute teilweise noch vorhanden, eine Bewässerung der Aue findet allerdings seit mehreren Jahrzehnten nicht mehr statt (vgl. auch BARSCH et al. 1989a). Zur Zeit kann nicht beurteilt werden, welchen Effekt der Einstau auf die Sedimentakkumulation auf der Elsenzaue hatte.

3.7 Klima (Temperatur und Niederschlag)

Die verschiedenen Aggregatzustände, die Intensität, die Verteilung und die Dauer des Niederschlags sind wesentliche Einzelfaktoren in einem fluvialen System. Im Hinblick auf eine mögliche Rückhaltung des Niederschlags in Form einer Schneedecke spielt auch die Temperatur eine wichtige Rolle, hier besonders der Anstieg der Temperatur nach einer Frostperiode. In diesem Fall findet die Schneeschmelze u. U. auf gefrorenem Untergrund statt, wodurch der Oberflächen- und Hochwasserabfluß begünstigt wird.

Die jährliche Niederschlagsverteilung ist abhängig von der Orographie. Im Elsenzgebiet macht sich das derart bemerkbar, daß die W-E-Differenzierung am östlichen Rheingrabenrand (bei Elsenz) in ein deutliches N-S-Gefälle im Bereich des Untersuchungsgebietes im Kleinen Odenwald und Kraichgau wechselt (Abb. 19). Nach dem Klimaatlas von Baden-Württemberg (DEUTSCHER WETTERDIENST 1953) beträgt der Niederschlag im westlichen Kraichgau ca. 750 mm, im Osten

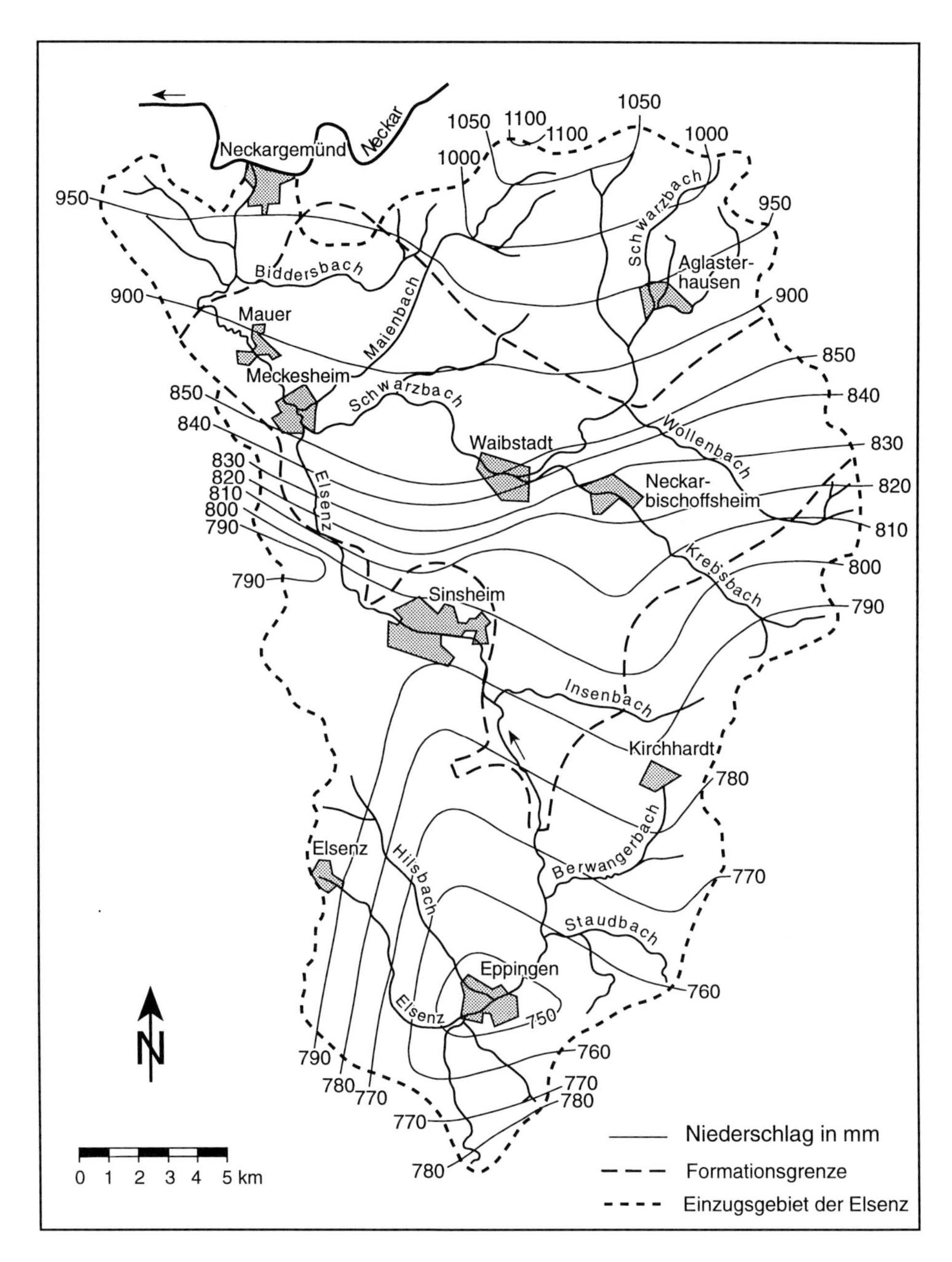

Abb. 19: Einzugsgebiet der Elsenz mit Linien gleicher mittlerer Niederschlagsverteilung pro Jahr (Quelle: FLÜGEL 1988)

700 mm und in den nördlichen und südlichen Randbereichen etwa 800 mm (Mittelwerte aus 30jähriger Meßreihe). Eine detaillierte Darstellung der Niederschlagsverteilung im Elsenzgebiet von FLÜGEL (1988) zeigt dagegen eine orographisch bedingte Niederschlagszunahme von Süden (bei Eppingen 750 mm/a) nach Norden und Nordosten auf maximal 1100 mm/a im Buntsandstein-Odenwald.

Dieser Isohyetendarstellung liegen die 20jährigen Mittelwerte von 1962-1983 zugrunde. In der Verteilung spiegeln sich die unterschiedlichen Höhen bzw. das Relief wider (s. o.). Legt man nur die Stark- und Dauerregen der Berechnung zugrunde, so ist die Differenzierung noch deutlicher, denn diese Werte sind im nördlichen Gebietsteil um ca. 30 % höher (BUCK et al. 1982).

Mit der Zunahme der Niederschlagssummen von Süden nach Norden ändert sich der Charakter der Niederschlagsganglinie: im südlichen Einzugsgebiet ist mit 900 mm/a eine zweigipflige Verteilung mit einem ersten Maximum im Sommer und einem untergeordneten Wintermaximum ausgeprägt. Im nördlichen Gebiet kehrt sich dieses Verhältnis um, so daß ab 1000 mm/a ein Wintermaximum gegenüber einem zweiten Gipfel im Sommer vorherrscht (FLÜGEL 1988). Das Wintermaximum ist dabei in den Monaten November-Januar anzusiedeln, das Sommermaximum fällt in die Monate Mai-August (KADEREIT 1990).

3.8 Hydrographie und Abfluß

3.8.1 Hydrographie

Die Quelle der Elsenz liegt auf 238 m ü. N.N. nordwestlich der Ortschaft Elsenz. Sie fließt zunächst in südöstlicher Richtung und biegt nach etwa 7 km nach NE um. Nach dem Zufluß des Hilsbaches bei Eppingen wechselt ihre Fließrichtung nach Norden, entlang einer Hauptstörungslinie des Kraichgaus über Richen, Ittlingen, Reihen und Rohrbach (siehe Abb. 10. und KUNERT 1968). Bei Sinsheim trifft diese Störung mit der Verwerfung Hilsbach-Steinsfurt-Waibstadt zusammen, auf deren westlicher Seite die Mergelgesteine des Gipskeupers anstehen. THÜRACH (1896) macht die Subrosion der morphologisch wenig resistenten Gesteine des Gipskeupers für die Entstehung der breiten Talaue bei Sinsheim/Rohrbach verantwortlich. Flußabwärts hat die Elsenz im Bereich Hoffenheim-Zuzenhausen in die Gesteine des Muschelkalkes ein Engtal eingeschnitten. Bei Meckesheim/Mauer tritt sie wieder in eine Talweitung ein, die während des Pleistozäns vom Neckar angelegt wurde (vgl. Kap. 3.3). Die im Norden anschließenden Schichten des Buntsandsteins werden wieder in einem Engtal gequert, bevor die Elsenz nach 52 Laufkilometern (nach DGK 5) bei Neckargemünd (112 m ü. N.N.) in den Neckar mündet.

Die wesentlichen Zuflüsse der Elsenz liegen im Osten (Berwanger Bach, Insenbach, Schwarzbach, Maienbach (= Lobbach), Biddersbach), während diejenigen im Westen vermutlich infolge der tektonischen Verhältnisse stark verkürzt sind (KUNERT 1968). Ab Eppingen ist der Verlauf der Elsenz obsequent, d. h. sie fließt entgegen dem Fallen der geologischen Einheiten der südwestdeutschen Schichtstufenlandschaft. Biddersbach, Schwarzbach und Maienbach (= Lobbach) entwässern den stärker reliefierten nordöstlichen Teil des Elsenzgebietes und weisen dementsprechend ein deutlich höheres Gefälle auf als die Flüsse im zentralen und südlichen Teil des Einzugsgebietes. So erreicht die Elsenz oberhalb Meckesheim im Mittel mit 0,56 % nur die Hälfte des Gefälles des Schwarzbaches (1,14 %) (vgl. auch BARSCH et al. 1989a).

In Abbildung 20 sind die Längsprofile der Elsenz und der näher untersuchten Zuflüsse vergleichend dargestellt. Der Längsverlauf der Elsenz zeigt eine Zweigliederung in ein konkaves Ausgleichsgefälle im Oberlauf bis unterhalb der Mündung des Berwanger Baches. Die Stufe ist als lokale Erosionsbasis anzusprechen, die Ober- und Mittellauf trennt. Sie fällt mit dem Auftauchen des oberen Muschelkalkes zusammen. Der Mittellauf reicht bis zur Einmündung des Schwarzbaches, der durch seinen höheren Hochwasserabfluß den Charakter des Elsenzunterlaufes bis zur Mündung deutlich prägt (siehe Kap. 3.8.2).

Auch die östlichen Zuflüsse zur Elsenz zeigen in ihrem Längsprofil Einflüsse der geologischen Verhältnisse. Beispielhaft zeigt Abbildung 21 das Längsprofil des Insenbaches mit dem Oberlauf im ku-km und einem mittleren Gefälle von 0.6 %. Der Mittellauf mit 1.5 % Gefälle wird vom mo_2 unterlagert. Der Unterlauf im mo_1 ist mit 0.6 % wieder flacher (BIPPUS 1991).

Der Schwarzbach weist ebenfalls ein zweigeteiltes Längsprofil auf (Abb. 20). Ein deutlicher Knick im Längsverlauf bei Helmstadt-Bargen dokumentiert den Übergang vom stärker reliefierten Buntsandstein-Odenwald (so) in den unteren flachen Abschnitt, der im unteren, mittleren und oberen Muschelkalk angelegt ist.

3.8.2 Abflußverhältnisse

Die ersten quantitativen Angaben über das Abflußverhalten der Elsenz sind in den "Beiträgen zur Hydographie des Großherzogtums Baden" (1893) zu finden. Dort ist ein Mittelwasserabfluß (MQ) von 3 m^3/s, ein Niedrigwasserabfluß (MNQ) von 2,3 m^3/s und während der Wasserklemme ein Abfluß von nur 1,6 m^3/s angegeben. Das "Badische Wasserkraftkataster" (WASSER- UND STRASSENBAU-DIREKTION KARLSRUHE 1927), das von jährlichen Niederschlagssummen von 700-900 mm ausgeht, beschreibt den mittleren jährlichen Abfluß (MQ) mit 4,3-4,8 m^3/s. Dies entspricht einer Abflußspende von 8-9 $l/s * km^2$ (vgl. auch BARSCH et al. 1989a).

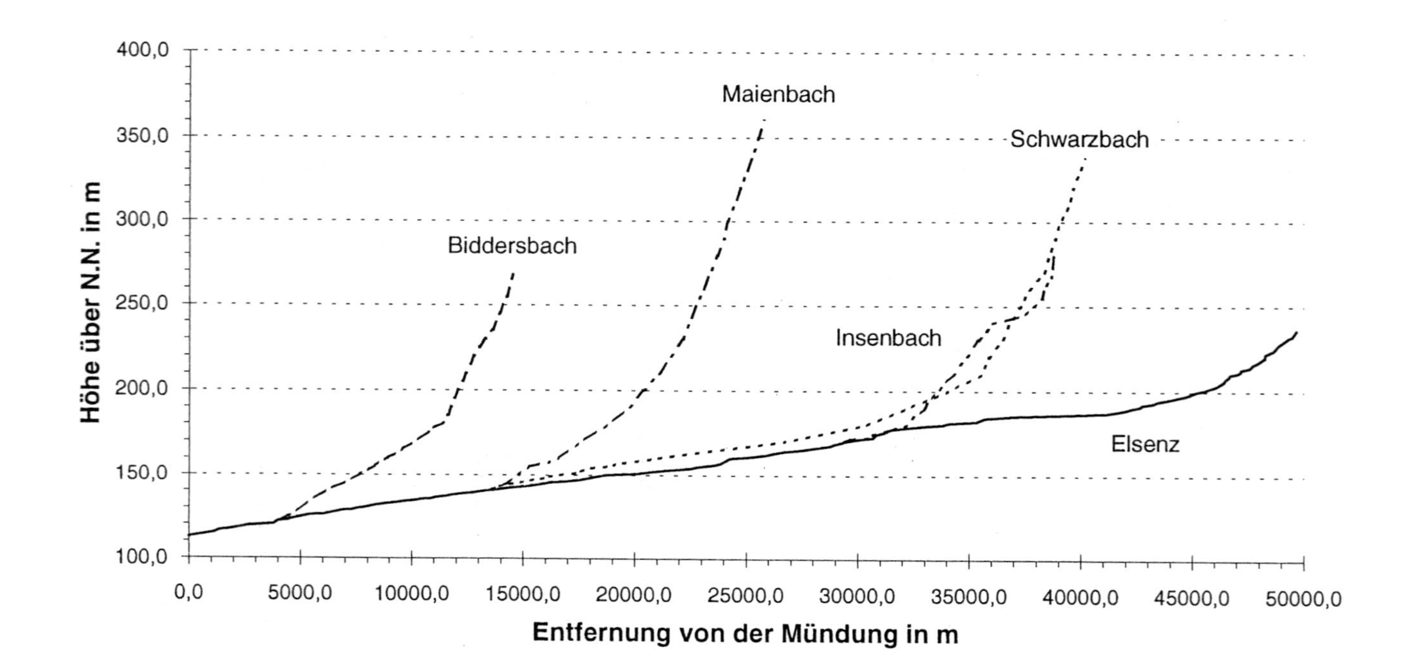

Abb. 20: Tallängsprofil der Elsenz und einiger Nebenflüsse aus Höhendaten der DGK 5

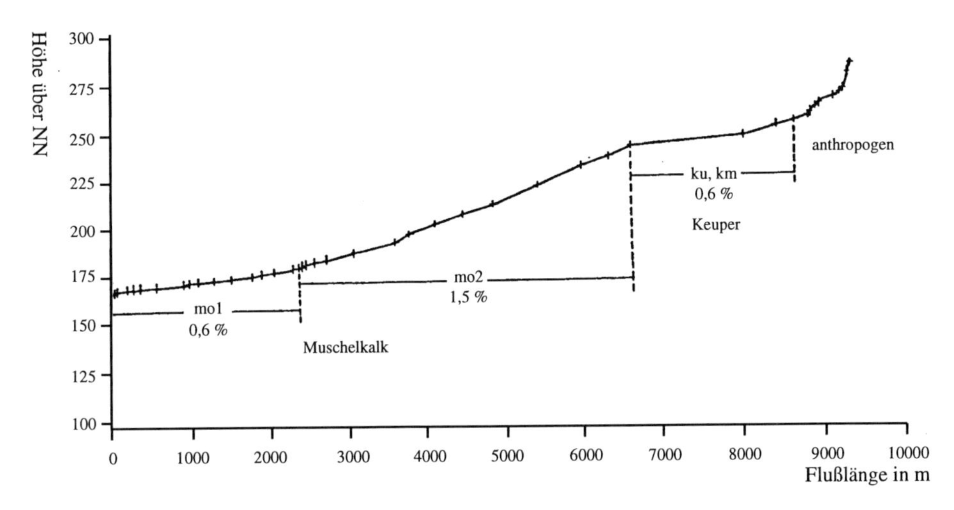

Abb. 21: Längsprofil des Insenbaches in den Keuper- und Muschelkalkformationen (Quelle: BIPPUS 1991)

Im Laufe dieses Jahrhunderts sind im Elsenzgebiet insgesamt vier amtliche Landespegel installiert worden, deren Laufzeiten aus der folgenden Auflistung hervorgehen:

- Pegel Krebsbach/Neckarbischofsheim 1957-heute,
- Pegel Schwarzbach/Eschelbronn 1955-1982, 1984-heute,
- Pegel Elsenz/Meckesheim 1967-heute und
- Pegel Elsenz/Bammental 1928-1966.

Um den unterschiedlichen Charakter der Teilgebiete zu verdeutlichen, werden die Abflußwerte vom Pegel Elsenz/Meckesheim mit denen vom Pegel Schwarzbach/ Eschelbronn verglichen. Die Pegelstandorte sind Abbildung 27 zu entnehmen. Der Schwarzbach bei Eschelbronn (200 km^2) hat einen Mittelwasserabfluß von 1,72 m^3/s, die Elsenz oberhalb Meckesheim aufgrund ihres größeren Einzugsgebietes (259,5 km^2) einen MQ von 1,98 m^3/s. An der Elsenzmündung beträgt der MQ ca. 4,4 m^3/s.

Das höchste bisher an den Pegeln Elsenz/Meckesheim und Schwarzbach/ Eschelbronn registrierte Hochwasser fand im Februar 1970 statt. Der Schwarzbach erreichte bei diesem Ereignis einen Abfluß von 95 m^3/s, die Obere Elsenz 44 m^3/s. Zusammen mit Maienbach und anderen Zuflüssen ergibt sich ein gesamter Hochwasserabfluß von knapp 150 m^3/s (vgl. auch BARSCH et al. 1989a).

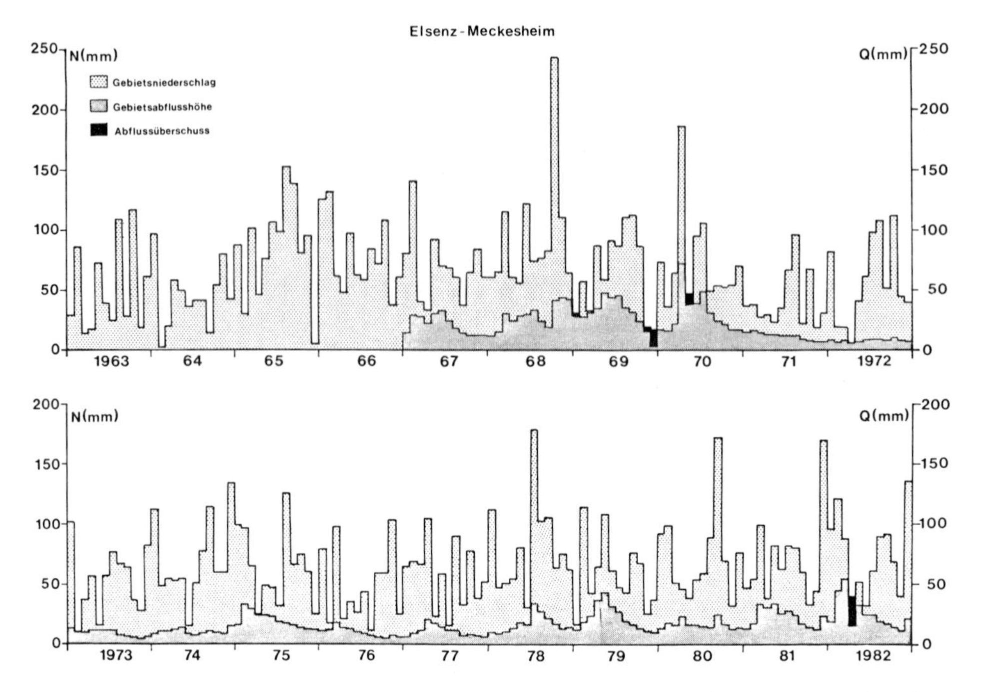

Abb. 22: Monatliche Gebietsniederschläge N und Gebietsabflußhöhen Q_h der Oberen Elsenz in den hydrologischen Jahren 1963-1982 (Quelle: FLÜGEL 1988)

Die Zunahme des Reliefs im Norden bzw. Nordosten des Elsenzgebietes wirkt sich nicht nur über das steilere Gefälle auf das Abflußverhalten der hier gelegenen Vorfluter Biddersbach, Maienbach und Schwarzbach aus. Auch die Zunahme der orographisch bedingten Niederschläge (s. o.) führt zu höheren Abflüssen in diesen Teilgebieten. Dies wird sehr deutlich im Vergleich der monatlichen Gebietsniederschläge und Abflußhöhen des Schwarzbachgebietes mit dem der Oberen Elsenz aus dem Zeitraum 1963 bis 1982 (FLÜGEL 1988). Der Kurvenverlauf der Abflußhöhen bei Elsenz/Meckesheim, der die Obere Elsenz widerspiegelt (Abb. 22), ist wesentlich flacher als der Verlauf am Schwarzbach (Abb. 23).

Um einen weiteren Vergleich der beiden Gebiete zu bekommen, wurde aus den mittleren monatlichen Niedrig- (MNQ), Mittel- (MQ) und Hochwasserabflüssen (MHQ) von 1967-1981 (HANDBUCH HYDROLOGIE FÜR BADEN-WÜRTTEMBERG) der Jahresverlauf bestimmt (Abb. 24).

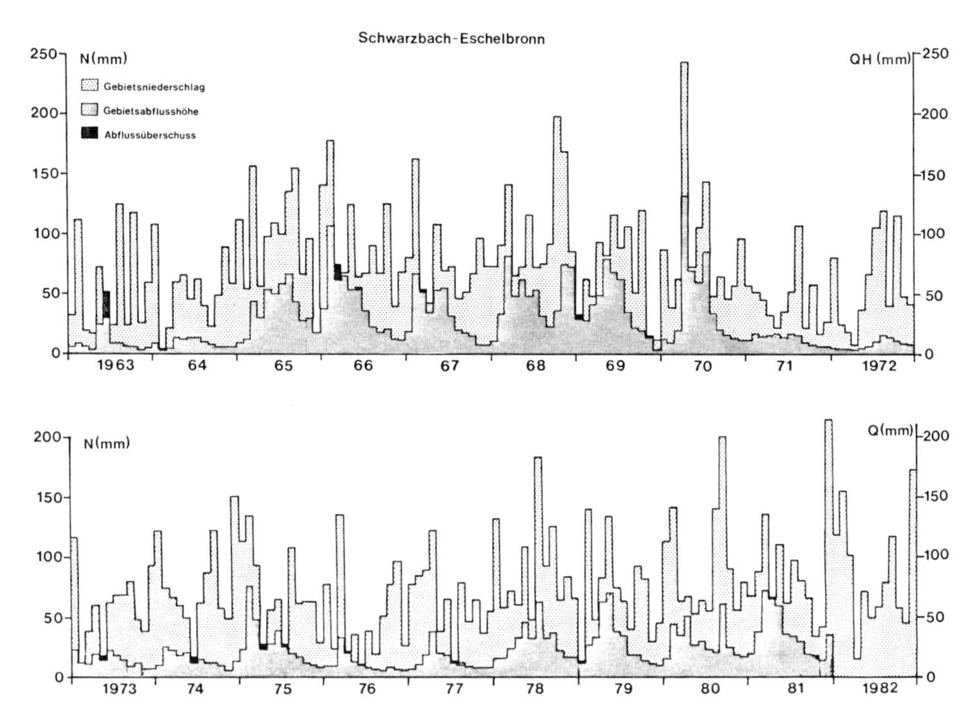

Abb. 23: Monatliche Gebietsniederschläge N und Gebietsabflußhöhen Q_h des Schwarzbaches in den hydrologischen Jahren 1963-1982 (Quelle: FLÜGEL 1988)

Der Verlauf des mittleren Niedrigwassers und des Mittelwassers ist in beiden Teileinzugsgebieten sehr ähnlich. Auffallend ist, daß das MQ beim Schwarzbach im Februar größer ist als das der Elsenz, während es von Juni bis November darunter liegt. Dagegen ist das MNQ des Schwarzbaches grundsätzlich kleiner als das der Elsenz. In diesem Verhalten spiegelt sich die unterschiedliche Ausstattung der beiden Einzugsgebiete wieder: das Einzugsgebiet der Oberen Elsenz (oberhalb der Schwarzbachmündung) ist durch eine größere Speicherkapazität und damit einen höheren Trockenwetterabfluß gekennzeichnet.

Die unterschiedliche Ausstattung des Gebietes zeigt sich besonders im Verlauf des mittleren monatlichen Hochwasserabflusses mit einem Maximum von über 16 m^3/s am Schwarzbach (mit generell höheren Werten im gesamten Jahresverlauf) und nur 8 m^3/s an der Oberen Elsenz. Die Maxima werden in der Regel zur gleichen Zeit (Februar) erreicht, wobei die Obere Elsenz noch eine zweite Spitze im Mai aufweist. Die im Januar und Februar fast doppelt so hohen Abflüsse am Schwarzbach sind die Folge von Schneeschmelz- und/oder Regenereignissen. Die über das ganze Jahr höheren MHQ-Werte des Schwarzbachs dürften ebenfalls eine Folge des höheren Gefälles bzw. der geringeren Speicherkapazität des Bodens sein (vgl. auch BARSCH et al. 1989a).

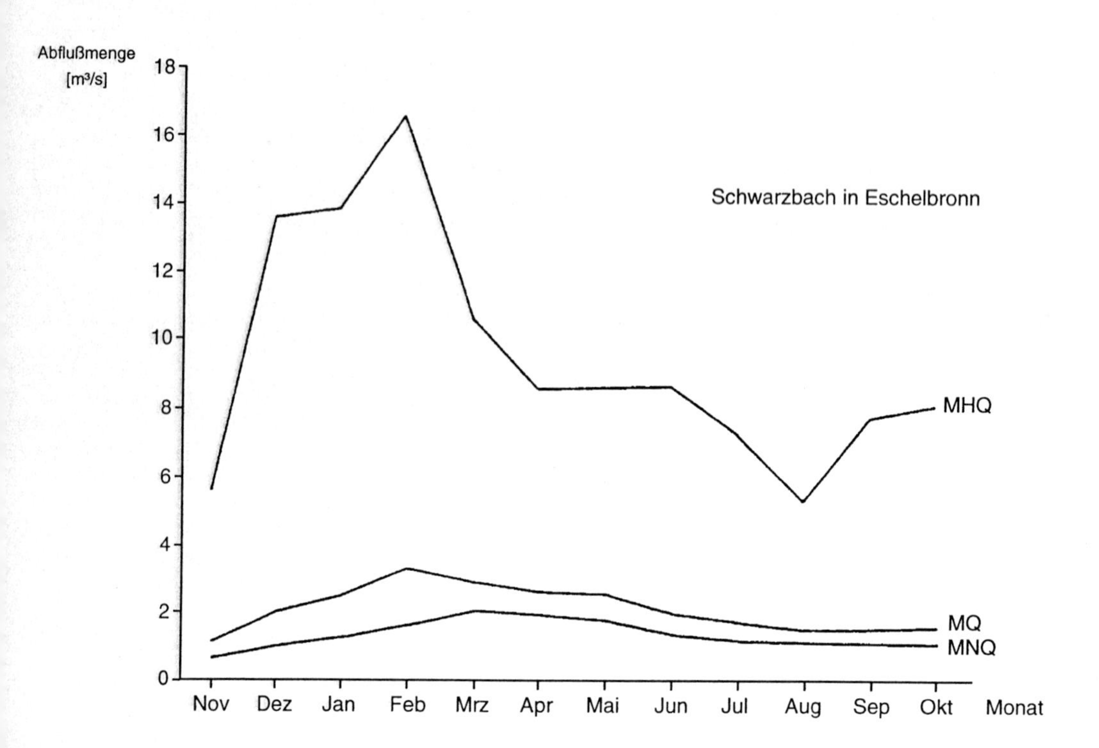

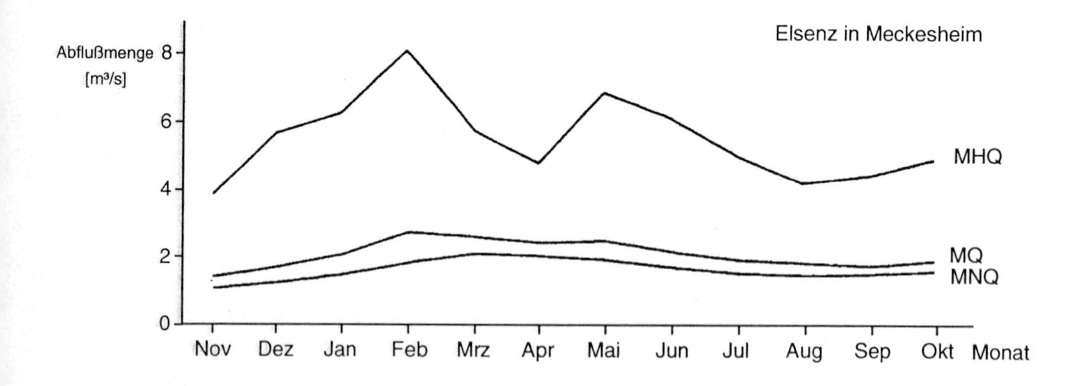

Abb. 24: Mittlerer monatlicher Niedrig- (MNQ), Mittel- (MQ) und Hochwasserabfluß (MHQ) der Oberen Elsenz und des Schwarzbaches von 1967-1981 (vgl. auch BARSCH et al. 1989a)

Das zweite Maximum der Elsenz im Mai kann als Folge der in diesem Monat auftretenden Starkregen bei noch geringer Vegetationsdecke auf den landwirtschaftlich genutzten Flächen erklärt werden. Im Schwarzbachgebiet ist der Anteil an agrarischer Nutzfläche wesentlich geringer, so daß hier die Durchschnittswerte von MHQ im Mai kein zweites Maximum zeigen (vgl. auch BARSCH et al. 1989a).
Darüber hinaus lassen die Untersuchungen von FLÜGEL (1988) folgende Aussagen zu: Die prozentuale Verteilung des Abflusses vom Schwarzbach unterscheidet sich wesentlich von dem der Oberen Elsenz. Im Schwarzbachgebiet kommt in den Wintermonaten z. T. über 70 % des Gebietsniederschlages zum Abfluß. Das Maximum liegt dabei im Februar. Im südlichen, also Oberen Elsenzgebiet, steuern die Monate November und Dezember mit ca. 57 % den prozentual höchsten Niederschlagsanteil zum Abfluß bei. In den Sommermonaten ist der Abflußanteil in allen Gebieten mit 20 und 30 % erwartungsgemäß gering. Die Werte steigen sprunghaft mit dem Einsetzen der herbstlichen Regenfälle im Oktober auf 40 bis 50 % an. Dafür ist vor allem der Rückgang der Evapotranspiration verantwortlich.

Um den Charakter des Gesamtgebietes der Elsenz darzustellen, sind in Abbildung 25 der monatliche Gebietsniederschlag und die Abflußhöhen der Elsenz am Pegel "Hollmuth" in den hydrologischen Jahren 1977 bis 1982 dargestellt. An diesem Pegel werden auch die Abflußwerte und Stoffkonzentrationen für die vorliegende Untersuchung erhoben.

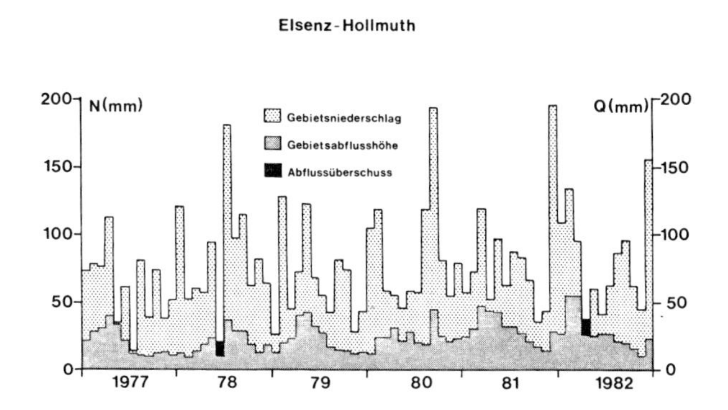

Abb. 25: Monatlicher Gebietsniederschlag N und monatliche Abflußhöhen Qh der Elsenz am Pegel "Hollmuth" in den hydrologischen Jahren 1977-1982 (Quelle: FLÜGEL 1988)

Die Verteilung der Hochwasserabflüsse macht deutlich, daß der Elsenzunterlauf (Pegel Elsenz/Hollmuth) im Winter wesentlich durch den von Osten kommenden Schwarzbach geprägt wird. Demgegenüber macht sich in den Sommermonaten (Juni-September) der Zufluß aus dem südlichen Elsenzgebiet deutlicher bemerkbar.

Weitere Ergebnisse zur Wasserbilanz haben BARSCH & FLÜGEL (1988) vorgelegt. Sie gehen besonders auf die Hanghydrologie und die Grundwassererneuerung am hydrologischen Versuchsgebiet "Hollmuth" ein. Im Rahmen der hier vorliegenden Arbeit wird deshalb darauf verzichtet, weitere Wasserhaushaltsuntersuchungen durchzuführen. Darüber hinaus weist FLÜGEL (1988) zu Recht auf die Schwierigkeiten hin, die schon bei relativ guter Datenlage auftreten. So hat er beispielsweise gezeigt, daß in keinem der vier von ihm untersuchten Teilräume gute Korrelationen zwischen Gebietsniederschlag und Abfluß bestehen. Ob der in jüngster Zeit steigende Anteil von Fremdwasser im Zuge der Bodenseewasserversorgung einiger Elsenzgemeinden für die schlechten Korrelationen verantwortlich ist, kann momentan noch nicht beantwortet werden.

3.9 Sedimenttransport

Die intensive agrarische Nutzung führt - wie bereits erläutert - zu verstärkten Bodenerosionsprozessen. Ein Teil des abgeschwemmten Materials wird in den Hangfußbereichen wieder abgelagert (Kolluvien). Der größte Teil wird jedoch in den nächsten Vorfluter transportiert, da der Hauptbestandteil des Lösses (Schluff) erst bei Fließgeschwindigkeiten unter 20 cm/s sedimentiert. Diese Abflußgeschwindigkeit wird i. d. R. schon bei linienhaftem Oberflächenabfluß auf den Feldern erreicht und liegt in den Vorflutern bei Hochwasserabfluß wesentlich darüber. Sie sind dementsprechend während Hochwasserereignissen erheblich mit Schwebfracht belastet (siehe Kap. 7). Bei Ereignissen, die unter dem Niveau des ufervollen Abflusses liegen, wird nahezu das gesamte Material aus dem Einzugsgebiet heraustransportiert. Bei größeren Ereignissen findet Vorlandabfluß auf der Aue statt, wo aufgrund der sinkenden Fließgeschwindigkeiten ein Teil der Sedimente zur Ablagerung kommt (siehe Kap. 7).

Durch die Bodenerosion während des Holozäns kommt es zu mächtigen Talverfüllungen (max. 10-12 m im Elsenzunterlauf), die nach EITEL (1989) das Flußlängsprofil der Kraichgauflüsse beeinflussen. Diese Akkumulationen sind zwar nicht so mächtig, daß sie das Gefälle des Längsprofils der Elsenz bestimmen. Sie können aber örtliche "Unebenheiten" der holozänen Basis ausgleichen.

Die ersten Untersuchungen des mineralischen Schwebstofftransportes an der Elsenz über einen längeren Zeitraum führte FLÜGEL (1982) durch. Von Februar 1980 bis Juli 1981 wurde der Schwebstoffgehalt von Wasserproben am Pegel Elsenz/Hollmuth bestimmt. Die Ergebnisse können wie folgt zusammengefaßt werden:

Der Schwebstoff stellt in diesem Fluß 100 % des Feststofftransportes. Steigende und fallende Wasserstände unterscheiden sich bezüglich des Schwebstofftransportes nicht signifikant. Die Ausgleichskurven zwischen Sedimentgehalten und Pegelwasserständen können nach Sommer- und Winterhalbjahr unterschieden werden. Mit Hilfe dieser Beziehungen werden die Sedimentgehalte der hydrologischen Jahre 1977-1980 berechnet. Daraus ergeben sich Austragswerte in t/Tag, t/Monat und t/Jahr. Die Werte des monatlichen und jährlichen Sedimentaustrags und den daraus berechneten Abtragsraten sind in Tabelle 2 zusammengefaßt.

Tab. 2: Monats- u. Jahreswerte der Sedimentfracht am Ausgang des Elsenzgebietes (Pegel Elsenz/Hollmuth) von 1977 bis 1980 (Quelle: FLÜGEL 1982)

Monat/Jahr	1977	1978	1979	1980	Mittel
November	233	58	39	50	95
Dezember	327	26	4252	3360	1991
Januar	2379	109	2692	291	1368
Februar	2815	1365	9467	2333	3995
März	568	2585	12052	118	3831
April	272	136	628	293	312
Mai	32	17152	334	113	4408
Juni	39	1719	76	933	692
Juli	24	2793	84	12333	3808
August	40	73	55	230	99
September	44	56	31	139	68
Oktober	31	116	40	174	90
Summe	**6804**	**26188**	**29750**	**20367**	**20777**

"Die Tageswerte sind stark an Niedrig- und Hochwasserzeiten gebunden, sie schwanken zwischen 0,2 und 7.640 t/Tag. Die Monatswerte folgen im wesentlichen der Niederschlagsverteilung, die Jahreswerte spiegeln Naß- und Trockenjahre wieder. Besondere Bedeutung kommt den kurzfristigen Hochwasserereignissen zu, in weniger als zwei Wochen erfolgt etwa zwei Drittel des jährlichen Austrags" (FLÜGEL 1982, 103). Aus dem mittleren Jahresaustrag, der in Tabelle 3 angegeben ist, errechnet FLÜGEL (1982) den mittleren Gebietsabtrag, bezogen auf die erosionsgefährdeten Ackerflächen von 240 km^2 zu 0,08 mm/Jahr. Wie in Kap. 9 noch erläutert wird, ist es problematisch, die Austragsraten am Ausgang des Gebietes in durchschnittliche Abtragsraten umzurechnen.

3.10 Anthropogene Veränderungen am Gerinne

Die anthropogenen Veränderungen an der Elsenz sind zahlreich. Kleinere Eingriffe wurden und werden auch heute vielfach unkontrolliert vorgenommen, so daß es schwierig ist, ihr gesamtes Ausmaß zu erfassen. Zu den größeren (kontrollierten)

Eingriffen gehören zunächst die Wehranlagen der Mühlen, mit deren Anlage schon im frühen Mittelalter begonnen wurde (WASSER- UND STRASSENBAUDIREKTION KARLSRUHE 1927). Darüber hinaus wurden zur Wasserkraftnutzung Triebwerke errichtet. Aus dem "Badischen Wasserkraftkataster" (WASSER- UND STRASSENBAUDIREKTION KARLSRUHE 1927) geht hervor, daß sich bereits im Jahr 1927 an der Elsenz insgesamt 86 Wassertriebwerke befanden. Durch diese Anlagen wurden 74,10 m oder 82 % des natürlichen Gefälles von der Rohrbacher Mühle bis zur Elsenz-Mündung (Höhenunterschied 90,19 m) genutzt. Obwohl einige Mühlen aufgegeben und einzelne Wehre geschleift wurden, bestimmen die zahlreichen Stauhaltungen und Wehre auch heute noch in Form einer Kaskade das Abflußverhalten der Elsenz bei Niedrig- und Mittelwasser (vgl. auch BARSCH et al. 1989a). Der Gewässeraufstau hat darüber hinaus erheblichen Einfluß auf die Gewässerbeschaffenheit der Elsenz (KRYZER 1991; KADEREIT et al. 1992).

Auch außerhalb des Bereiches der künstlichen Erosionsbasen der Wehre sind an der Elsenz und ihren Nebenflüssen besonders im 20. Jahrhundert zahlreiche Eingriffe in den Gerinneverlauf vorgenommen worden. Es handelt sich dabei um Laufverlegungen, Ufer- und Sohlbefestigungen und den Einbau von Sohlschwellen. Die zahlreichen Laufverlegungen sind immer in Form von Begradigungen (Laufverkürzungen) vorgenommen worden, die automatisch mit einer Versteilung des Gerinnes verbunden sind. Sie sind unterschiedlich genau dokumentiert. Nachfolgend sind die Maßnahmen im Unterlauf der Elsenz aufgelistet:

- Bammental, 1976, Gewann "Hollmuthäcker"
- Bammental, oberhalb der 2. Eisenbahnbrücke
- Bammental - Reilsheim, 1926, Verkürzung von 600 m auf 300 m
- Meckesheim, 60er Jahre, Gewann "Hammerstadt", Verkürzung 430 m auf 250 m
- Meckesheim, Gewann "Wachswiesen".

Es hat auch einige Laufverlegungen bzw. -verkürzungen an den Elsenzzuflüssen gegeben, so z. B. am Unterlauf des Maienbaches oder Schwarzbaches. Am Unterlauf des Insenbaches wurde 1925 eine Bachverlegung von mehreren 100 m vorgenommen, mit dem Ziel, die Sommerhochwasser durch das Gerinne zu leiten, ohne daß es auf den angrenzenden Ackerflächen zu Schaden kommt (BIPPUS 1991).

Die vorliegenden Daten und Untersuchungsergebnisse sind zwar wichtige Grundlagen, sie erlauben aber nicht, die aktuellen fluvial-morphologischen Prozesse und hier besonders den Zusammenhang zwischen Hochwasserabfluß, Sedimenttransport und Gerinnebettgestaltung zu beschreiben oder gar zu quantifizieren. Um dieses Ziel zu erreichen, war es erforderlich, eine geeignete Methodik zu entwickeln.

4. UNTERSUCHUNGSPLAN UND MESSMETHODIK

Ein wesentlicher Bestandteil des Projektteils "Aktuelle fluviale Geomorphodynamik der Elsenz" war die Entwicklung einer geeigneten Methodik zur Bearbeitung eines mittleren Einzugsgebietes. Dabei stellte sich die besondere Aufgabe, mit einem begrenzten Umfang an Gelände- und Laborarbeiten auf einem relativ hohen Abstraktionsgrad zu sinnvollen Ergebnissen zu gelangen (vgl. auch BARSCH et al. 1989b, 1994).

Die konzeptionellen Grundgedanken einer an mesoskalige Untersuchungsgebiete angepaßten Methodik werden in der Einleitung unter dem Stichwort "Konzeptionelle Methodik für mittlere Einzugsgebiete" dargelegt. Darauf aufbauend wird in diesem Kapitel der Untersuchungsplan, d. h. die weitere praktische Vorgehensweise im Elsenzgebiet erläutert. Dies umfaßt die Sichtung und Prüfung des vorhandenen Datenmaterials, den Aufbau und Betrieb des Sondermeßnetzes und die ergänzenden Erhebungen, die zur Beschreibung und Einordnung der aktuellen Prozesse von Bedeutung sind.

Um das Meßnetz und damit auch die Datenfülle auf einem überschaubaren Niveau zu halten, ist es notwendig, daß auf der Basis der vorhandenen Informationen über die Gebietsausstattung eine Reduktion der Installationen und Untersuchungen auf Standorte erfolgt, durch die ein möglichst großer Ausschnitt der Landschaft beschrieben wird (vgl. auch BARSCH et al. 1994). Aus diesem Grund ist das methodische Konzept so angelegt, daß die für die fluviale Dynamik vorrangigen Informationen (Relief, Niederschlag, Hydrographie mit Abfluß und Sedimenttransport) im Gesamtgebiet bzw. entlang des gesamten Flußnetzes ermittelt werden. Untergeordnete Parameter (wie z. B. die Verbreitung der Bodenarten und der Vegetationsformen) werden dagegen in den Teileinzugsgebieten des Biddersbaches und Insenbaches untersucht (Abb. 26).

Der Biddersbach (16,7 km^2) liegt im nördlichen Elsenzgebiet (letzter größerer Zufluß am Elsenzunterlauf). Der Untergrund wird aus Buntsandstein und Muschelkalk aufgebaut. Der Insenbach (21,4 km^2) fließt der Elsenz im Mittellauf zu, wo Muschelkalk und Keuper den Untergrund für die Lößauflage bilden (Abb. 9). Das Ziel ist, die beiden Teilgebiete miteinander zu vergleichen und darüber hinaus zu ermitteln, ob die Gebiete für den jeweiligen Flußabschnitt des Gesamtgebietes charakteristisch sind. Damit soll auch die Übertragbarkeit von Ergebnissen in einen anderen Maßstabsbereich überprüft werden.

Das Schwarzbachgebiet mit einer Fläche von 200 km^2 soll vor der Mündung in die Elsenz gesamthaft erfaßt werden, aufgrund der Größe wird es nicht weiter differenziert. Nach den ersten Hochwasserereignissen, die beprobt wurden, ergibt sich die Notwendigkeit, den Maienbach (oder Lobbach) am Ausgang seines Einzugsgebietes ebenfalls mit Pegel und Probennehmer zu bestücken. Damit wird

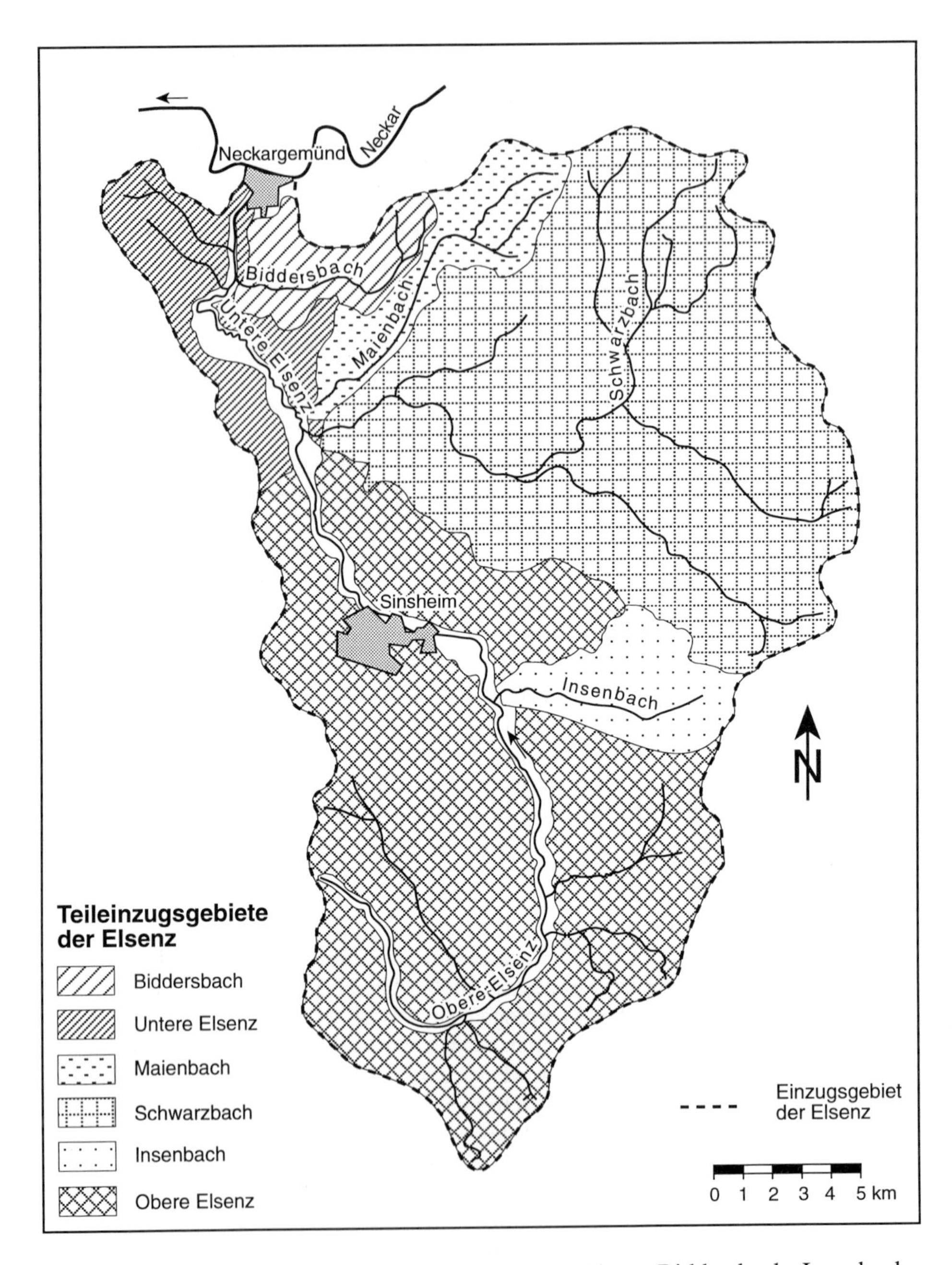

Abb. 26: Einzugsgebiet der Elsenz mit den Teilgebieten Biddersbach, Insenbach, Schwarzbach, Maienbach und Obere Elsenz

das Meßnetz so verdichtet, daß es möglich ist, mit den Pegelstandorten und Probennahmestellen am Ausgang von Oberer Elsenz, Schwarzbach, Maienbach und Biddersbach eine Schwebfrachtbilanzierung für das untere Elsenztal erstellen zu können (siehe Abb. 26). Zusätzliche Meßstandorte an der Oberen Elsenz vor und nach der Mündung des Insenbaches und am Insenbach selbst erlauben zusätzlich eine weitere Differenzierung im Mittel- und Oberlauf der Elsenz.

4.1 Vorhandenes Datenmaterial

Mit zunehmender Größe des Einzugsgebietes wird es schwieriger, das Prozeßgeschehen des Gesamtgebietes zu erklären. Die Ausdehnung des räumlichen Maßstabes hat unmittelbar eine Vergrößerung des zeitlichen Betrachtungsmaßstabes zur Folge. Daher ist es hilfreich, auf bestehendes Datenmaterial zurückzugreifen, das einen Einblick zumindest in den Verlauf der vergangenen Jahrzehnte erlaubt. An langjährige Meßreihen können selbst erhobene Daten aus der aktuellen Prozeßforschung ein- oder angehängt werden. Dadurch werden mögliche Entwicklungen (Trends etc.) sichtbar bzw. abgesichert.

4.1.1 Quelle der Daten

Aus dem Elsenzgebiet liegen einige Datenreihen vor, die in diese Untersuchungen Eingang finden. Es handelt sich dabei um längere Zeitreihen von Niederschlags- und Abflußwerten. Darüber hinaus kann im Rahmen der Untersuchungen des Gerinnebettes der Elsenz auf ältere Vermessungsdaten zurückgegriffen werden. Hierbei stellt jedoch die zeitliche oder räumliche Auflösung der Daten einen begrenzenden Faktor dar (KADEREIT 1990).

Niederschlags- und Abflußdaten
Im Einzugsgebiet befinden sich insgesamt sieben amtliche Niederschlagsmesser, deren Tagessummen dem Meteorologischen Jahrbuch entnommen werden können. Die für die bereits erwähnten hydrologisch-geomorphologischen Arbeiten vorgenommenen Geräteinstallationen können teilweise übernommen werden, so daß z. B. langjährige Meßreihen für einen Abflußpegel am Ausgang des Einzugsgebietes vorliegen. Darüber hinaus befinden sich drei Landespegel im Untersuchungsgebiet, deren Meßreihen teilweise bis in die 50er Jahre zurückreichen (LANDESANSTALT FÜR UMWELTSCHUTZ 1990). Die Abflußganglinien dieser Pegel (Elsenz/Meckesheim, Schwarzbach/Eschelbronn und Krebsbach/ Neckarbischofsheim) dokumentieren die unterschiedliche Charakteristik der Teileinzugsgebiete. BUCK et al. (1982) haben auf der Grundlage dieser Daten eine regionale Hochwasserstatistik erstellt, mit deren Hilfe die im Rahmen dieser Arbeit registrierten Ereignisse Jährlichkeiten zugeordnet werden können (siehe Kap. 9).

Vermessungsdaten
Bereits gegen Ende des vergangenen Jahrhunderts wurden Querprofile durch die Aue und das Gerinne der Elsenz vermessen. KADEREIT (1990) erstellt mit Hilfe dieser Daten ein Sohlenlängsprofil, das die Situation um 1853 bzw. 1884 darstellt. Durch den Vergleich mit dem aktuellen Verlauf der Gerinnesohle wird angestrebt, eine mögliche Veränderung nachzuweisen (s. Kap. 6 u. 8). In den 1970er und 80er Jahren werden von verschiedenen Ingenieurbüros Querprofilvermessungen von Elsenzaue und -gerinne durchgeführt. Unter Verwendung dieser Daten berechnen BUCK et al. (1982) Gerinnekapazitäten bzw. ufervolle Abflußleistungen der Elsenz und ihrer Vorländer. KADEREIT (1990) ermittelt mit Hilfe dieser und selbst vermessener Querprofile hydraulisch-geometrische Gerinneparameter (siehe Kap. 6).

4.2 Sondermeßnetz

Mit Hilfe des Sondermeßnetzes sollen zum einen die vorliegenden Meßdaten ergänzt und zum anderen einzelne Parameter wie Niederschlag, Abfluß und Sedimenttransport kontinuierlich erfaßt werden. Hierbei ist besonders die notwendige Datenbasis zu prüfen (Welche Parameter wurden bereits erfaßt, in welcher Form, wo?) Darüber hinaus sind die notwendigen Voraussetzungen für die eigenen Geräteinstallationen und der finanzielle Rahmen bei mittleren Einzugsgebieten zu prüfen, bevor das eigene Meßnetz aufgebaut wird. Zusammenfassend sollte das Meßnetz folgende Voraussetzungen erfüllen. Es muß

- überschaubar bleiben,
- von einem "kleinen" Team bearbeitet werden können,
- das Gesamteinzugsgebiet sinnvoll differenzieren und
- die ablaufenden wesentlichen Prozesse hinreichend erfassen.

Die genannten Parameter werden mit den gängigen Methoden ermittelt (DIN-4049 1979; DRACOS 1980; DVWK 1986, 1988), die in der neueren Literatur in ähnlicher Form dargestellt werden (DYCK & PESCHKE 1989; EISMA 1993; GOUDIE 1990; SLAYMAKER 1991). Über die herkömmlichen Methodenbeschreibungen hinaus, kalkulieren BARSCH et al. (1994) den Arbeits- und Zeitaufwand, mit dem in einem mittleren Einzugsgebiet zu rechnen ist. Um das Sondermeßnetz (Abb. 27) in der Ausstattung mit elf Pegeln, sieben Niederschlagsschreibern, drei Wetterhütten und fünf Probennehmern zu betreiben, sind vier Manntage pro Woche notwendig. "Zwei Manntage werden zum Wechseln der Papierstreifen bzw. der Dataloggerspeicher, zur Funktionsprüfung, Eichung und Wartung der Geräte, zum Wechseln der Probennehmerflaschen, zur Entnahme von Kontrollproben und zu Kontrollmessungen mit Handsonden benötigt. Zwei weitere Manntage sind erforderlich, um Reparatur- und Wartungsarbeiten durchzuführen und Geschwindigkeitsmessungen zur Erstellung der Abflußkurven vorzunehmen" (BARSCH et al. 1994: 78). Diese Zusammenstellung beinhaltet nicht die zusätzlichen Geländeuntersuchungen und die umfangreichen Labor- und Auswertungsarbeiten.

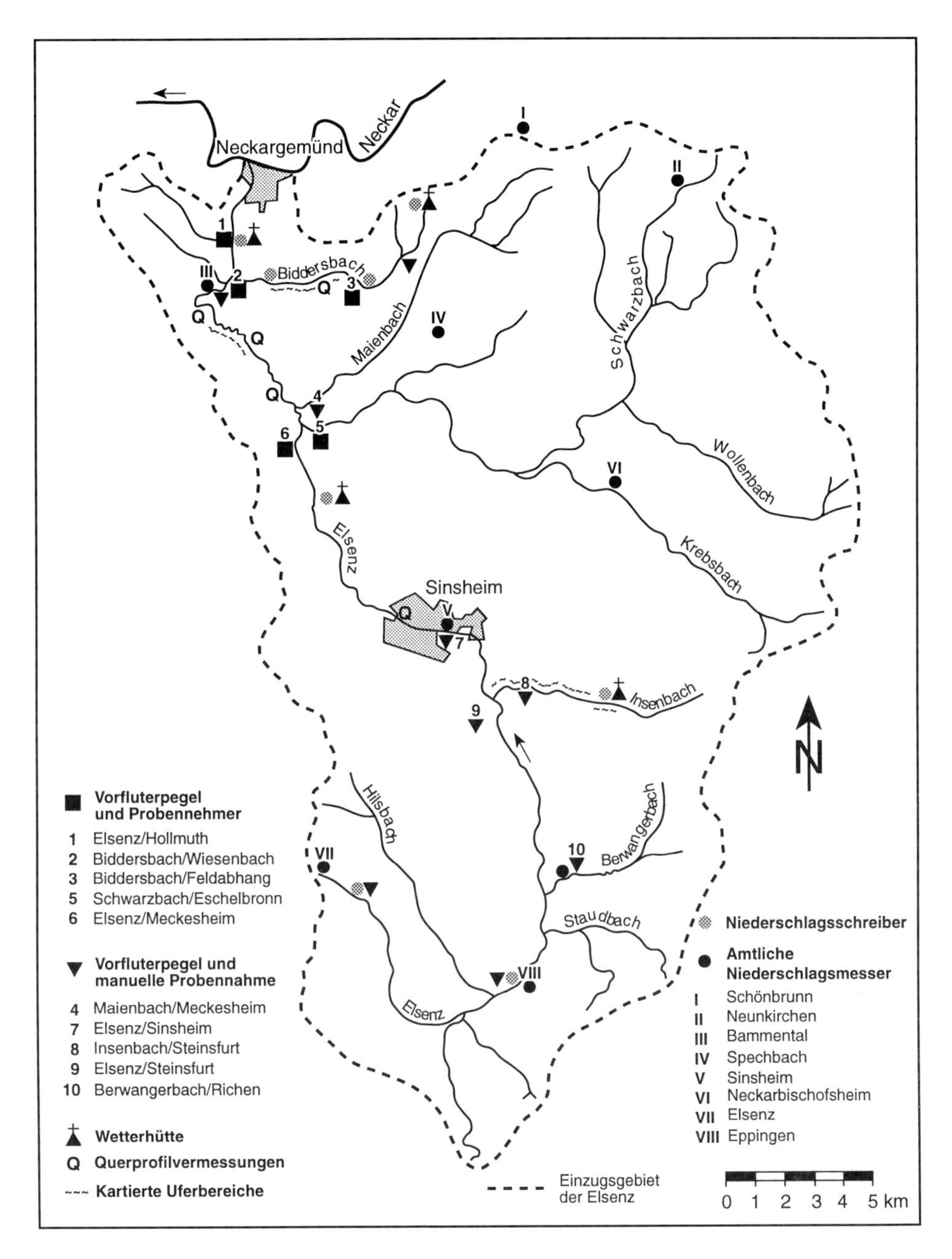

Abb. 27: Einzugsgebiet der Elsenz mit Sondermeßnetz, Probennahmestandorten und den Lokalitäten der kartierten Uferbereiche

4.2.1 Geräteausstattung, Meßmethodik und Genauigkeit

Erfassung des Niederschlags

Zur Erfassung des Niederschlags wurden sieben kontinuierlich registrierende Niederschlagsschreiber nach HELLMANN eingesetzt, deren Standorte Abbildung 27 zu entnehmen sind. Es handelt sich dabei sowohl um wöchentliche Trommelschreiber als auch um monatliche Bandschreiber. Wenn eine Stromquelle zur Verfügung steht, werden die Geräte mit einer Heizlampe ausgerüstet. Andere Versuche, um das Einfrieren der Schwimmergefäße zu verhindern, blieben ohne Erfolg. Obwohl die Bandschreiber eine höhere zeitliche Auflösung haben, wird stündlich ausgewertet. Dies erscheint bei der Größenordnung des Untersuchungsgebietes ausreichend. Um die wöchentlichen Niederschlagsmengen zu überprüfen, werden an den Gerätestandorten zusätzlich Niederschlagsmesser nach HELLMANN eingesetzt.

Erfassung des Abflusses

Um das Abflußgeschehen zu differenzieren, wurden im Elsenzgebiet insgesamt 11 Pegel installiert und ausgewertet. Ihre Standorte sind Abbildung 27 zu entnehmen. Es handelt sich dabei um Schwimmer-Schreibpegel und pneumatische Pegel mit Trommel- bzw. Bandschreiber. Um die Ungenauigkeiten, die mit einer Aufzeichnung auf Papierstreifen verbunden ist zu entgehen (vgl. auch BARSCH et al. 1994), wurde im Labor für Geomorphologie und Geoökologie des Geographischen Instituts der Universität Heidelberg ein neues Meßsystem entwickelt. "Hierbei wandelt ein Potentiometer die Wasserstände in Widerstände um, die in einem vorher programmierten Takt auf Datalogger abgespeichert werden. Die Beziehung zwischen Wasserstands- und Widerstandswerten ist linear" (BARSCH et al. 1994: 89), so daß die Wasserstände auf einfache Weise rechnerisch ermittelt werden können.

Am Maienbach in Meckesheim und an der Elsenz bei Steinsfurt werden pneumatische Pegel (Stickstoff-Druckpegel) eingesetzt. Hierbei wird während kontinuierlicher Gaszufuhr über der Austrittsöffnung der Gasleitung am Boden des Gerinnes die Änderung der Wassersäule ermittelt. Die Geräte verfügen zwar über einen monatlichen Bandschreiber, werden aber - wie die Niederschlagsschreiber - wöchentlich überprüft, um frühzeitig Fehlfunktion oder Ausfall zu erkennen.

Für alle Stationen (mit Ausnahme derjenigen der LFU in Karlsruhe) müssen Abflußkurven erstellt werden. Zur Abflußmessung stehen kleine Meßflügel der Fa. HÖNTZSCH und ein Schweremeßflügel (25 kg) der Fa. SEBA zur Verfügung. Es werden ausschließlich Vielpunktmessungen durchgeführt. Dabei wird i. d. R. der Empfehlung von GOUDIE (1990) entsprochen: bei der Durchführung von Vielpunktmessungen sind die Abstände der Meßpunkte so zu wählen, daß die Abflußmengen der einzelnen vertikalen Teilflächen 10 % des Gesamtabflusses nicht übersteigen. Wegen der damit verbundenen größeren Genauigkeit der Messungen, haben wir uns für diese Methode entschieden, obwohl sie teilweise sehr zeitaufwendig ist. "Bei einem mittleren Hochwasser im Elsenzgebiet dauert die einzelne Messung - je nach Größe des Vorfluters - bis zu einer Stunde. Da man aus Kostengründen nur selten über mehr als eine Ausrüstung (Schweremeßflügel) verfügt, ergibt sich damit ein gesamter Meßzeitraum von über 12 Stunden (ohne Fahrtzeit zwischen den Pegelstellen), um für jede Pegelmeßstelle nur einen Abflußwert zu bestimmen !" (BARSCH et al. 1994: 92). Entsprechend gering fallen die Messungen im Hochwasserbereich aus.

Weitere Informationen zur Pegelinstallation oder zur Durchführung von Abflußmessungen (richtiger Standort, Vorbereitung, Durchführung und Auswertung der Messung) sind in BARSCH et al. (1994) ausführlich dargelegt.

Erfassung der Schwebstoff-Konzentration

Die Oberfläche des Einzugsgebietes der Elsenz ist überwiegend mit Löß bedeckt, so daß der Hauptanteil der festen Fracht in suspendierter Form stattfindet. Das schließt nicht aus, daß Geröllfracht an der Sohle auftreten kann, die möglicherweise sogar gerinnebettgestaltend wirkt. Nach den bisherigen Beobachtungen bei Elsenzbegehungen oder Sedimentkartierungen nach Vorlandabfluß sind keine Grobmaterialablagerungen vorhanden. Nach Aussage der Betreiber der Wehre und Kraftwerke findet kaum Gerölltransport statt, so daß er bei der Stoffbilanzierung nach den bislang vorliegenden Kenntnissen vernachlässigt werden kann (BARSCH et al. 1994).

Die Methodik zur quantitativen Erfassung der Schwebstoff-Konzentration ist in den letzten Jahrzehnten wesentlich verbessert worden. Dabei geht es zum einen um den Standort der Probennahme bzw. um Anzahl und Lokalität der Probennahmen im Querprofil (ALLEN & PETERSEN 1981; BROOKS 1965; PEMBERTON 1981; WARD 1984) und die Zuverlässigkeit von Sedimentfrachtdaten bei unterschiedlichen Probennahme-Intervallen (EISMA 1993; WALLING & WEBB 1981). Außerdem wird versucht, den möglichen Fehler, der sich durch eine nur punkthafte und nicht übers Querprofil integrierte Probennahme ergibt, rechnerisch zu erfassen und auszugleichen.

Zur Berechnung der Schwebstoff-Fracht der Elsenz und ihrer Nebenflüsse wird die Schwebstoff-Konzentration im Vorfluter durch zwei unterschiedliche Methoden ermittelt, einerseits durch Probennahme und Analyse der festen Inhaltsstoffe im Labor und andererseits durch Trübungsmessung im Vorfluter selbst. NIPPES (1982) zeigt, daß zwischen Trübung und der Konzentration der Schwebstoffe eine gute Beziehung besteht, wenn zwischen verschiedenen Jahreszeiten und dem ansteigenden und abfallenden Ast des Hochwassers unterschieden wird. Durch die Untersuchung im Lainbachgebiet kann BLEY (1994) nachweisen, daß die Beziehung Trübung/Schwebstoffkonzentration für einzelne Hochwasserereignisse sehr unterschiedlich ist (Abb. 28). Aus diesen Ergebnissen ist zu folgern, daß in jedem

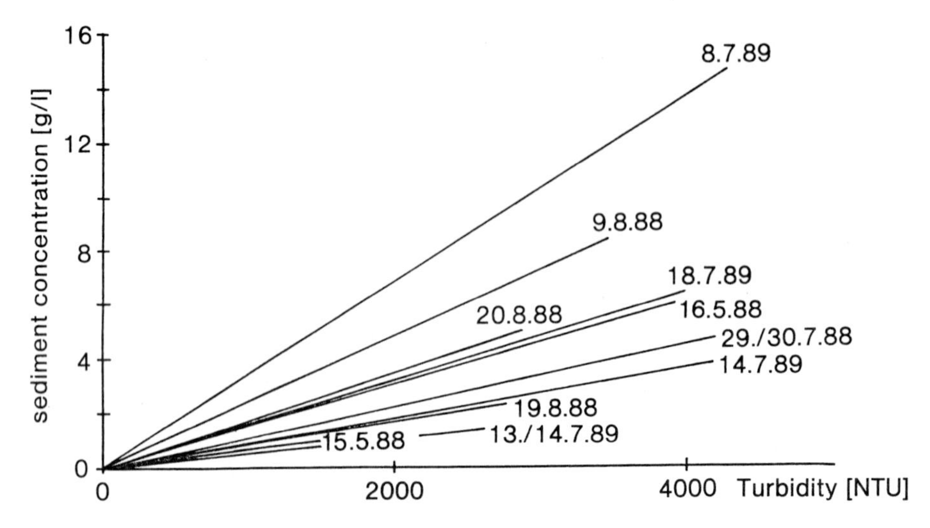

Abb. 28: Beziehung zwischen Suspensionskonzentration und Trübung am Lainbach (Quelle: BLEY 1994)

Fall parallel zur Trübungsmessung eine Probennahme erfolgen sollte, um die Trübungswerte für das einzelne Ereignis zu eichen.

Um ohne großen personellen Aufwand eine kontinuierliche Beprobung bei Hochwasser an den in Abbildung 27 dargestellten Pegel- und Probennahmestandorten zu gewährleisten, ist der Einsatz von automatischen Probennehmern unerläßlich. Die von uns verwendeten Geräte der Fa. SIGMA sind mit 24 1-Liter-Flaschen ausgestattet und werden über eine 12V-Batterie betrieben. Sie werden über einen Hochwasserschalter bei Überschreiten eines bestimmten Wasserstands ausgelöst.

Diese Geräte reichen allerdings nicht aus, um die verschiedenen Frachtschübe während eines Ereignisses im Hauptvorfluter zu beproben. Um diese Schübe zu erfassen, ist eine zeitlich hochauflösende Probennahme (zwei bis sechs Takte pro Stunde) erforderlich, wofür die Geräte mit 24 1-Liter-Flaschen zu klein dimensioniert sind. Aus diesem Grund ist im Labor für Geomorphologie und Geoökologie des Geographischen Instituts der Universität Heidelberg ein Probennehmer mit 100 1-Liter-Flaschen konstruiert worden, der am Pegel Elsenz/Hollmuth am Ausgang des Gesamtgebietes zum Einsatz kommt (Foto 2). Er wird über einen selbst entwickelten Datalogger gesteuert, der von Mischprobennahme bei Niedrigwasser auf Ereignisprobennahme bei Hochwasser umschalten kann (vgl. auch BARSCH et al. 1994).

A Automatischer Probennehmer mit Datalogger

1 Datalogger (Meß-, Aufzeichnungs- und Steuereinheit)
2 Auffanggefäß der von (12) gepumpten Wasserprobe
3 Verteilersystem für 100 1-Liter-Proben
4 1-Liter-Probeflaschen
5 Standheizung
6 Benzintank für Standheizung
7 12-V-Batterie für die gesamte Stromversorgung

B Schwimmer (über C mit A verbunden)

1 PH-Meßsonde
2 Leitfähigkeits-Meßsonde
3 Trübungs-Meßsonde
4 Temperatur-Meßsonde
5 Wasserpumpe

C Kabel- und Schlauchverbindungen

Foto 2: Datalogger, 100-1-Liter-Probennehmer und Schwimmfloß mit Sensoren

Neuere Entwicklungen des Labors für Geomorphologie und Geoökologie ermöglichen ein Steuern des Probennehmers durch den Datalogger bei bestimmten Änderungen eines Parameters. Das bedeutet, daß nicht fest vorgegebene Schwellenwerte über- oder unterschritten werden müssen, um eine Probennahme auszulösen. Das erscheint deshalb problematisch, weil sich die Schwellenwerte von Saison zu Saison ändern können. Um diesem Problem zu begegnen, ermittelt der Datalogger in einem programmierbaren Zeitintervall die Änderung eines Parameters (z. B. der Leitfähigkeit) über die 1. und 2. Ableitung und vergleicht das mit dem ebenfalls einprogrammierten maximalen Deltawert. Wird eine bestimmte Änderung über- oder unterschritten, wird der Probennehmer gestartet.

Bei dem Einsatz von automatischen Probennehmern sind einige Punkte zu berücksichtigen, auf die im einzelnen BARSCH et al. (1994) eingehen. Es muß dabei vor allem auf die Auswahl der Probennahmestelle im Längs- und Querprofil des Vorfluters, auf die Hochwassersicherheit und die Höhe des Ansaugschlauches bzw. die Pumphöhe geachtet werden. Besonders die Lage des Probennahmepunktes im Längs- und Querprofil ist von entscheidender Bedeutung (DVWK 1986). SINGHAL et al. (1981) haben für indische Flüsse herausgefunden, daß die Suspensionskonzentration in der Tiefe 0,5 * D den mittleren Wert für das Querprofil widergibt. Die an der Wasseroberfläche genommenen Proben werden daher mit der von ihnen ermittelten Beziehung korrigiert:

$$\text{mittl. Susp.-Konz.} = 2{,}353 * \text{Susp.-Konz. Oberfläche}$$

Nach mündlicher Mitteilung der Bundesanstalt für Gewässerkunde in Koblenz (November 1992) geben die Proben aus dem Stromstrich des Rheins die Sedimentverteilung im Querprofil gut wieder, so daß die Behörde die Schwebstofffrachten nicht korrigiert. Bislang war es aus gerätetechnischen Gründen nicht möglich, ein Suspensions-Tiefenprofil an der Elsenz zu beproben. Derzeit wird also von den Proben aus dem Stromstrich ausgegangen, so daß diese Konzentrationen unverändert in die Frachtberechnung eingehen. Grundsätzlich ist auch zu bemerken, daß bei Spülfracht im allgemeinen von einer ähnlichen Konzentrationsverteilung im Querprofil ausgegangen werden kann (siehe Kap. 2; KNIGHTON 1984).

In der Regel wird die Probennahme an einem Punkt im Stromstrich ca. 10 cm unter der Wasseroberfläche vorgenommen; bei größeren Vorflutern von einer Brücke oder einem Anlegesteg aus mit einem Schöpfer. Ob der Probennahmepunkt den Querschnitt des Flusses repräsentiert, ist mit Vielpunktmessungen bei unterschiedlichen Wasserständen zu überprüfen. Diesbezüglich haben die Messungen an der Elsenz und ihrer Zuflüsse folgende Ergebnisse geliefert: bei geradlinigem Verlauf des Vorfluters und bei ausreichender Durchmischung durch eine turbulente Strömung liegen die Abweichungen der Konzentration innerhalb des Querprofils im Bereich von 10 %. Befindet sich die Meßstelle im Einfluß einer Flußkrümmung oder eines seitlichen Zuflusses, können Abweichungen von mehr als 100 % auftreten. In diesem Fall müssen die Einpunktmessungen je nach Lage des Probennahmepunktes im Querprofil mit einem Faktor korrigiert werden (DVWK 1986). Dieser Korrektur ist aber in jedem Fall die Wahl eines geeigneteren Probennahmepunktes vorzuziehen (vgl. auch BARSCH et al. 1994).

Erfassung der Wasserbeschaffenheit
Der im Labor für Geomorphologie und Geoökologie entwickelte Datalogger wird dazu verwendet, die Wasserstands- bzw. Widerstandswerte des Potentiometers am Pegel aufzuzeichnen und den 100-Liter-Probennehmer zu steuern. Mit Hilfe dieses Feldcomputers wird am Pegel Elsenz/Hollmuth außerdem die Wassertemperatur, die Leitfähigkeit, der pH-Wert und die Trübung des Flußwassers aufgezeichnet. Die genannten Parameter werden mit Sonden erfaßt, die an einem Schwimmkörper befestigt sind, der sich im Stromstrich der Elsenz befindet.

Gerade die Kombination von Probennahme und quasi-kontinuierlicher Trübungsmessung in situ hat sich als eine brauchbare Methodik erwiesen. Die Trübungssonde oder Schlammsonde geben den Gehalt an festen Inhaltsstoffen in Trübungseinheiten wieder. Die Meßwerte sind allerdings abhängig von der Kornzusammensetzung in der Suspension und dem organischen Gehalt, d. h. die gemessenen Trübungseinheiten müssen durch ständige Probennahme geeicht werden (vgl. BLEY 1994). Der Meßbereich der Trübungssonde endet bei ca. 500 mg/l. Höhere Suspensionskonzentrationen müssen mit der Schlammsonde ermittelt werden. Aufgrund der starken Konzentrationsschwankungen ist deshalb eine kontinuierliche Erfassung auch bei Hochwasser nur möglich, wenn Trübungs- und Schlammsonden kombiniert eingesetzt werden (vgl. auch BARSCH et al. 1994).

4.3 Ergänzende Gelände- und Laborarbeiten

4.3.1 Geländearbeiten

Die zusätzlichen Geländearbeiten beziehen sich im wesentlichen auf die manuelle Probennahme bei Hochwasser entlang der Gerinne, die Uferkartierung und Gerinnebettvermessung (Erosion und Akkumulation) und die Beprobung des Vorlandabflusses bzw. die Kartierung der Auensedimentation nach Vorlandabfluß.

Zusätzlich zu den in Abbildung 27 dargestellten Probennahmestellen werden an ausgewählten Standorten Feldabflüsse oder Vorfluter im Rahmen von Teiluntersuchungen beprobt. So untersucht z. B. KRYZER (1991) über einen Zeitraum von einem Meßjahr die natürlichen Gewässer vor und nach dem Auslauf der elf Kläranlagen im Elsenzgebiet, um deren quantitativen und qualitativen Einfluß auf die Gewässerbeschaffenheit zu ermitteln.

Aufnahme der Gerinnebetten
Die Gestaltung und Veränderungen der Gerinnebetten (Sohle und Ufer) gilt als eine der wesentlichen Fragestellungen des Projektes. Auch im Hinblick auf eine Bilanzierung der Sedimentmengen, die möglicherweise den Gerinnebetten entstammen, ist es erforderlich, deren Formveränderungen zu erfassen. Da alle Methoden zur Bearbeitung dieses Komplexes sehr zeitaufwendig sind, konzentrieren wir uns bei der Aufnahme des Sohlenlängsprofils auf das Gerinne der Elsenz. Querprofilvermessungen und Uferkartierungen werden an Teilstrecken der Elsenz, aber auch am Biddersbach und am Insenbach vorgenommen. Die Ergebnisse dieser Untersuchungen sind in Kap. 6 dargestellt. Veränderungen, die bestimmten Hochwasserereignissen zugeschrieben werden, beinhaltet Kap. 7.

Längsprofilaufnahmen
Das Sohlenlängsprofil eines Flusses ist ein Ausdruck der Abflußdynamik bei Hochwasser. Es wird in erster Linie bei Hochwasserabfluß gebildet oder verändert, bestimmt aber seinerseits die Dynamik des Trockenwetterabflusses. Die Untersuchungen an der Elsenz haben zum Ziel, den Sohlenverlauf und mögliche Erosions- oder Akkumulationserscheinungen festzustellen. Der Vergleich zeitlich aufeinanderfolgender Messungen soll zeigen, ob die Elsenzsohle sich eintieft, stabil ist oder aufgehöht wird. Darüber hinaus beeinflußt das Sohlenlängsprofil die Form des Gerinnebettes über der Mittelwasserlinie (Uferneigungen, Uferstabilitäten), das mit Querprofilvermessungen und Kartierungen näher untersucht wird.

Die Elsenz hat einen gewundenen, im Unterlauf mäandrierenden Flußverlauf, der nach BREMER (1989) durch ein Furt-Kolk-Profil gekennzeichnet sein müßte. Dies ist rein optisch nicht festzustellen, da die Trübung des Elsenzwassers das ganze Jahr über relativ hoch ist, so daß die Prozesse an der Elsenzsohle nicht direkt beobachtet werden können. Dementsprechend muß eine Methodik gefunden werden, mit deren Hilfe das Längsprofil hinreichend genau erfaßt wird, so daß es - um Unterschiede innerhalb von Jahren festzustellen - nachgemessen werden kann und diese Messungen miteinander vergleichbar sind. Zu Beginn haben wir die sehr einfache Methode gewählt, mit Hilfe einer Meßlatte vom Boot aus die Tiefen zu ermitteln. Damit werden zwar Ergebnisse erzielt, sie sind jedoch schwer reproduzierbar, sehr zeitintensiv und für Abschätzungen von Veränderungen an der Sohle zu ungenau (siehe KADEREIT 1990).

Eine höhere Auflösung liefert die Aufnahme mit einem Echographen. Das verwendete Gerät ist ein Lowrance X-16 mit einer Frequenz der Ultraschallimpulse von 192 kHz. Das Echolot wird unterhalb der Wasseroberfläche an einem Boot befestigt und der Talweg, d. h. die Verbindungslinie der tiefsten Punkte der Sohle abgefahren. Ohne Motor wird in langsamem Tempo stromabwärts gerudert. Die zuvor angebrachten Markierungen (z. B. an Bäumen am Ufer) erlauben eine Orientierung und gegebenenfalls eine spätere Längenkorrektur einzelner Teilabschnitte. Der Echograph zeichnet fortlaufend das Profil der Sohle nach, das anschließend digitalisiert wird (KADEREIT 1990; vgl. auch BARSCH et al. 1994). Auch bei dieser Methode (wie bei der Meßlatte) besteht das Problem, das ursprüngliche Profil wiederzufinden, da das Boot ohne Motor besonders in eng gewundenen Flußstrecken schwierig zu steuern ist. Trotzdem hat sich die beschriebene Methode auf der Elsenz sehr bewährt.

Die Meßgenauigkeit des Echographen liegt bei einer Wassertiefe von 5 m bei ±2,5 cm. Dies ist ausreichend, um mögliche Veränderungen im Längsprofil zu erfassen (vgl. auch BARSCH et al. 1994). Die Erfahrung hat gezeigt, daß Gerinneabschnitte zwischen zwei Wehranlagen, in denen kein Schreibpegel installiert ist, mit einfachen Lattenpegeln versehen werden sollten, um den Wasserstand späterer Profile vergleichen zu können. Die Ergebnisse dieser Untersuchungen sind in Kap. 6.2 und 9.5.2 dargelegt.

Querprofilvermessungen

Mit Hilfe von Querprofilvermessungen soll die Form der Ufer und der Gerinnesohle an ausgewählten Gerinneabschnitten des Biddersbaches, des Insenbaches und der Elsenz aufgenommen werden. Nachvermessungen derselben Profile in zeitlicher Folge (z. B. nach Hochwasserereignissen) zeigen möglicherweise, ob sich das Profil verändert, d. h. ob und wo innerhalb des Profils erodiert oder akkumuliert wird. Damit soll der Einfluß des Gerinnebettes auf die Abfluß- und Sedimentdynamik überprüft werden. Darüber hinaus sind die Querprofildaten die Grundlagen für die Berechnung hydraulisch-geometrischer Gerinneparameter. Dadurch sind Aussagen über Gerinnekapazitäten bzw. ufervolle Abflußleistungen möglich.

Von besonderem Interesse sind in diesem Zusammenhang die "aktiven" Uferpartien, wo die Uferdynamik deutlich zu sehen ist (z. B. in Form von Rutschungen). Da deren Veränderungen im allgemeinen langsam ablaufen, werden - der größeren Genauigkeit wegen - Tiefenmessungen im Abstand von 10 cm über ein Querprofil von Hochufer zu Hochufer durchgeführt. Bei einer Gerinnebreite von 15-20 m ist der entsprechende Arbeitsaufwand erheblich, so daß 4-5 Personen an einem Tag höchstens zwei Profile vermessen können (Einsatz eines Bootes erforderlich). Die Messungen können deshalb nur in zeitlich unregelmäßigen Abständen wiederholt werden.

Uferkartierungen

Die Vermessung von Querprofilen liefert punkthafte Ergebnisse für den jeweiligen Standort. Diese Methode ist allerdings aufgrund ihrer räumlichen Beschränkung ungeeignet, Vorkommen und Ausmaß von Erosions- und Akkumulationserscheinungen über der Wasserlinie entlang einer Flußstrecke festzustellen und diese zu bilanzieren. Mit Hilfe der Kartierung sollen daher Bereiche "flächenhaft" aufgenommen werden, die möglicherweise Sedimentquellen darstellen und mit deren kartographischer Aufnahme diese quantifiziert werden können. Aus diesem Grund werden an ausgewählten Flußabschnitten von Elsenz, Biddersbach und Insenbach die Uferbereiche kartiert (siehe Abb. 27). In Abbildung 29A (Anhang) ist beispielhaft ein 55 m langer Ausschnitt aus dem Mittellauf des Biddersbaches dargestellt, der im April 1987 aufgenommen wurde. Erosions- und Akkumulationsbereiche sind durch unterschiedliche Signaturen gekennzeichnet. Die Stellen, an denen keiner dieser beiden Prozesse beobachtet werden kann, sind offen gelassen.

Dieser Bachabschnitt wurde nach 5 Jahren im April 1992 nachvermessen (Abb. 29B, Anhang). Um eine größere Genauigkeit zu erzielen, wurde die Aufnahmemethodik verändert: Mit einem Maßband wird eine Grundlinie entlang des Hochufers festgelegt, dessen Winkel gegen Nord mittels Kompaß bestimmt wird. Im rechten Winkel dazu werden alle zwei Meter mit Meßlatte und Wasserwaage die Querstrecken ermittelt. Das Lot von diesen Querstrecken, das mit Meßlatte und Lattenrichter ermittelt wird, ergibt die Höhe des Ufers an dem jeweiligen Meßpunkt. Die so vorgenommene Kartierung erfolgt an der Elsenz im Maßstab 1:1000, während die Nebengerinne Biddersbach und Insenbach im Maßstab 1:100 aufgenommen werden. Daraus resultiert für das genannte Beispiel am Biddersbach eine Genauigkeit von ± 5 cm (vgl. Abb. 29 im Anhang).

Bei dem Vergleich der beiden Kartierungen fällt auf, daß die neuere Kartierung gegenüber der Aufnahme von 1987 wesentlich detaillierter ist. Es wird deutlich, wie stark sich der unterschiedliche Zeit- bzw. Arbeitsaufwand unmittelbar in der Genauigkeit des Ergebnisses widerspiegelt. Um bei der Erfassung von Erosions- bzw. Akkumulationserscheinungen innerhalb weniger Jahre "hinreichend" genaue Ergebnisse zu erzielen, ist die modifizierte Aufnahmemethodik in Abbildung 29B im Maßstabsbereich von 1:100 als minimale Meßdichte anzusehen.

Aus den kartierten Erosionsflächen werden gemäß Abbildung 30 Erosionskörper bzw. -volumina berechnet. Bei den Massenberechnungen wird eine Dichte von 1,8 g/cm^3 zugrunde gelegt (vgl. auch BARSCH et al. 1994). Über die Summe der Erosionsvolumina wird damit für einen bestimmten Flußabschnitt und einen bestimmten Zeitraum die Ufererosion abgeschätzt. Dieses Verfahren birgt natürlich einige Fragen, die unbeantwortet bleiben, so z. B. welcher Zeit bzw. welchen Ereignissen diese Erosions- und Akkumulationsvolumina zugeordnet werden können? Auch ist bisher der Fehler nicht quantifiziert worden, der zweifellos mit dieser Aufnahmemethode verbunden ist. Dennoch glauben wir, daß diese Methode eine Abschätzung des Massenverlustes oder -zuwachses im Bereich der Gerinne erlaubt.

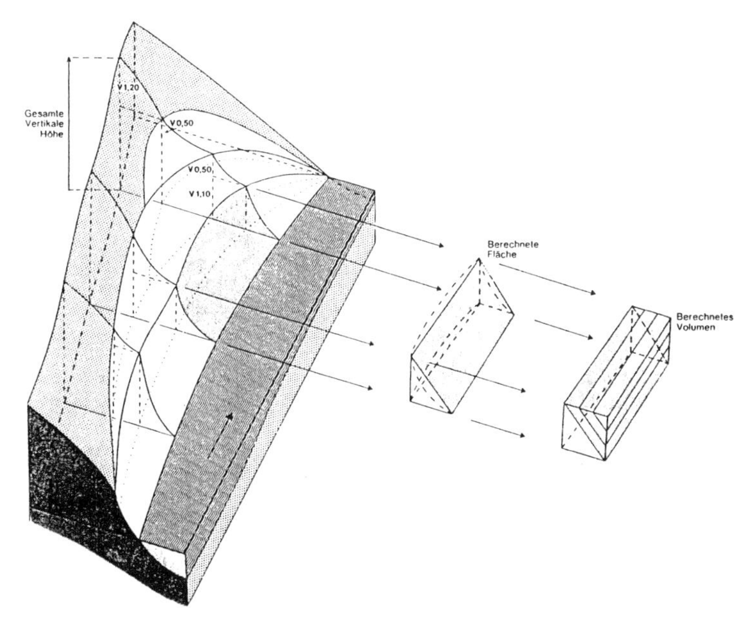

Abb. 30: Schematische Darstellung der Berechnung der Erosionsvolumina (vgl. auch BARSCH et al. 1994)

Beprobung des Vorlandabflusses
Um die Art und die Zusammensetzung des Schwebstofftransports auf der Talaue zu erfassen, wurde während des Hochwassers im Februar 1990 der Vorlandabfluß der Elsenz bei Meckesheim entlang eines Querprofils beprobt. Dies erscheint deshalb wichtig, weil die aktuell transportierten und abgelagerten Sedimente eine Schnittstelle zwischen aktueller und holozäner fluvialer Dynamik darstellen. Die aktuelle Sedimentation dokumentiert die gegenwärtigen Prozesse, die holozäne Sedimentation spiegelt das Prozeßgeschehen in den letzten 10.000 Jahren wider. Die Ergebnisse dieser Untersuchungen sind in Kap. 7.5 erläutert.

Aufnahme der Auensedimenation
Um die Materialtransporte eines überufervollen Hochwassers weiter zu differenzieren und zu quantifizieren, sind neben dem Sedimenttransport die Depositionen auf der Aue zu berücksichtigen. An der Elsenz fand Vorlandabfluß beim Hochwasser im März 1988 und während der zwei Februarereignisse 1990 statt. Nach den Ereignissen wurden die Sedimentmächtigkeiten und -verbreitungen auf den überfluteten Bereichen kartiert. Die flächenhafte Ausdehnung der Sedimentkörper wird mit Hilfe von Maßbändern ermittelt, die Sedimenttiefe mit dem Meterstab gemessen. Dabei werden zunächst die optisch differenzierbaren Akkumulationskörper kartiert und auf Karten entsprechenden Maßstabs dargestellt (s. u.).
Die Aufnahme muß unmittelbar nach dem Hochwasser erfolgen, da nach Entwässerung der abgelagerten Sedimente eine Differenzierung mit der genannten Methode nicht mehr möglich ist. Die Erfassung der Mächtigkeiten erfolgt - der größeren Genauigkeit wegen - mit Hilfe eines Gitternetzes, wobei an den optisch erkennbaren Grenzen und bei stark wechselnder Mächtigkeit eine Verdichtung der Auf-

nahmepunkte vorgenommen wird. Für die Aufnahme im Maßstab 1:500 ist ein 1 m-Gitter, bei 1:5000 ein 10 m-Gitter zu empfehlen (vgl. auch BARSCH et al. 1994).

Daraus ergibt sich, daß die Aufnahmemethode abhängig ist von der Größe der überfluteten Auenfläche. Handelt es sich um kleine Areale (bis ca. 1 km^2), kann der Maßstab der Aufnahme zwischen 1:100 und 1:1000 liegen, während bei Flächen von > 1 km^2 bis 10 km^2 Maßstäbe zwischen 1:2000 und 1:5000 verwendet werden. Dem Maßstab entsprechend ergibt sich die Genauigkeit der Abschätzung (vgl. auch BARSCH et al. 1994).

Der verwendete Maßstab im Bereich der Elsenztalaue ist 1:5000. Nach einer Stichprobe der vorkommenden Sedimentmächtigkeiten werden zunächst Mächtigkeitsklassen festgelegt, die mit unterschiedlichen Farben in die Karte eingetragen werden. Nach Beendigung der Aufnahme wird die Größe der Flächen planimetriert und mit dem arithmetischen Mittel der Klasse multipliziert. Daraus ergibt sich eine Summe von Einzelvolumina, die aufgrund des hohen Wassergehaltes mit einer Dichte von 1,3 g/cm^3 multipliziert werden. Die Auswertung der Kartierungen, die Berechnungen und möglichen Fehler dieser Untersuchungen sind in Kap. 7 und 9 dargelegt.

Nutzungskartierungen
Entsprechend des methodischen Konzeptes werden die Kartierungen der Flächennutzung (untergeordneter Parameter) in den Teilgebieten Biddersbach und Insenbach durchgeführt. Die Aufnahmen erfolgen im Maßstab 1:5000 und stellen die Situation zu einem bestimmten Zeitpunkt während einer Vegetationsperiode dar. Die Ergebnisse dieser Aufnahme sind Bestandteil der Diplomarbeiten von BIPPUS (1991), SCHIERBLING (1990) und ZANGER (1990).

4.3.2 Laborarbeiten

Die Analysen, die im Labor für Geomorphologie und Geoökologie des Geographischen Instituts der Universität Heidelberg durchgeführt werden, haben zum Ziel, den pH-Wert, die Leitfähigkeit, die Sedimentkonzentration und den Gehalt an gelösten Inhaltsstoffen in den Wasserproben festzustellen. Diese Untersuchungen wurden in den Meßjahren 1988-1990 an ca. 2.000 Proben vorgenommen. Dabei muß pro Probe mit einem mittleren Arbeitsaufwand von 0,9 Stunden ausgegangen werden (vgl. auch BARSCH et al. 1994).

Bestimmung der Sedimentkonzentration
Nach Ermittlung von pH-Wert und Leitfähigkeit werden die Wasserproben filtriert. Dabei ist zu berücksichtigen, daß sich aufgrund des hohen Feinmaterialanteils der Suspension (Ton bis Feinsand) bei hohen Suspensionskonzentrationen die Filtration erheblich verzögert. Aus diesem Grund werden die Proben mit hoher Schwebstoff-

konzentration (Werte > ca. 500 g/l) zentrifugiert. BARSCH et al. (1994) erläutern das Filtrierverfahren, das bezüglich der verwendeten Filter von den Empfehlungen des DVWK (1986) abweicht. Zusammenfassend kann gesagt werden, daß die vom DVWK (1986) zur Filtration angegebenen Kaffeefilter mit einer mittleren Porengröße von 6,1 µm nach eigenen Versuchen im Extremfall bis zu 20 % des Schwebmaterials durchlassen. Sie liefern daher für die Ermittlung der Schwebstoffkonzentration zu ungenaue Ergebnisse. Die hier beschriebenen Filtrationen werden mit Membranfiltern (0,2 µm Porengröße) durchgeführt.

Im Anschluß an das Filtrieren und Zentrifugieren werden die Probenrückstände bei 105° C eingetrocknet und ausgewogen. Das Gewicht entspricht der Suspensionskonzentration in mg/l. Die Suspensionsfracht (g/s) ergibt sich aus dem Produkt der Konzentration und dem zugehörigen Abfluß (l/s) zur Zeit der Probennahme.

Einen weiteren Problemkreis stellt die Ermittlung des organischen Gehaltes im Feststoff der Wasserprobe dar. Dieser liegt in der Elsenz bei Hochwasser im Bereich von 5 %, während er bei Niedrigwasser 25-30 % erreichen kann. Eine Methode, den organischen Gehalt zu bestimmen, ist die Bestimmung des Glühverlustes. Es ist dabei aber zu berücksichtigen, daß auch bei Temperaturen unter 500° C Gewichtsveränderungen im mineralischen Anteil auftreten, und so dieses Verfahren zu entsprechend großen Fehlern führen kann. Trotzdem bietet es gegenüber anderen Methoden (nasse Veraschung, H_2O_2) den Vorteil, daß große Probenzahlen bearbeitet werden können (vgl. auch BARSCH et al. 1994).

Bei höheren Sedimentkonzentrationen, d. h. im Regelfall bei Proben von Hochwasserabfluß wird eine Korngrößenbestimmung mittels Laser vorgenommen. Das Meßprinzip dieses "Particle size analyzer" beruht auf der Bestimmung der Zeit, in der sich ein Teilchen im Fokus-Bereich eines bewegten Dioden-Laserstrahls befindet. Vereinfacht ausgedrückt wird diese Zeit zu einer Korngröße umgerechnet und die Menge der gesamten Partikel gezählt. Das Ergebnis ist also eine prozentuale Verteilung der Partikelzahl in den entsprechenden Korngrößenklassen. BARSCH et al. (1994) und SCHUKRAFT (1995) berichten ausführlich über die Vor- und Nachteile dieses Verfahrens, über notwendige Modifizierungen und die Kalibrierung des Systems. Der wesentliche Vorteil gegenüber herkömmlichen Verfahren der Korngrößenbestimmung ist die enorme Zeitersparnis.

Wenn eine ausreichende Probenmenge vorhanden ist (mindestens 4 g Trockensubstanz), wird eine Korngrößenbestimmung mit KÖHN'scher Pipette durchgeführt, nachdem die organische Substanz zerstört und gravimetrisch bestimmt ist. Gegenüber dem Laserverfahren bietet dieses Verfahren den Vorteil, daß die Korngrößenanteile direkt in Gew.-% angegeben werden.

Bestimmung der Lösungskonzentration und -fracht
Um die Lösungsfracht zu quantifizieren, wird in der Regel das Filtrat der Proben aus manueller und automatischer Probennahme verwendet. Es wird auf den Gehalt an Anionen SO_4^{2-}, PO_4^{3-}, NO_3^- im Photometer und Kationen Ca^{2+}, Na^+, Mg^{2+}, K^+ im AAS untersucht. Cl^- und der m-Wert werden titrimetrisch bestimmt. Mit der Methodik zur Bestimmung der Einzelionen bzw. der Lösungsfracht hat sich im Rahmen des Schwerpunktprogrammes "Fluviale Geomorphodynamik im jüngeren Quartär" besonders SCHÜTT (1993, 1994) beschäftigt. Die Ergebnisse unserer Untersuchungen bezüglich Einzelionen, Ionensummen und Ionenbilanz werden in Kap. 5.3 dargestellt.

4.3.3 Kartenauswertungen

Auf die Auswertung der topographischen Karten wird bereits bei der Beschreibung des Einzugsgebietes eingegangen. Dabei ist die Größe der Siedlungsflächen im Hinblick auf die Versiegelung und der Anteil der landwirtschaftlichen Nutzflächen und deren zeitliche Veränderungen von besonderer Bedeutung. Dazu werden die Flächenanteile auf den topographischen Karten 1:25.000 aus den Jahren 1883-86 planimetriert und mit den entsprechenden Karten aus den 50er und 80er Jahren dieses Jahrhunderts verglichen. Hieraus ergeben sich wesentliche Veränderungen besonders nach dem Ende des zweiten Weltkrieges, die in Kap. 9.4 erläutert werden.

5. DATENVERARBEITUNG UND ERGEBNISSE

Im vorliegenden Kapitel werden die wesentliche Schritte der Datenverarbeitung und -auswertung erläutert. Sie wurde zum einen auf dem Großrechner des Rechenzentrums der Universität Heidelberg (IBM 3090-180) unter Verwendung von HADES, TSO und SAS vorgenommen. Andererseits wurde mit verschiedenen PC-Programmen auf PS/2 und 486 gearbeitet.

5.1 Berechnung des Abflusses

5.1.1 Übertragung, Überprüfung und Korrektur der Pegelstände

Die Berechnung des Abflusses umfaßt zunächst die Digitalisierung der Pegelstände von den Pegelstreifen bzw. die Übertragung der Pegelstände von den Speichern des Dataloggers. Im ersten Fall liegen Stundenwerte vor. Die Pegelstände der digitalen Datenträger werden im Gelände - je nach Programmierung - in Meßintervallen von 5, 10, 20 oder 30 Minuten aufgenommen und entsprechend abgelegt.

Nach der Übertragung der Pegelstände auf den Großrechner werden die Ganglinien monatsweise im DIN4-Format geplottet. Dadurch ist zunächst ein optischer Vergleich des Verlaufes der Ganglinie mit dem Original-Streifen möglich. Hierbei wird besonders geprüft, ob die Pegelstandganglinie über eine längeren Zeitraum homogen verläuft. Inhomogenitäten können z. B. auftreten, wenn sich die lokale Erosionsbasis an der Pegelstelle ändert, was sich z. B. in einem plötzlichen Absacken der Ganglinie bemerkbar macht. Anschließend wird entsprechend des Auflegedatums der Streifen auf dem Plot eine Wochenteilung vorgenommen. Zu Beginn und am Ende werden die Wochenübergänge ("Blattrandverwerfungen") kontrolliert.

Die Überprüfung der Ganglinie bzw. der Daten wird nach folgenden Regeln durchgeführt: Bei Pegelstandsänderungen bis zu wenigen Zentimetern innerhalb des gesamten Monats (z. B. Niedrigwasserabfluß während der Wasserklemme) beschränkt sich die Überprüfung auf 2-3 Werte. Bei Änderungen im Dezimeterbereich (z. B. kleinere Hochwasserereignisse) wird innerhalb einer Woche das Maximum und Minimum überprüft. Sind die Schwankung größer als 3-4 Dezimeter (z. B. größere Hochwasser) werden 2 Maxima und 2 Minima pro Woche der Kontrolle unterzogen. Diese Kombination aus optischer Überprüfung des Verlaufs und der Stichprobenkontrolle einzelner Werte hat sich als sehr zuverlässig im Auffinden von Übertragungsfehlern erwiesen. Als "beliebte" Fehlerquelle hat sich bei hohen Wasserständen das Umkehrschreiben des Wendehalses herausgestellt. Die so festgestellten Fehler werden im Datensatz korrigiert.

Die Genauigkeit der Pegelstände kann nach dieser - sehr zeitintensiven - Überprüfung wie folgt festgelegt werden: Pegelaufzeichnungen im Verhältnis 1:10 sind ±1,0 cm genau, im Aufzeichnungsverhältnis 1:5 liegt der Fehlerbereich bei ±0,5 cm. Bei der Umrechnung in Abflußwerte entspricht das z. B. am Pegel Elsenz/Hollmuth (1:10) bei einem Abfluß von 4,4 m^3/s (= MQ) einer Genauigkeit von ±0,220 m^3/s oder 10 %.

5.1.2 Überprüfung der Abflußkurven und Abflußganglinien

Unter Verwendung der Abflußmessungen werden die Funktionen der Abflußkurven berechnet. Im Niedrig- und Mittelwasserbereich sind die Beziehungen zwischen Pegelstand und Abfluß durch zahlreiche Messungen relativ gut beschrieben. Darüber hinaus konnten auch während verschiedener Hochwasserereignisse Abflußmessungen durchgeführt werden, so daß auch für den oberen Abflußbereich konkrete Daten vorliegen. Mit Hilfe der Abflußkurven werden aus den Pegelstandsganglinien die Abflußganglinien berechnet und auf Homogenität geprüft. Durch die insgesamt 11 Pegelmeßstellen im Elsenzgebiet ist es möglich, die Abflußwerte miteinander zu verrechnen, also auf Plausibilität zu überprüfen. Die Abflußwerte der beiden Landespegel Elsenz/Meckesheim und Schwarzbach/Eschelbronn werden dabei als die statistisch am besten abgesicherten Werte angesehen, da die Pegelanlagen schon einige Jahrzehnte in Betrieb sind. Dementsprechend liegen hier wesentlich mehr Abflußmessungen als an den Pegeln unseres Sondermeßnetzes vor.

Die Überprüfung wird mit zwei unterschiedlichen Methoden durchgeführt. Die Hochwasserabflüsse werden unter Berücksichtigung der im Gelände ermittelten durchschnittlichen Fließzeiten zwischen zwei Pegelstellen verglichen. Hierbei ist allerdings die Retention auf der Aue zu beachten. Sie drückt sich darin aus, daß das Unterwasser zunächst weniger und am Ende der Welle wesentlich mehr Abfluß aufweist. Während Mittel- und Niedrigwasserabfluß ist das Abflußgeschehen an allen Meßstellen über längere Zeiträume konstant. Daher können diese Daten zeitgleich, d. h. ohne Berücksichtigung der Fließzeiten miteinander verglichen werden.

Im Fall des Pegels Elsenz/Hollmuth ergeben sich bei dieser Überprüfung negative Differenzen im Bereich des Mittelwasserabflusses, d. h. die Summe der Abflüsse von Elsenz/Meckesheim, Schwarzbach/Eschelbronn, Maienbach und Biddersbach (Lage siehe Abb. 27) liegt höher als die Abflußwerte am Ausgang des Gebietes. Da nicht klar ist, ob im Bereich des Elsenzunterlaufes Flußwasser durch Infiltration oder regelmäßige Entnahme verlorengeht (dem Elsenzgebiet wird auch Fremdwasser zugeführt!), muß davon ausgegangen werden, daß die aus unseren Abflußmessungen ermittelte Abflußkurve im Mittelwasserbereich falsche Ergebnisse liefert. FLÜGEL (1982) hat bei diesen Wasserständen am Pegel Elsenz/Hollmuth wesentlich mehr Abflußmessungen vorgenommen. Seine Gleichung ist im Mittelwasserbereich besser abgesichert. Unter Verwendung seiner Pegelstand-Abfluß-Beziehung für den Mittelwasserbereich unserer Gleichung ergeben sich Werte, die mit den anderen Abflußdaten konsistenter sind.

5.2 Berechnung von Hochwasserwahrscheinlichkeiten

Die Größe und Häufigkeit der Hochwässer werden mit drei unterschiedlichen stochastischen und deterministischen Methoden ermittelt (BUCK et al. 1982). Dies sind die Hochwasserstatistik, die regionale Hochwasserwahrscheinlichkeitsanalyse und die Berechnung eines Niederschlag-Abfluß-Modells. Die Ergebnisse dieser Untersuchungen sind von außerordentlicher Bedeutung für die statistische Analyse der Hochwässer an der Elsenz. Sie dienen damit auch der zeitlichen Einordnung der transportrelevanten Hochwasserereignisse, die im Laufe unseres Projektes näher untersucht werden.

Hochwasserstatistik
Grundlage für den wahrscheinlichkeitstheoretischen Ansatz ("Hochwasserstatistik") waren Partial- und Jahresserien der langjährigen Abflußmeßreihen der Landesanstalt für Umweltschutz (LFU, Karlsruhe) an den Pegeln Schwarzbach/ Eschelbronn, Elsenz/ Meckesheim und Elsenz/ Bammental (Standort siehe Abb. 27). Bei der Prüfung der Daten auf Homogenität, Konsistenz und Plausibilität erwies sich der 1966 aufgegebene Pegel Elsenz/ Bammental als unzuverlässig bei hohen Abflüssen. Der Pegel Elsenz/ Meckesheim ist ab etwa 35 m^3/s umläufig, woraufhin der Maximalwert an dieser Pegelstelle von 45 m^3/s im Februar 1970 von der LFU (Landesanstalt für Umweltschutz Baden-Württemberg) rekonstruiert wurde.

An die Stichproben (Hochwasserabflüsse) werden Verteilungsfunktionen angelegt, die in Abbildung 31 ohne den ausgesonderten Pegel Elsenz/ Bammental dargestellt sind. Aufgrund der kurzen Meßdauer (12 Jahre) beim Pegel Elsenz/ Meckesheim weichen die bestangepaßten Verteilungen stark voneinander ab. Mit Ausnahme dieser Jahresserie stellt sich die Log-Pearson-3-Verteilung als geeignetste Verteilungsfunktion heraus (BUCK et al. 1982). Log-Pearson-3 ist in den USA als HQ-Verteilungsfunktion vorgeschrieben. Die T-jährlichen Hochwasserscheitelabflüsse aus dieser Hochwasserstatistik sind in Tab. 3 zusammengestellt.

Regionale Hochwasserwahrscheinlichkeitsanalyse
Für die regionale Hochwasserwahrscheinlichkeitsanalyse werden sechs benachbarte Einzugsgebiete herangezogen, die dem Elsenzgebiet hydrologisch vergleichbar sind. Die Analyse zeigt, daß die mittlere Hochwasserabflußspende MHq von der Fläche des Einzugsgebietes F_E abhängig ist, worin die unterschiedliche Ausstattung des Gebietes zum Ausdruck kommt (Abb. 32). Die Gerade I ist für die flacher ge-

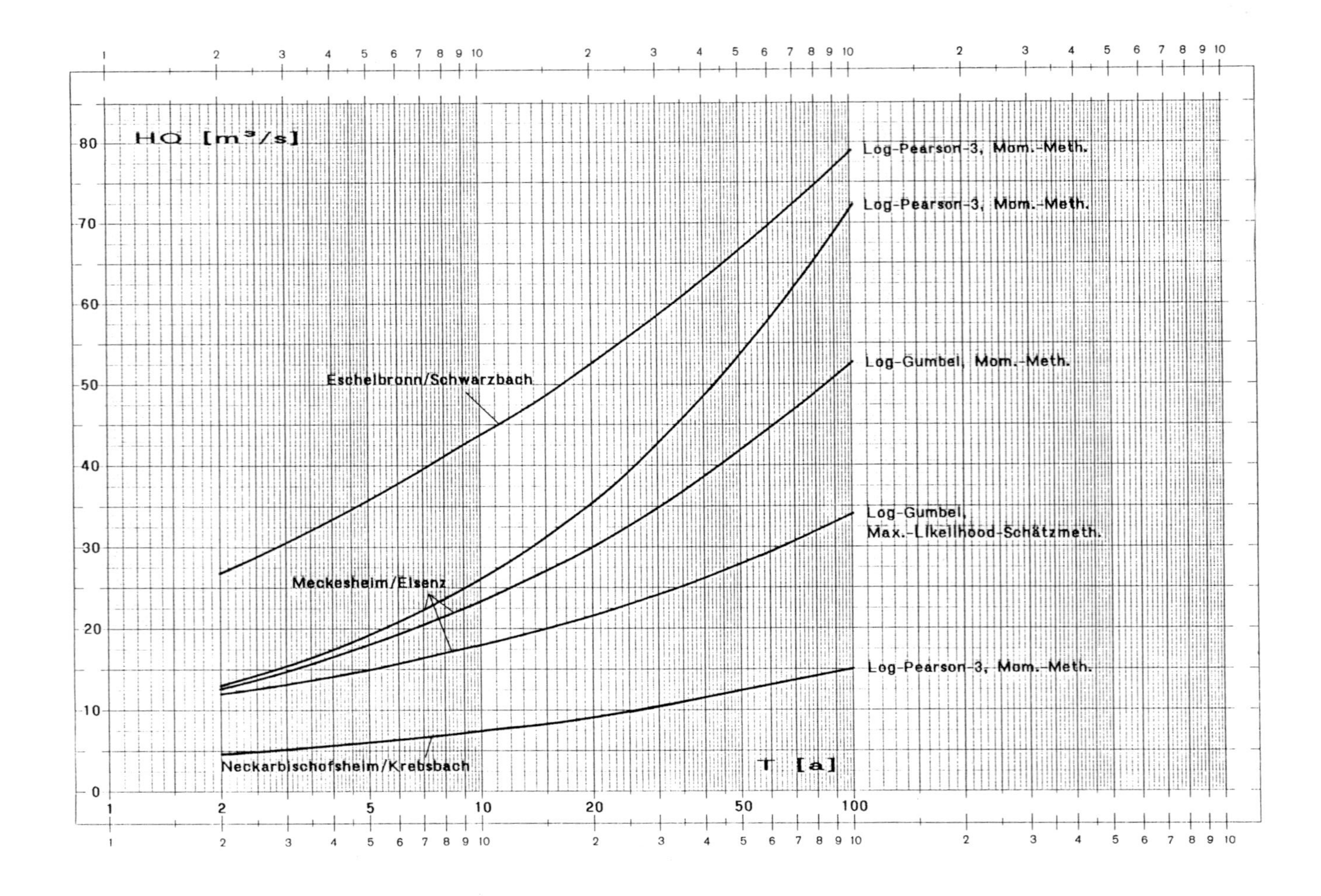

Abb. 31: Bestangepaßte Verteilungen der Hochwasserabflüsse im Elsenzgebiet (Quelle: BUCK et al. 1982)

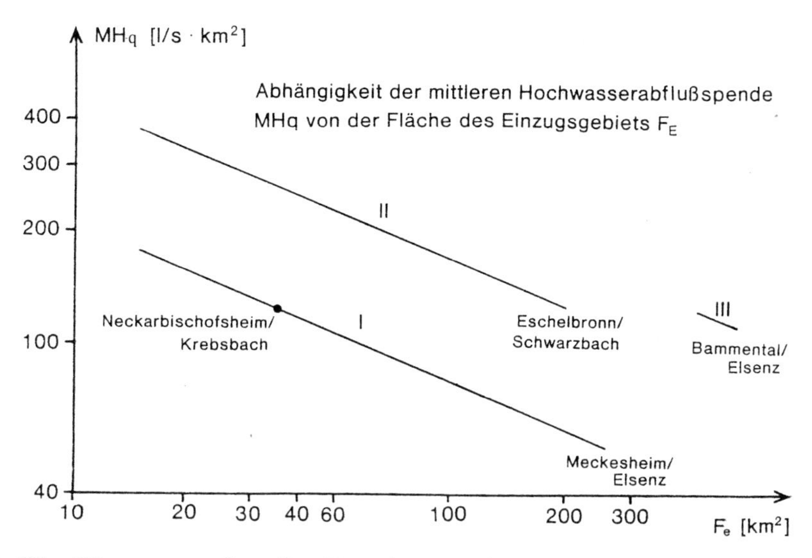

Abb. 32: Diagramme für die Berechnung der regionalen Hochwasserwahrscheinlichkeit (Quelle: BUCK et al. 1982)

neigten Kraichgaugebiete gültig. Dem steileren, niederschlagsreichen nördlichen Schwarzbachgebiet (Gerade II) werden höhere Abflußspenden zugeordnet. Bei 200 km^2 Fläche gibt es an der Oberen Elsenz eine mittlere Hochwasserabflußspende von ca. 50 l/s $*$ km^2, am Schwarzbach dagegen von etwa 125 l/s $*$ km^2. Die dritte Gerade gibt die Verhältnisse am Elsenzunterlauf wider, berücksichtigt jedoch die starke Rückhaltewirkung in diesem Talbereich nicht ausreichend (BUCK et al. 1982).

Niederschlag-Abfluß-Modell

Beim deterministischen Ansatz werden die Beziehungen zwischen Niederschlag und Abfluß an ausgewählten Ereignissen analysiert (N-A-Modell, Einheitsganglinie). Dabei werden aus T-jährlichen Niederschlägen mit Hilfe einer Übertragungsfunktion (Einheitsganglinie) unter Berücksichtigung des effektiven Abflußanteils T-jährliche Hochwasserwellen ermittelt. Unterschiedliche Niederschlagsdauer T_N = (1), 3, 8, 16, 24, 48 u. (72) Stunden liegen der Untersuchung zugrunde (BUCK et al. 1982).

Tab. 3: Die nach verschiedenen Methoden berechneten 10, 20, 50 und 100jährlichen Scheitelabflüsse [m³/s] an drei Pegeln im Elsenzgebiet (Quelle: BUCK et al. 1982)

Pegelstandorte	Verfahren	**HQ10** [m^3/s]	**HQ20** [m^3/s]	**HQ50** [m^3/s]	**HQ100** [m^3/s]
Elsenz/Bammental	N-A-Modell	60	78	103	134
$F_E = 507\ km^2$	HW-Statistik	-	-	-	-
(1928-1966)	Regionalanalyse	97	111	126	135
Elsenz/Meckesheim	N-A-Modell	20	28	39	47
$F_E = 256\ km^2$	HW-Statistik	18-26	22-36	28-53	34-72
(1967-1978)	Regionalanalyse	24	29	36	42
Schwarzbach/Eschelbr.	N-A-Modell	33	43	66	81
$F_E = 197\ km^2$	HW-Statistik	44	53	66	79
(1955-1978)	Regionalanalyse	44	53	67	78

Bei allen der in Tabelle 3 angegebenen Meßstellen sind die Ergebnisse mindestens eines der drei hydrologischen Verfahren nicht zu verwenden. Zur endgültigen Festlegung der Scheitelabflüsse an verschiedenen Gewässerabschnitten der Elsenz ist zusätzlich der dämpfende Einfluß der natürlichen Retentionsräume auf der Strecke Meckesheim-Bammental zu berücksichtigen. Dazu wird zwischen den Pegeln Schwarzbach/Eschelbronn und Elsenz/Meckesheim ein Wellenablaufmodell (Flood-routing-Verfahren) erstellt (BUCK et al. 1982). Nach den drei genannten stochastischen und deterministischen Verfahren und den Berechnungen des Wellenablaufmodells werden die Scheitelabflüsse an verschiedenen Gewässerstellen bestimmt (Abb. 33). Diese Angaben über die Jährlichkeit von Hochwässern sind die Grundlagen für die zeitlichen Extrapolationen von Hochwasser - und damit Transportereignissen (Kap. 8.1).

Aus Abbildung 33 wird folgendes deutlich: bei Sinsheim liegen die Scheitelabflüsse von HQ_{10} bis HQ_{100} im Bereich von 20 bis 40 m^3/s. Das ändert sich nicht wesentlich bis zum Pegel Elsenz/Meckesheim. Erst nach dem Zusammenfluß mit dem Schwarzbach, der schon von sich aus höhere Werte zeigt, nehmen die Werte stark zu. Die weiteren Zuflüsse Maienbach und Biddersbach haben wieder nur einen geringen Einfluß. Das ist zum einen durch die vergleichbar geringen Abflußmengen dieser Zuflüsse zu erklären, andererseits macht sich zwischen Meckesheim und Bammental schon bei einem 10jährlichen Ereignis die Retention auf der Elsenztalaue bemerkbar. Dadurch fallen die Werte sogar zwischen Mauer und Bammental um jeweils 5 m^3/s (siehe Kap. 9).

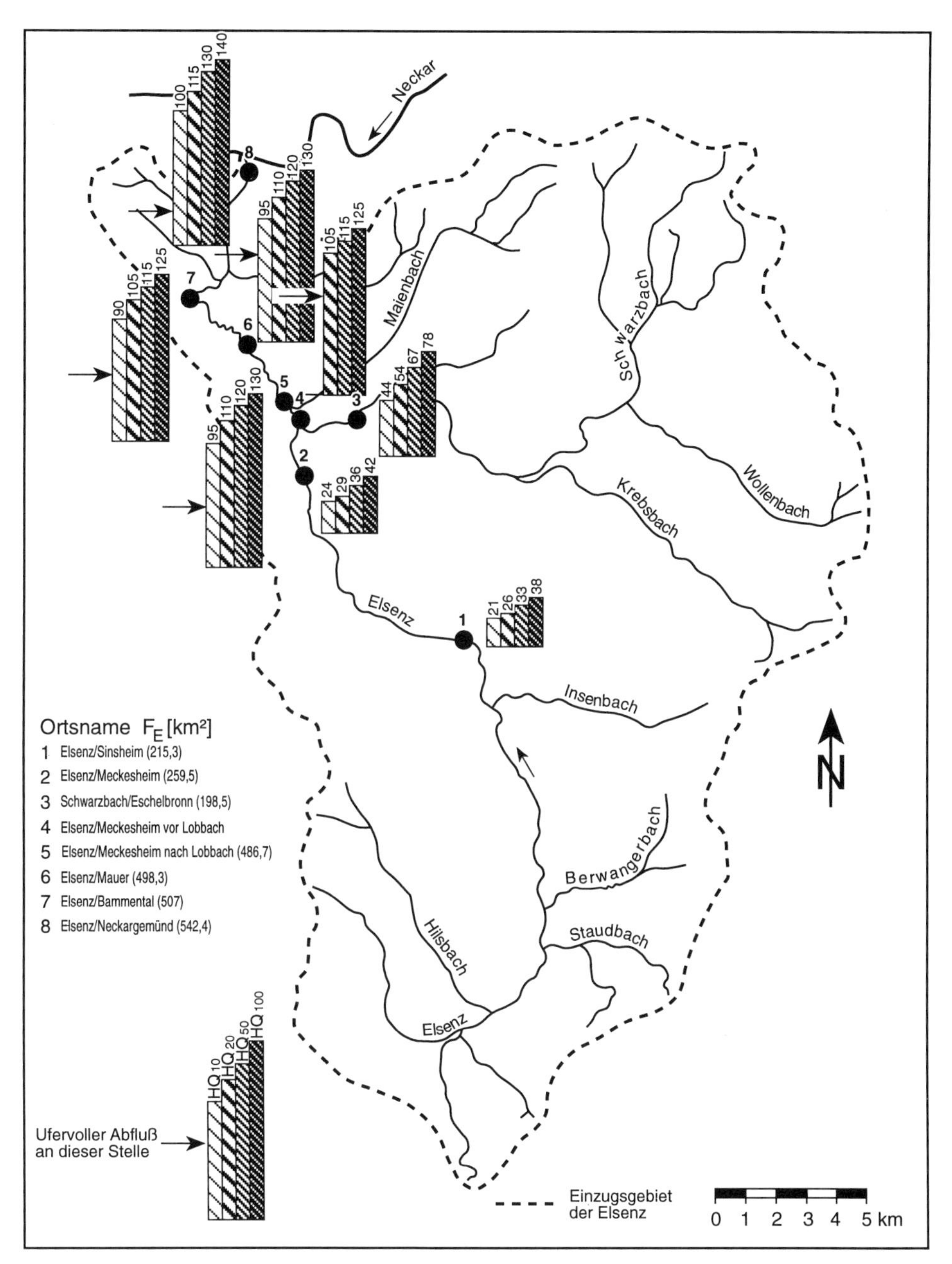

Abb. 33: Scheitelabflüsse unterschiedlicher Jährlichkeit am Ausgang des Schwarzbaches und an einigen Flußstrecken der Elsenz (Datenquelle: BUCK et al. 1982)

5.3 Berechnung der Lösungsfracht

Die Darstellung der Untersuchungen zur Frachtberechnung der gelösten Inhaltsstoffe in der Elsenz konzentrieren sich hier auf den Gesamtaustrag am Pegel Elsenz/Hollmuth. Im Gegensatz zu den Schwebstofftransporten wird keine weitere Differenzierung der Lösungstransporte im Elsenzgebiet vorgenommen. FLÜGEL (1988), SCHORB (1988) und KRYZER (1991) haben sich bereits mit diesen Fragestellungen ausführlich beschäftigt.

Die Analysevorbereitung und -durchführung zur Bestimmung der Einzelionen wurde in Kap. 4.3.2.2 dargestellt. Von November 1982 bis Oktober 1989 wurden am Pegel Elsenz/Hollmuth während Niedrig-, Mittel- und Hochwassersituationen insgesamt 527 Wasserproben entnommen, die im Labor für Geomorphologie und Geoökologie des Geographischen Instituts der Universität Heidelberg chemisch analysiert werden. Aus den Einzelionen Sulfat, Nitrat, Phosphat, Chlorid, Hydrogencarbonat, Natrium, Magnesium, Kalium und Calcium wird die Gesamtionenkonzentration berechnet und bilanziert.

Die mittlere Lösungskonzentration beträgt ca. 500 g/l. Multipliziert mit dem Mittelwasserabfluß von 4,4 m^3/s, ergibt das eine mittlere Lösungsfracht von 2,2 kg/s. Der mittlere tägliche Lösungsaustrag beträgt demnach etwa 190 t. Der mittlere jährliche Austrag errechnet sich daraus zu ca. 70.000 t. Bei einer angenommenen mittleren Dichte von 2,7 g/cm^3 (Festgestein) entspricht dies einem Volumen von 26.000 m^3. Aus den bisherigen Untersuchungen (siehe auch KRYZER 1991) kann geschlossen werden, daß heute ca. 30 % der Lösungsfracht anthropogen verursacht wird. Im Mittel kann demnach der "natürliche" Lösungsaustrag bei ca. 18.000 m^3/ Jahr angesetzt werden. Das entspricht einer jährlichen Abtragsrate von 0,03 mm.

Dies kann nur eine grobe Schätzung sein. Einerseits werden bei den Mittelwertsbetrachtungen feuchtere und trockenere Perioden nicht unterschieden. Auch werden besondere Abflußsituationen (NQ, HQ) nicht berücksichtigt, die aufgrund ihrer stark schwankenden Frequenz und Dimension den Mittelwert verändern. Im Gegensatz zum Schwebstofftransport geht die Lösungskonzentration bei einem Hochwasser durch Verdünnung teilweise erheblich zurück. Das bedeutet, daß die Hochwasserereignisse bezüglich der Fracht gelöster Stoffe keine besondere Transportrelevanz besitzen.

Möglicherweise ist die Fremdwasserzufuhr (Bodenseewasser) von größerer Bedeutung. Mauer ist 1973 eine der ersten Gemeinden, die Fremdwasser erhält. Das Wassermischungskonzept führt besonders seit Mitte der 80er Jahre dazu, daß im Jahr 1990 Eppingen, Sinsheim, Zuzenhausen, Meckesheim, Mauer und Bammental zusätzliches Trinkwasser bekommen, das über den Verbraucher und die Kläranlagen in die Elsenz gelangt. Eine Abschätzung dieses Fremdwasseranteils am Abfluß der

Elsenz steht bislang noch aus, soll aber im Rahmen dieser Arbeit nicht vorgenommen werden.

Parallel zu den Probennahmen und den chemischen Analysen werden im Gelände und im Labor die elektrische Leitfähigkeit der Proben bestimmt. Ziel dieser Untersuchungen ist, über einen möglichen Zusammenhang der beiden Parameter, aus der Leitfähigkeit die Ionenkonzentration zu berechnen. In Abbildung 34 ist dieser Zusammenhang dargestellt. Die Beziehung wird durch die Gleichung

$$\text{Gesamtionenkonzentration} = 0{,}77297 * \text{LF}^{\,0{,}99957}$$

mit $r^2 = 0{,}96$ sehr gut beschrieben. Die Werte liegen bis 450 µS/cm sehr eng an der Regressionsgeraden, darüber ist die Streuung etwas größer. Die kleineren Werte repräsentieren das System bei Hochwasser, die höheren bei Mittel- und Niedrigwasser. Besonders im Niedrigwasserfall ist der Anteil von Wasser aus Kläranlagen sehr hoch - er kann zur Zeit der Wasserklemme bis über 50 % am Gesamtabfluß ausmachen, was die stärkere Streuung höherer Leitfähigkeitswerte erklärt. Eine Trennung nach Sommer- und Winterereignissen ist dagegen nicht möglich.

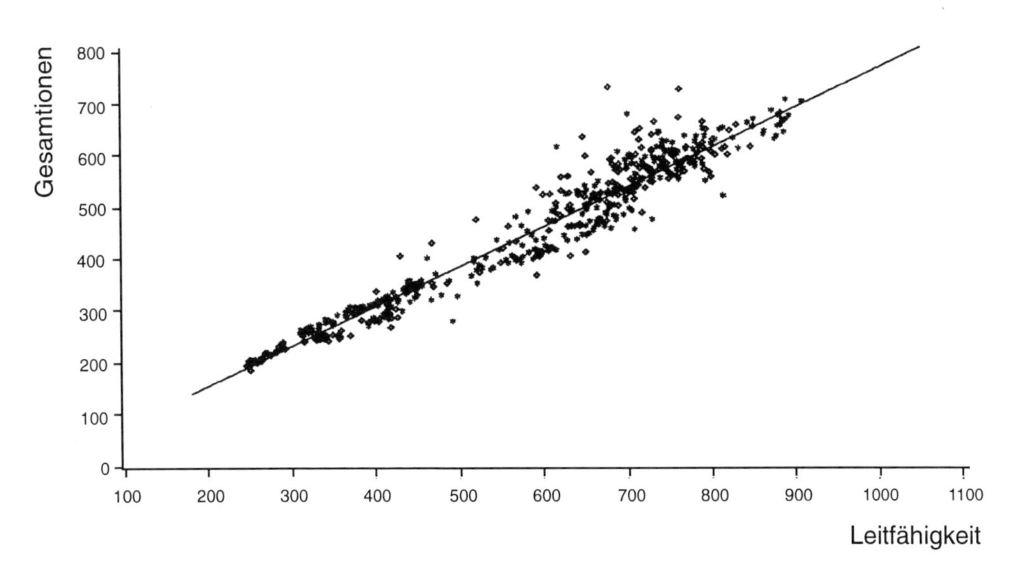

Abb. 34: Beziehung zwischen Leitfähigkeit und Gesamtionengehalt am Pegel Elsenz/Hollmuth von November 1982 bis Oktober 1989 (Quelle: LABOR FÜR GEOMORPHOLOGIE UND GEOÖKOLOGIE)

5.4 Berechnung der Schwebfracht

In Kap. 4.3.2 wird das Verfahren zur Bestimmung der Sedimentkonzentration und zur Berechnung der Schwebfrachten dargestellt. Die Probleme, die mit dieser Frachtberechnung verbunden sind, werden z. B. von HELLMANN (1986) beschrieben.

Am Ausgang des Einzugsgebietes (Pegel Elsenz/Hollmuth) schwanken die Werte je nach Abflußsituation zwischen ca. 10 mg/l im Niedrigwasserfall bis zu 7.000 mg/l während des Suspensionsmaximums beim Hochwasser im März 1988. Ein höherer Wert wird in den drei Meßjahren 1988 bis 1990 nicht gemessen. Am Pegel Biddersbach kurz vor der Mündung in die Elsenz liegt die höchste Konzentration während des Hochwassers am 04.12.88 bei 16.500 mg/l. Feldabflüsse in diesem Gebiet erreichen die höchsten Konzentrationen mit über 50.000 mg/l.

Mit Hilfe eines von BAADE (1994) entwickelten Computerprogramms werden die Konzentrationen und Abflußwerte in Frachtwerte umgerechnet. Dieses Verfahren wird auf alle Hochwasserereignisse angewendet, die beprobt werden (siehe Kap. 7). Um die Jahresfrachten zu berechnen, ist es notwendig, Beziehungen zwischen den Konzentrations- und Abflußwerten zu ermitteln. Unter Verwendung dieser Gleichungen können zu allen Abflußbedingungen, bei denen keine Probennahmen vorliegen, Schwebstoffkonzentrationen berechnet werden. Die Problematik dieses Verfahrens wird bereits in Kap. 2 diskutiert und wird in Kap. 9 am konkreten Fall der Jahresbilanzen der Schwebfracht an der Elsenz erneut aufgegriffen.

6. GERINNEGEOMETRIE

Die Dynamik des fließenden Wassers wird entscheidend von der Geometrie des Gerinnes beeinflußt. Genauer gesagt: Im Niedrig- und Mittelwasserbereich werden die Abflußprozesse durch Form und Verlauf des Gerinnes bestimmt. Bei Hochwasser dagegen wird das Gerinne durch den Abfluß bestimmt, d. h. Form und Verlauf des Gerinnes treten hinter die hydraulischen Prozesse des Abflusses zurück. Dies kommt in den Erosions- und Akkumulationsprozessen im Gerinne zum Ausdruck (z. B. Sohleneintiefung, Uferrückverlegung etc.). Die Gerinnegeometrie bzw. die Veränderung des Gerinnes hat dementsprechend einen unmittelbaren Einfluß auf den Abfluß und den Sedimenttransport. Der letzte Punkt gilt unter der Annahme, daß das Gerinne eine potentielle Sedimentquelle oder -falle darstellt. Die Gerinnegeometrie steuert z. B. auch die Menge des ufervollen Abflusses, den Wasserstand also, ab dem es zur Überflutung der Vorländer und möglicherweise zu Sedimentablagerungen auf der Aue kommt.

Die wesentlichen Ergebnisse unserer Untersuchungen zur Gerinnegeometrie und -dynamik am Mittel- und Unterlauf der Elsenz sind von KADEREIT (1990) dargestellt worden. Es werden hier zunächst in Längsprofilen die hydraulisch-geometrischen Gerinneparameter analysiert. Mit Hilfe der Echographie-Profile wird die Aufrißgeometrie der Gerinnesohle der Elsenz untersucht. Zusätzlich werden die Veränderungen der Gerinne im Laufe des Meßzeitraumes dargestellt, die mit Hilfe der Vermessung und Kartierung erfaßt wurden (vgl. auch BARSCH et al. 1989a, 1989b, 1994). Die Veränderungen, die in direktem Zusammenhang mit Hochwasserereignissen stehen, werden in Kap. 7 behandelt.

6.1 Hydraulisch-geometrische Gerinneparameter

Im Jahr 1980 wurden von verschiedenen Ingenieurbüros 150 Querprofile der Elsenzaue und des Gerinnes vermessen. Sie liegen zwischen Neckargemünd und der Regierungsbezirksgrenze bei Reihen/Ittlingen, umfassen also eine Laufstrecke von ca. 32 km. Zusätzliche Profile wurden im November 1987 im Rahmen eines studentischen Geländepraktikums aufgenommen (Abb. 35). Dabei wurde ausschließlich das Gerinne der Elsenz vermessen. Unter Verwendung dieser Profildaten werden die mittleren Uferhöhen (A), Gerinnebreiten (B) und die Gerinnequerschnittsflächen (C) berechnet (KADEREIT 1990), da sie für die Ausprägung des Abflusses bzw. die Gerinnekapazitäten von entscheidender Bedeutung sind.

Die mittleren Uferhöhen steigen auf den ersten 10,5 Laufkilometern von ca. 2 m bei Reihen/Ittlingen auf etwa 4 m südlich Hoffenheim an. Hier beginnt ein 6,7 km langer Flußabschnitt, der durch niedrigere Uferhöhen von 2 bis 3 m gekennzeichnet ist. Die Elsenz ändert an dieser Stelle ihre Fließrichtung von NW nach NNW. Fraglich ist, ob dafür eine Störungszone verantwortlich gemacht werden kann,

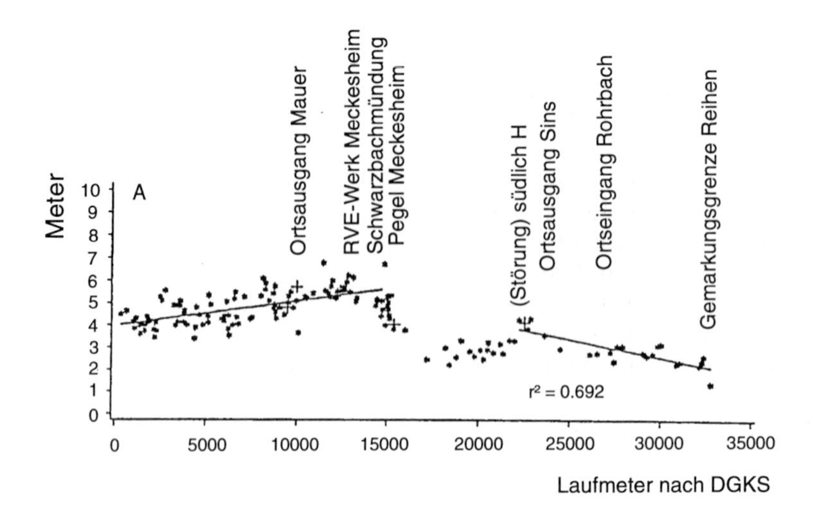

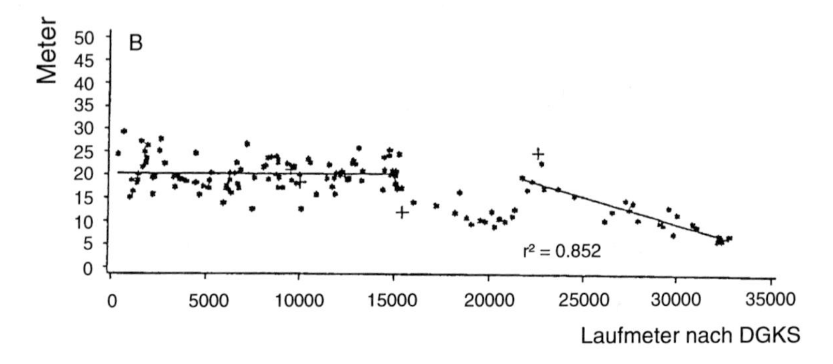

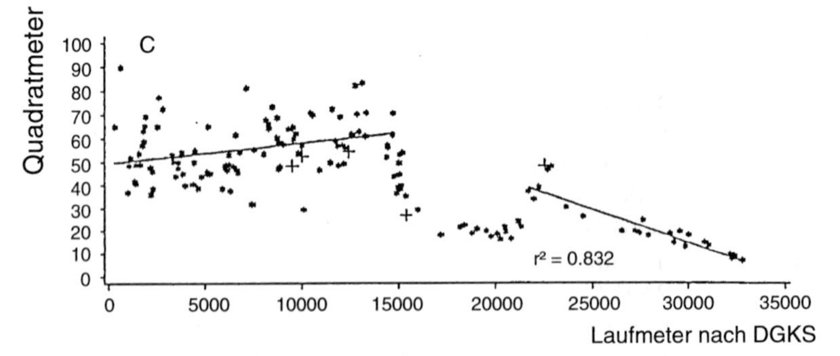

* Daten von 1980

\+ Daten von 1987

—— Regressionslinie der Daten von 1980

Abb. 35: (**A**) Elsenzlängsprofil der mittleren Uferhöhen; (**B**) Elsenzlängsprofil der Gerinnebreiten; (**C**) Elsenzlängsprofil der Gerinnequerschnittsflächen (Quelle: KADEREIT 1990)

entlang der die im Norden gelegene Scholle an mehreren Verwerfungen um bis zu 40-70 m abgesackt ist (THÜRACH 1896).

Aus der Talweitung bei Sinsheim kommend, fließt die Elsenz in eine Engtalstrecke, die auf der Karte der Reliefenergieverteilung (Abb. 14) deutlich zum Ausdruck kommt. Die relativ steilen Hänge des oberen Muschelkalkes reichen hier nahe an den Vorfluter heran. Am Ende dieser Fließstrecke steigen die mittleren Uferhöhen stark an und erreichen im Bereich des Pegels Elsenz/Meckesheim und der Schwarzbachmündung die maximalen Beträge von 5 bis über 6 m. Danach nehmen die Werte kontinuierlich bis auf 4 m bei der Elsenzmündung in den Neckar ab.

Das Elsenzlängsprofil der Gerinnebreiten (Abb. 35B) zeigt zunächst einen ähnlichen Verlauf. Die Werte steigen von 7 auf 20 m und zeigen ebenfalls einen Einbruch zwischen der Störungszone südlich Hoffenheim bis zur Schwarzbachmündung. Danach unterscheidet sich der Verlauf, indem die Gerinnebreiten bis zur Elsenzmündung gleich bleiben.

Entsprechend der Schwankungen der mittleren Uferhöhen um bis zu 2 m und der Gerinnebreiten zwischen 15 und 30 m ergeben sich im Elsenzunterlauf beträchtliche Änderungen der Querschnittsflächen des Gerinnes bis zum ufervollen Niveau (Abb. 35C). Die Werte liegen zwischen 30 und 90 m^2. Bemerkenswert ist, daß es während des Hochwasserereignisses im März 1988 an der Elsenz oberhalb der Schwarzbachmündung nur bei Ittlingen und Richen zu geringem Vorlandabfluß kam. Trotz der relativ geringen Uferhöhen, Uferbreiten und Querschnittsflächen stand größtenteils das Wasser einige Dezimeter unter ufervollem Niveau (siehe hierzu Kap. 7).

Um das Niveau des ufervollen Abflusses quantitativ festzulegen, wurde als morphometrisches Maß die Formratio eingeführt, die das Verhältnis zwischen Gerinnebreite und -tiefe widerspiegelt (WOLMAN 1955, in RILEY 1972). Das Profil innerhalb des gesamten Querprofils, das die geringste Formratio aufweist, entspricht dem ufervollen Niveau. Die Werte der Formratio entlang der Elsenz sind in Abb. 36A dargestellt. Besonders im Oberlauf wird der ansteigende Trend sichtbar, der dadurch verursacht wird, daß die Gerinnebreiten mit zunehmender Lauflänge stärker zunehmen als die Gerinnetiefen. Möglicherweise kommt hierin zum Ausdruck, was THORNE & OSMAN (1988) in ihrem Modell zur Gerinnestabilität und -entwicklung mit Stufe 4 bezeichnen, nämlich ein langsames Aufweiten des Gerinnes bzw. Zurückweichen der Ufer und Aufhöhung der Sohle. Nach dem Modell soll dies eine Folge der seitlichen Erosion des höheren Ufers in Verbindung mit Akkumulation am Uferfuß sein (siehe Kap. 9.5). Was den Elsenzunterlauf nach der Schwarzbachmündung betrifft, so sind die Werte dort starken Schwankungen unterworfen.

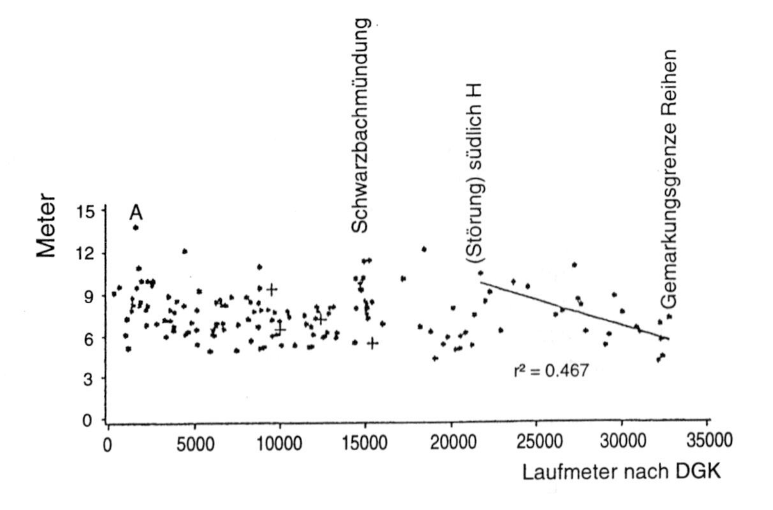

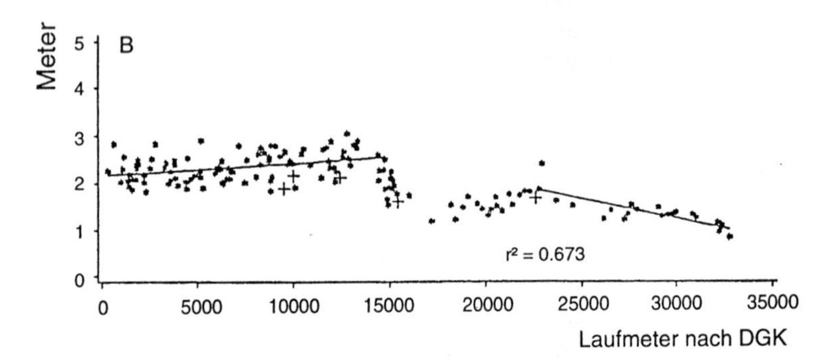

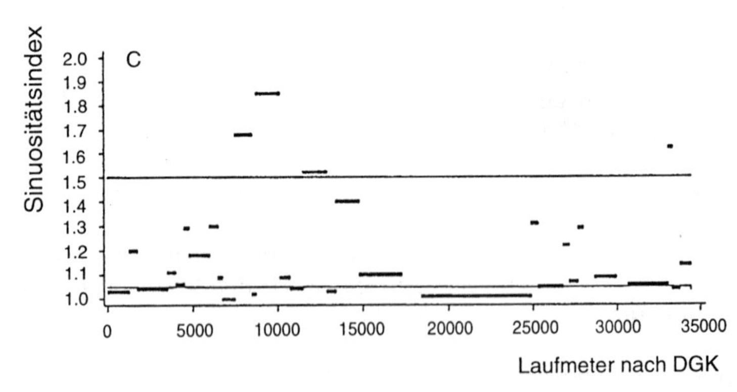

Abb. 36: (**A**) Elsenzlängsprofil des Formratio; (**B**) Elsenzlängsprofil des hydraulischen Radius; (**C**) Elsenzlängsprofil der Sinuositätsindizes (Quelle: KADEREIT 1990)

Als weiterer Gerinneparameter wurde der hydraulische Radius berechnet (KADEREIT 1990). Er ergibt sich nach SCHMIDT (1984) aus dem Quotienten der Querschnittsfläche und dem Benetzungsradius. MANGELSDORF & SCHEUERMANN (1980) beschränken den hydraulischen Radius auf den für den Geschiebetrieb wirksamen Teildurchfluß. Er ist ein Maß für die Effektivität der Gerinnedimensionierung und damit für die Weiterleitung des Abflusses. Da die Fließgeschwindigkeit nach der CHEZY-Gleichung mit dem Quadrat des hydraulischen Radius zunimmt, kennzeichnen höhere hydraulische Radien eine höhere und kleinere Radien eine geringere Effizienz des Wasserdurchsatzes (Abb. 36B).

Entsprechend der Gerinnequerschnittsflächen nehmen im Unterlauf der Elsenz die hydraulischen Radien leicht ab. Der Grund für diese Abnahme ist nicht leicht festzustellen. Möglicherweise paßt sich das Elsenzgerinne nach der Schwarzbachmündung veränderten Abflußverhältnissen an (Gerinneaufweitung), die sich aber noch nicht bis zur Mündung der Elsenz durchgesetzt haben (siehe Kap. 9.5). Die Werte verdeutlichen außerdem, daß die besondere Ausprägung des Gerinnes unterhalb der Schwarzbachmündung entscheidenden Einfluß auf die Auenüberflutungen am Elsenzunterlauf hat (vgl. auch BARSCH et al. 1989a, 1989b, 1994).

Das Schwingen oder das Mäandrieren eines Flusses kann mit Hilfe des Sinuositätsindexes quantifiziert werden, der nach BRICE (1964) und MORISAWA (1985) das Verhältnis von Gerinnelänge zu Tallänge wiedergibt. Die Tallänge entspricht in diesem Fall der Länge der Mäandergürtelachse. Laufabschnitte mit Werten < 1,05 werden als gerade und zwischen 1,05 und 1,5 als gewunden bezeichnet. Ein Fluß mäandriert bei > 1,5. Bei der Elsenz treten Werte von 1,0 bis 2,0 auf, wobei die meisten Werte zwischen 1,05 und 1,5 liegen und einen hauptsächlich gewundenen Flußlauf erkennen lassen. Nur im Bereich der Maurer Talweitung (alte Neckarschlinge) treten Sinuositäten von über 1,5 auf, so daß dieser Flußabschnitt als einziger im gesamten Verlauf als mäandrierend bezeichnet werden kann (Abb. 36C).

Nach KADEREIT (1990) besteht kein Zusammenhang zwischen den gerinnegeometrischen Parametern und der Verteilung der Sinuositätsindizes. Dies steht mit Ergebnissen von THORNE et al. (1988) im Einklang, der ebenfalls keinen Zusammenhang zwischen Laufmuster und Variabilität der Gerinnebreiten an britischen Flüssen erkennen kann. Ein Einfluß des Talbodengefälles auf die Ausbildung der Sinuositätsindizes kann an der Elsenz ebenfalls nicht festgestellt werden.

6.2 Längsprofile

Mit der in Kap. 4.3 vorgestellten Methodik (Echograph) werden Tiefenprofile der Elsenz im Mittel- und Unterlauf erstellt (vgl. auch BARSCH et al. 1989b, 1993a; 1994; KADEREIT 1990). Ausgenommen der verbauten Bereiche (z. B. Mäander-

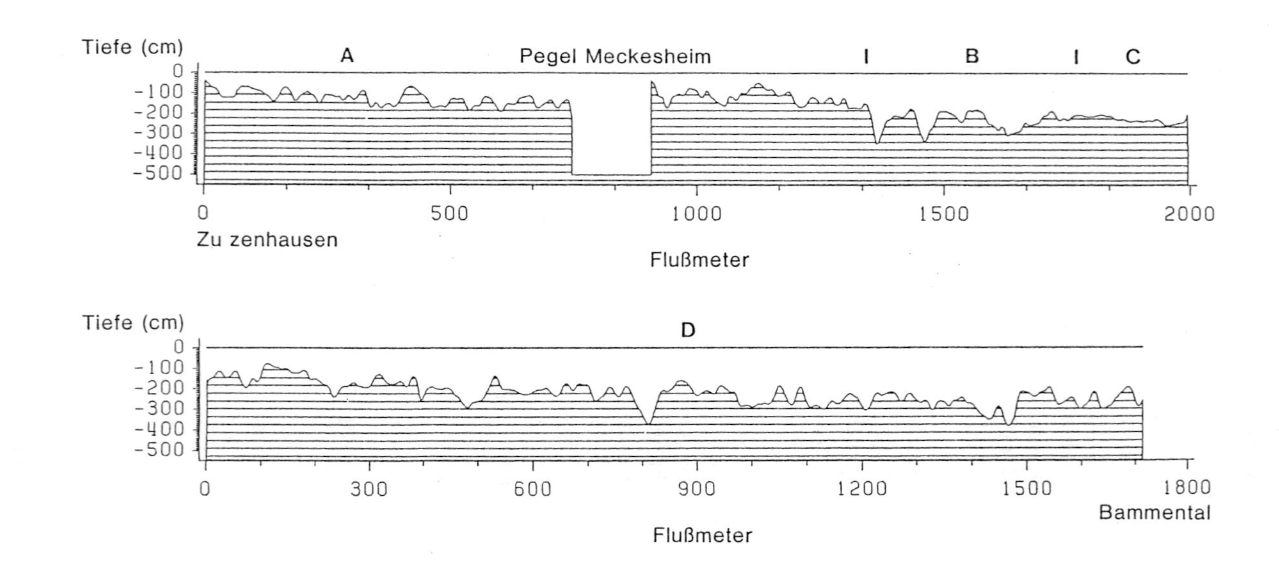

A Oberhalb der Schwarzbachmündung. Maximale Kolktiefe 2m.
B Unterhalb der Schwarzbachmündung. Maximale Kolktiefe 4m.
C Befestigter Kanal (Mäanderdurchbruch 1984). Keine Kolke.
D Nordwestlich von Mauer. Maximale Kolktiefe 4 m.

Abb. 37: Sohlenlängsprofil vom Elsenz-Unterlauf (Zuzenhausen bis Bammental) mit der Pegelstation Elsenz/Meckesheim (Quelle: BARSCH et al. 1994a)

durchstich bei Meckesheim), zeigt sich in allen Bereichen des Gewässers ein typisches Furt-Kolk-Profil, das durch die Überlagerung verschiedener Wellenlängen gekennzeichnet ist, d. h. durch die räumliche und zeitliche Variabilität der höheren Abflüsse entstanden ist (Abb. 37).

Die mittleren Kolktiefen liegen zwischen 0,9 und 1,3 m und zwischen 1,7 und 2,1 m. An der Oberen Elsenz sind die Kolke deutlich flacher als nach dem Zusammenfluß mit dem Schwarzbach. Im Unterlauf treten mittlere Kolktiefen von 1,7 bis 1,9 m auf. Der Vergleich zeitlich aufeinander folgender Furt-Kolk-Profile zeigt, daß die Formen relativ lagestabil sind. Selbst nach dem 10jährlichen Hochwasser im März 1988 kann KADEREIT (1990) keine meßbaren Veränderungen an dem Furt-Kolk-Profil zwischen Mauer und Bammental feststellen.

Das Gesamtprofil von Zuzenhausen bis Neckargemünd zeigt ein mittleres Wiederkehrintervall (von Kolk zu Kolk) von der 4-5fachen Gerinnebreite. Gegenüber dem von LEOPOLD et al. (1964) angegebenem mittleren Wert für natürliche Gerinne von 5-7facher Breite weist die Elsenz damit eine überdurchschnittlich dichte Kolkabfolge auf. KADEREIT (1990) gibt dafür drei Erklärungsmöglichkeiten:

1. Als Umkehr der Theorie von KELLER (1972b) kann das Auftreten geringer Kolkabstände der Ausdruck einer geringen Tendenz zu Laufverlegungen sein.
2. Die Anlage und Weiterbildung der Sohlformen, d. h. der Kolke steht mit einer ehemals schmaleren Gerinnebreite im Einklang, bei der die Kolkabstände im Mittel einer 5-7fachen Gerinnebreite entsprechen. Das würde bedeuten, daß sich das Gerinne der Elsenz einem veränderten Regime anpaßt und sich verbreitert, ohne daß die Anpassung der Sohle damit Schritt halten kann (siehe dazu BROOKES 1988).
3. Eine erhöhte Sedimentbelastung kann geringere Kolktiefen und erhöhte Frequenzen der Kolk-Schwellen-Sequenzen bedingen (BREMER 1959; KELSEY 1980 in LISLE 1982; BROOKES 1988).

6.3 Veränderungen des Gerinnequerschnitts

Die hydraulisch-geometrischen Gerinneparameter zeigen einen Ist-Zustand an. Zeitliche Veränderungen am Gerinne können damit nicht erklärt werden. Um mögliche Veränderungen festzustellen, werden während des Projektes am Biddersbach, am Insenbach und an der Elsenz Querprofile vermessen und Uferkartierungen durchgeführt (vgl. Kap. 4.3.1 und Abb. 27). Einen Eindruck vom Gerinne des Elsenzunterlaufes vermittelt Foto 3, das im Winter 1989/90 im Bereich des Gewanns "Eierwiesen" zwischen Mauer und Bammental aufgenommen wurde. Der Wasserspiegel ist relativ hoch, obwohl es sich um eine Niedrigwassersituation handelt. Verantwortlich dafür ist das Kraftwerk der ehemaligen Tapetenfabrik (rechter Bildrand), das für die abgebildete Flußstrecke die lokale Erosionsbasis darstellt (siehe Kap. 7 und 9).

Foto 3: Elsenzgerinne zwischen Mauer und Bammental im Winter 1989/90

Foto 4: Rutschaktive Uferbereiche an der Elsenz zwischen Meckesheim und Bammental

Die Geländebegehungen in der Vorbereitungsphase des Projektes zeigten, daß die Gerinnedynamik der Elsenz gegenwärtig durch zahlreiche Uferrutschungen gekennzeichnet ist. An zahlreichen Stellen - besonders im Elsenzunterlauf - werden abgerutschte Schollen beobachtet (s. Foto 4). Die Vermessungen wurden daraufhin an (optisch) inaktiven und aktiven Uferpartien durchgeführt. An inaktiven Bereichen kann durch Nachmessungen die fluviale Erosion durch den direkten Angriff des Wassers nicht nachgewiesen werden. Sie liegt im Bereich der Meßgenauigkeit.

Anders ist das in rutschaktiven Uferbereichen (vgl. Foto 4). Rutschungen dieser Art werden an der Elsenz, am Biddersbach und am Insenbach festgestellt. Sie treten verstärkt während und nach Hochwasserereignissen auf (vgl. Kap. 7). Verantwortlich dafür ist u. a. ein erhöhter Porenwasserdruck, der sich während des Hochwassers aufbaut. Beim Abklingen der Welle kann das kohäsive, schlecht drainierte Auenmaterial nicht schnell genug entwässern und die Standfestigkeit der Ufer wird herabgesetzt (HOOKE 1979). Die Uferdynamik ist aber auch von anderen Faktoren, so z. B. der Ufervegetation oder des Bodenwasserchemismus abhängig, worauf aber hier nicht näher eingegangen wird (siehe THORNE et al. 1988, OSMAN & THORNE 1988). Die Veränderungen, die mit dem Auftreten von Hochwasserwellen zusammenhängen, werden in Kap. 7 (Ausgewählte Einzelereignisse) näher diskutiert.

Bemerkenswert ist eine Rutschung gegenüber der Mündung des Plötzbaches am Gewann "Krumme Wiesen". Diese Rutschung liegt in einem Mäanderinnenbogen. Es wird deutlich, daß in dem kohäsiven Substrat nicht dieselben Gesetzmäßigkeiten auftreten wie in rolligem Material, wo derartige Prozesse i. a. auf die Prallhangsituationen beschränkt sind. Auf die unterschiedliche Gerinneform in rolligem und bindigem Substrat ist bereits von SCHUMM (1960) hingewiesen worden. Generell sind in dem bindigen Material die Erosions- und Akkumulationsprozesse von dem Laufmuster unabhängig. In Abbildung 38 sind zwei Profile dargestellt, die den genannten Mäander schneiden. Deutlich ist auf der linken Uferseite der Ansatz der Rutschung zu sehen.

Der Vergleich der Situation von November 1987 und Januar 1988 zeigt kleinere Veränderungen. An der Sohle ist geringfügig erodiert worden. An der Rutschkante ist dagegen zum späteren Zeitpunkt mehr Material vorhanden. Obwohl es sich um einen relativ kurzen Zeitraum handelt, steht dieser Vergleich stellvertretend für alle übrigen Querprofilvermessungen. Der Vergleich mit den Nachmessungen zeigt zwar kleinere Veränderungen, die Methode liefert aber generell nur punkthafte Daten. Die Situation kann schon wenige Meter ober- oder unterhalb des Profils Werte liefern, die erheblich abweichen. Das Verfahren erscheint dann sinnvoll, wenn sich größere Veränderungen ergeben, die auch mit einiger Sicherheit auf benachbarte Uferbereiche übertragen werden können. Größere Veränderungen konnten aber mit der Vermessung von Querprofilen weder an der Elsenz noch am Biddersbach oder Insenbach nachgewiesen werden.

Deutlichere Ergebnisse liefert die Kartierung (siehe Kap. 4.3.1). Im März 1989 wurden am Elsenzmittel- und Unterlauf an 16 Gewässerabschnitten die Uferrutschungen kartiert (KADEREIT 1990). Die Ergebnisse dieser Aufnahme lassen sich wie folgt zusammenfassen: Rutschungsvorkommen und -volumina hängen stark von den mittleren Uferhöhen und Gerinnequerschnittstiefen ab (siehe Kap. 7.5). Innerhalb eines Gewässerabschnitts, d. h. zwischen zwei Erosionsbasen nimmt die Rutschintensität in Fließrichtung ab, was ebenfalls mit Veränderungen der Uferhö-

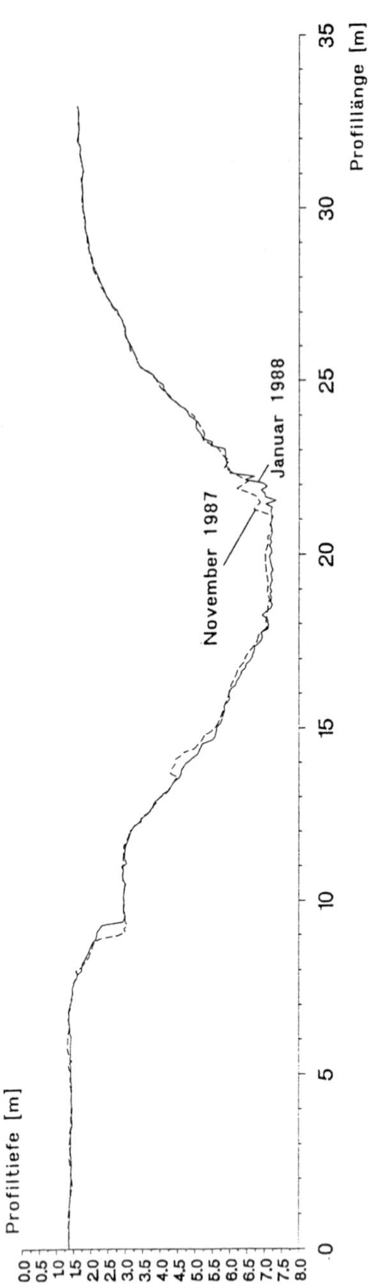

Abb. 38: Querprofile der Elsenz nördlich Meckesheim vom November 1987 und Januar 1988 (Quelle: LABOR FÜR GEOMORPHOLOGIE UND GEOÖKOLOGIE)

hen innerhalb dieser Abschnitte verbunden ist (Kap. 7.5). Aktive Rutschungen treten dabei verstärkt im Bereich von Kolken auf, also dort, wo höhere und steilere Ufer zu verzeichnen sind.

7. AUSGEWÄHLTE EINZELEREIGNISSE

Die Extremwerte in Wasserstand und Abfluß haben nicht nur einen wesentlichen Einfluß auf die Gestaltung des Gerinnebettes sondern auch auf den Sedimenttransport. Daher wird im folgenden speziell auf einige Einzelereignisse (zwischen 1987 und 1990) eingegangen, um deren "Bedeutung" für das fluviale Prozeßgeschehen aufzuzeigen und später den stationären Zuständen (Mittel- und Niedrigwasserabfluß) gegenüberzustellen, die das System ansonsten (und über wesentlich längere Zeiträume) beschreiben.

Die Quellen der Sedimente sind einerseits die Flächen des Einzugsgebietes und andererseits verschiedene Zwischenspeicher. Dies sind z. B. Akkumulationsbereiche am Hangfuß (Kolluvium) oder Material aus dem Gerinnebett selbst, das während des Hochwassers remobilisiert oder erodiert wird (KNIGHTON 1984). Die hier vorliegenden Untersuchungen der Hochwasserereignisse konzentrieren sich auf den Sedimentransport im Gerinnesystem des Elsenzgebietes, die Zwischendepositionen im Gerinne und die Akkumulationen auf der Aue.

Die Bearbeitung kleinerer Hochwasserereignisse am Biddersbach und an der Elsenz zu Beginn des Projektes hat die Notwendigkeit gezeigt, neue Methoden zu entwickeln, um das Prozeßgeschehen zu untersuchen. Um diese methodische Weiterentwicklung nachzuvollziehen, werden diese Ereignisse daher dem Kapitel vorangestellt. Im weiteren Verlauf des Projektes wurden auch Ereignisse untersucht, die das gesamte Elsenzgebiet betrafen (Tab. 4). Darunter sind auch "große" Ereignisse, die zu einer Überflutung der Elsenztalaue geführt haben ("Vorlandabfluß Elsenz").

Tab. 4: Ausgewählte Hochwasserereignisse der hydrologischen Jahre 1987-1990

Datum	Künftige Bezeichnung	Vorlandabfluß Elsenz
06. April 1987	04/87	nein
17./18. Juni 1987	06/87	nein
12.-18. März 1988	03/88	ja
15. Februar 1990	02/90	ja

7.1 Hochwasser 04/87

7.1.1 Prozeßbeschreibung

Am 06. April 1987 kommt es am frühen Nachmittag zu einem örtlich begrenzten Regenschauer im Biddersbachgebiet (siehe Abb. 9), wobei die Regenfront von Westen nach Osten, d. h. vom unteren ins obere Einzugsgebiet wandert. Im Biddersbach wird dadurch eine Hochwasserwelle generiert, die sich - wie Foto 5 und Abbildung 39 zeigen - innerhalb von vier Stunden aus mehreren Frachtschüben zusammensetzt.

Foto 5: Frachtwellen am Pegel Biddersbach im Laufe des Hochwasserereignisses vom 06.04.1987 (zeitl. Folge der Proben von links nach rechts)

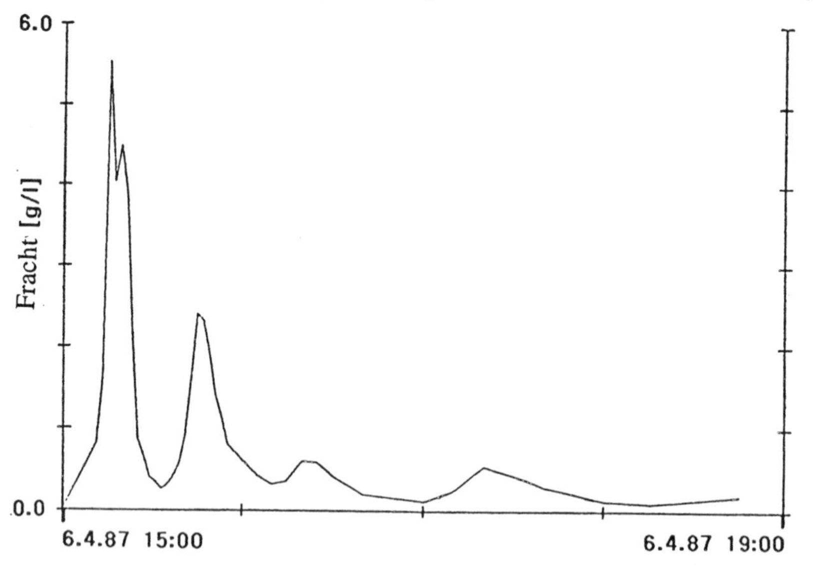

Abb. 39: Ganglinie der Schwebstoff-Konzentration am Pegel Biddersbach im Laufe des Hochwasserereignisses am 06.04.1987

Der Wanderung der Regenfront und der Fließzeit bis zum Pegel Biddersbach entsprechend, ist der erste Frachtschub dem Straßenablauf in der Gemeinde Wiesenbach zuzuschreiben. Die maximalen Schwebstoffkonzentrationen erreichen 5.500 mg/l. Der zweite Frachtschub kann durch die rötliche Färbung des Sedimentes eindeutig als Oberflächenabfluß des Sportplatzes oberhalb von Wiesenbach erkannt werden. Vor Ort wird beobachtet, wie das Oberflächenwasser des roten Aschenplatzes den Biddersbach "einfärbt". Der dritte Peak in der Ganglinie der Schwebstoffkonzentration gibt den Eintrag aus dem landwirtschaftlich intensiv genutzten Gebiet "Langenzell" wider, wo ebenfalls sedimentreicher Oberflächenabfluß in den Biddersbach beobachtet wird.

Dieses Hochwasser - als eines der ersten von uns detailliert untersucht - wurde manuell beprobt. Die Erfahrung zeigt, daß zur automatischen Probennahme ein Gerät zur Verfügung stehen muß, das eine relativ hohe Zahl an 1-Liter-Proben nehmen kann, um die einzelnen Frachtschübe zu erfassen. Da zu der Zeit kein entsprechendes Gerät auf dem Markt erhältlich war, wurde im unserem Labor ein isolierter und beheizbarer Probennehmer konstruiert, der mit einer Kapazität von 96 1-Liter-Flaschen ausgestattet ist. Das Gerät bzw. dessen Funktionsweise kombiniert mit dem Datalogger wurde in Kap. 4 beschrieben.

7.1.2 Uferkartierung Biddersbach

Die in Kap. 4.3.1 beschriebene Kartierung der Erosions- und Akkumulationsbereiche entlang des Biddersbaches wurde im April 1987 nach dem beschriebenen Hochwasser durchgeführt. Für den in Abbildung 29 dargestellten Abschnitt ergibt sich eine Erosionsfläche von 216 m^2 und eine Akkumulationsfläche von 49,3 m^2 bei einer Gesamtfläche von 783 m^2. Die aus den Erosionsbereichen entfernten Massen sind gemäß der in Kap. 4.3.1 erläuterten Methode mit 68,0 m^3 berechnet. Bei einer Dichte von 1,6 t/m^3 sind das 108,8 t, die entlang des 55 m langen Gerinneabschnitts ausgetragen wurden. Es besteht dabei allerdings das Problem, daß die Entwicklung der Formen und damit auch die ermittelten Erosionbeträge zeitlich nicht differenziert und somit keinen bestimmten Ereignissen zugeordnet werden können. Das wäre erst im Falle einer Nachkartierung möglich (siehe Kap. 4). Es ist nur insoweit eine Unterscheidung möglich, als junge, aktive Uferbereiche durch Vegetationslosigkeit zu erkennen sind.

7.2 Hochwasser 06/87

7.2.1 Prozeßbeschreibung

Im Biddersbachgebiet beginnt der Niederschlag am 17.06.87 um 19:30 Uhr und endet am 18.06. um 01:00 Uhr. Die gesamte Niederschlagsmenge beträgt 22,2 mm.

Die Hauptmenge mit 13,0 mm fällt in der Zeit zwischen 22:00 und 23:30 Uhr. In Abbildung 40 sind die Ganglinien von Abfluß, Schwebstoffkonzentration und Leitfähigkeit am Pegel Biddersbach dargestellt.

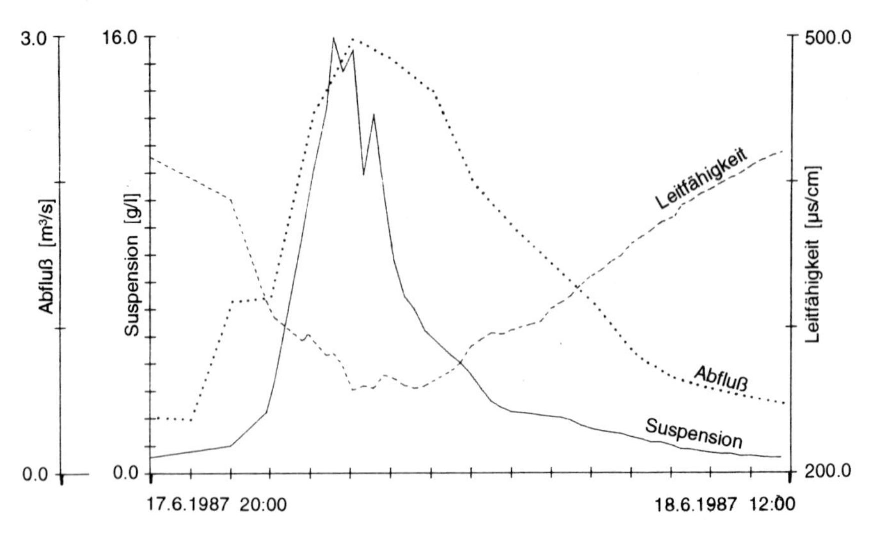

Abb. 40: Ganglinien von Abfluß, Schwebstoffkonzentration und Leitfähigkeit während des Ereignisses 06/87 am Pegel Biddersbach (Quelle: LABOR FÜR GEOMORPHOLOGIE UND GEOÖKOLOGIE

Der nur gering verzögerte erste Anstieg der Abflußganglinie dürfte - vergleichbar dem Ereignis 04/87 - in erster Linie auf den Abfluß von versiegelten Flächen der Gemeinde Wiesenbach zurückzuführen sein. Das Absinken der Leitfähigkeit zeigt deutlich die Verdünnung durch ionenarmes Oberflächenwasser (Regenwasser). Die Erhöhung des Abflusses von 400 auf ca. 3.000 l/s ist mit einer Abnahme der Leitfähigkeit von 420 auf 257 µS/cm verbunden.

Im Gegensatz zu dem Aprilereignis kommt es zu Beginn dieses Abflußanstiegs nicht gleichzeitig zu einem stärkeren Anstieg der Suspensionsganglinie. Möglicherweise kam es vorher zu einem Niederschlagsereignis, bei dem das Straßen- und Kanalisationsnetz von Wiesenbach "durchgeputzt" wurde und somit der erste Spülstoß ausblieb. Der um 22:00 Uhr einsetzende Anstieg der Frachtkurve ist zunächst mit gleichbleibendem oder nur geringfügig steigendem Abfluß verbunden (22:00-23:00 Uhr). Das deutet daraufhin, daß in diesem Zeitraum nicht Oberflächenwasser (mit Sediment) eingetragen wird, sondern Sediment aus dem Bachbett aufgenommen wird, d. h. bis 23:00 Uhr besteht die Frachtwelle fast ausschließlich aus resuspendiertem Bettmaterial. Dieses Phänomen wurde bei dem Abflußanstieg des Aprilereignisses selbst beobachtet. Erstaunlich ist, daß bereits bei einigen Zentimetern Wasserstandsanstieg zwischengelagertes Sediment von der Sohle des Baches aufgenommen wurde.

Erst der starke Anstieg der Abfluß- und Suspensionsganglinie ab 23:00 Uhr mit gleichzeitig weiter absinkender Leitfähigkeit bringt die hohen Schwebstoffkonzentrationen (bis zu 15.900 mg/l) und damit auch den großen Austrag. Dieses Material dürfte von den ca. 1,8-3,5 km vom Pegel entfernten, bis 12° geneigten Maisstandorten stammen, auf denen bei früheren punkthaften Probennahmen bereits Oberflächenabfluß mit Frachtkonzentrationen bis zu 50.000 mg/l beprobt wurde. Entsprechend interpretiert wird der nochmalige Anstieg der Sedimentganglinie bei gleichzeitig zurückgehendem Abfluß gegen 01:45 Uhr. Es handelt sich dabei mit großer Wahrscheinlichkeit um den Eintrag von den ebenfalls stark geneigten Zuckerrüben- und Maisstandorten in ca. 5,5 km Entfernung vom Pegel, die in dieser Zeit ebenfalls Oberflächenabflüsse mit bis zu 40.000 mg/l aufwiesen. Mit dem Rückgang des Abflusses ist unmittelbar der Wiederanstieg der Leitfähigkeit verbunden. Der Anteil des Oberflächenwassers am Gesamtabfluß verliert gegenüber dem ionenreicheren Interflow bzw. Grundwasserabfluß an Bedeutung.

An der Elsenz kommt es während dieses Hochwassers zu einer Abflußerhöhung bis auf 40,9 m^3/s (MQ = 4,4m^3/s), der ca. 12 m^3/s unterhalb des mittleren Hochwassers liegt (MHQ am alten Pegel Elsenz/Bammental 53,4 m^3/s). In Abbildung 41 sind die Ganglinien von Abfluß, Leitfähigkeit und Schwebstoffkonzentration am Pegel Elsenz/Hollmuth dargestellt. Die Leitfähigkeit fällt von 470 auf 310 µS/cm, weist also eine geringere Schwankung auf als der Biddersbach (entsprechend des größeren Systems). Die Abnahme wird von kurzen Wiederanstiegen (02:00-04:00, 05:00-06:00 Uhr) überlagert. Hier wird "altes" ionenreicheres Wasser von Oberwasser zugeführt. Es stammt vermutlich aus Stillwasserbereichen in den Gerinnen (z. B. Kolken), die durch den Abflußanstieg fluvial-dynamisch "aktiv" werden. Dieses Phänomen wird zusätzlich in dem zeitlich verschobenen Verlauf zwischen Leitfähigkeit und Abfluß bestätigt. Erst 1-1,5 Stunden nach dem Durchlaufen des Abflußmaximums am Pegel Elsenz/Hollmuth erreicht die Leitfähigkeitsganglinie ihr Minimum, d. h. der Abfluß von ionenarmen Oberflächenwasser erfolgt erst nachdem das Abflußmaximum überschritten ist. Die Schwebstoffkonzentration der Elsenz steigt bei diesem Ereignis bis auf 6.500 mg/l.

Der Anstieg der Abfluß- und Schwebstoffganglinie von 23:00-00:45 Uhr verläuft weitgehend parallel. Zwischen 00:45 und 02:00 Uhr ist dagegen eine Sedimentwelle zu erkennen, die aufgrund der Messungen entlang der Elsenz eindeutig dem Biddersbach zugeordnet werden kann, der 800 m oberhalb in die Elsenz mündet (Pegel Biddersbach 1550 m oberhalb Pegel Elsenz/Hollmuth). Anschließend sinkt die Schwebstoffkurve mit gleichzeitigem Anstieg der Leitfähigkeitskurve. Dies deutet daraufhin, daß Wasser den Pegel passiert, das noch wenig "Verdünnung" durch Oberflächenwasser erfahren hat (s. o.). Ab 04:00 Uhr steigt die Schwebstoffkonzentration wieder steil an und erreicht ihr Maximum, bevor die Abflußganglinie den Kulminationspunkt erreicht. Die Tatsache, daß der Schwebstoffpeak dem Abflußmaximum vorauseilt, hängt nach den bisher aufgezeigten Ergebnissen mit der Mobilisierung von Bettmaterial zusammen (siehe auch KNIGHTON 1984).

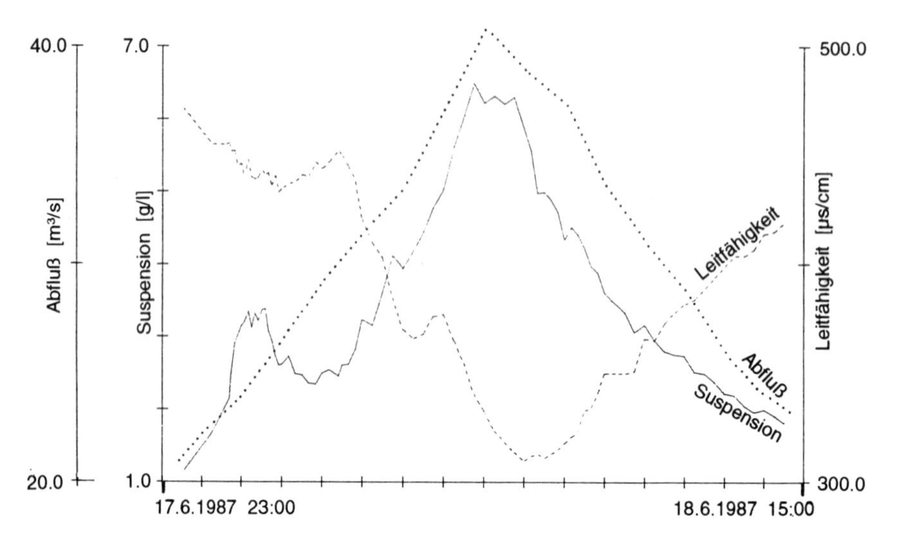

Abb. 41: Ganglinien von Abfluß, Schwebstoffkonzentration und Leitfähigkeit während des Ereignisses 06/87 am Pegel Elsenz/Hollmuth (Quelle: LABOR FÜR GEOMORHOLOGIE UND GEOÖKOLOGIE)

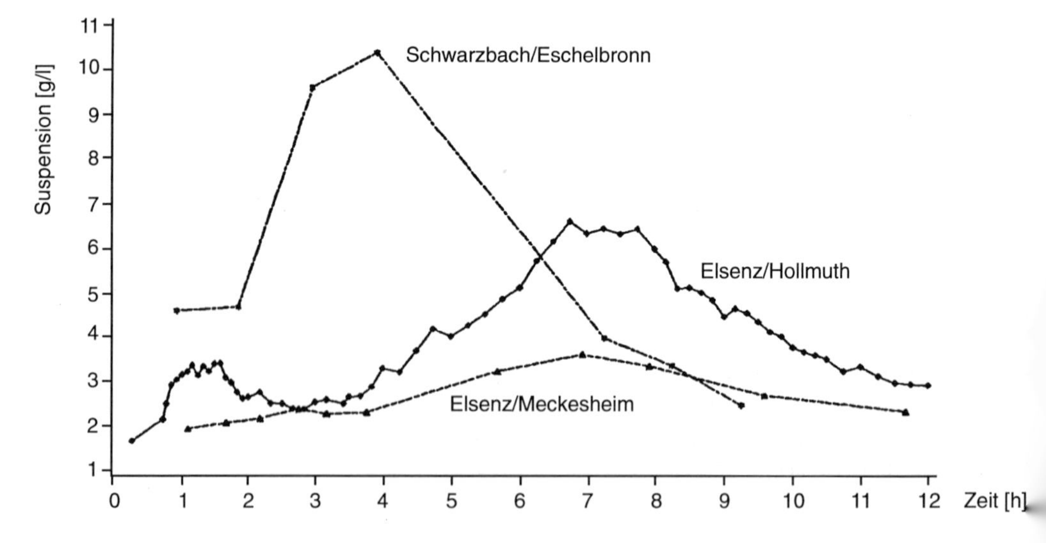

Abb. 42: Gemessene Schwebstoffkonzentration an den Pegeln Elsenz/Meckesheim, Schwarzbach/Eschelbronn und Elsenz/Hollmuth während des Ereignisses 06/87 (Quelle: LABOR FÜR GEOMORPHOLOGIE UND GEOÖKOLOGIE)

Abbildung 42 zeigt die Ganglinien der Schwebstoffkonzentrationen der Pegel Elsenz/Meckesheim, Schwarzbach/Eschelbronn und Elsenz/Hollmuth am 18.06.87 von 00:00 bis 12:00 Uhr (Lage der Pegel Abb. 27). Die Fließzeit zwischen den genannten Pegeln ist bei Hochwasserabfluß ca. 1,5 bis 2 Stunden (bei einer Abflußgeschwindigkeit von durchschnittlich 2 m/s). Die Abbildung verdeutlicht den unterschiedlichen Sedimenttransport in den Teilgebieten Schwarzbach und Obere Elsenz. Der Schwarzbach zeigt eine maximale Konzentration bis über 10.000 mg/l, die Elsenz in Meckesheim erreicht gerade 3.000 mg/l, d. h. auch auf den Sedimenttransport scheint die unterschiedliche Gebietsausstattung einen Einfluß zu haben.

7.2.2 Ereignisbilanzierung

Als Bilanz für den Austrag aus den Einzugsgebieten von Biddersbach und Elsenz werden für das dargestellte Ereignis folgende Werte ermittelt: der Gesamtaustrag am Pegel Biddersbach beträgt ca. 450 Tonnen, am Pegel Elsenz/Hollmuth 6400 Tonnen. Dies ergibt, bezogen auf die agrarische Nutzfläche (7,1 km^2 bzw. 370 km^2), im Biddersbachgebiet einen mittleren Abtrag von 63,4 t/km^2 und im Elsenzeinzugsgebiet von 17,3 t/km^2. Es ist aber in diesem Zusammenhang darauf hinzuweisen, daß es problematisch erscheint, Austragsraten mit Abtragsraten gleichzusetzen. Die Rolle der Gerinne als Sedimentlieferanten sowie interne Verlagerungen im System werden dabei zu wenig berücksichtigt (s. u.).

7.2.3 Uferkartierung Elsenz

Im November 1987 werden an der Elsenz im Gewann "Weinschland" zwischen Mauer und Bammental insgesamt 300 m Gerinne kartiert, um die Erosions- und Akkumulationsformen aufzunehmen (siehe Abb. 27). Die Kartierung zeigt, daß die Ufer in erster Linie durch Rutschungen zurückverlegt werden. 20 % des Uferbereiches ist von diesen Erosionsformen betroffen. Die abgerutschten Schollen haben eine Länge bis zu 10 m und eine Tiefe bis zu 1 m. Bei entsprechend großen Rutschungen kann es sogar zur Aufhöhung des gesamten Bachbettes und somit zur vorübergehenden Ausbildung einer Furt kommen. Durch diese Aufnahme werden die Geländebeobachtungen bestätigt, die uns bereits in der Vorbereitungsphase veranlaßt haben, dem Prozeß der Ufererosion erhöhte Aufmerksamkeit zu schenken. Da dies an der Elsenz die erste derartige Aufnahme ist, können diese ersten Ergebnisse keinem konkreten Ereignis zugeordnet werden.

7.2.4 Beziehung Abfluß/Suspensionskonzentration

Nicht alle Ereignisse können gleichermaßen detailliert beprobt werden, so daß sich die Notwendigkeit ergibt, die Sedimentkonzentrationen mit Hilfe eines anderen

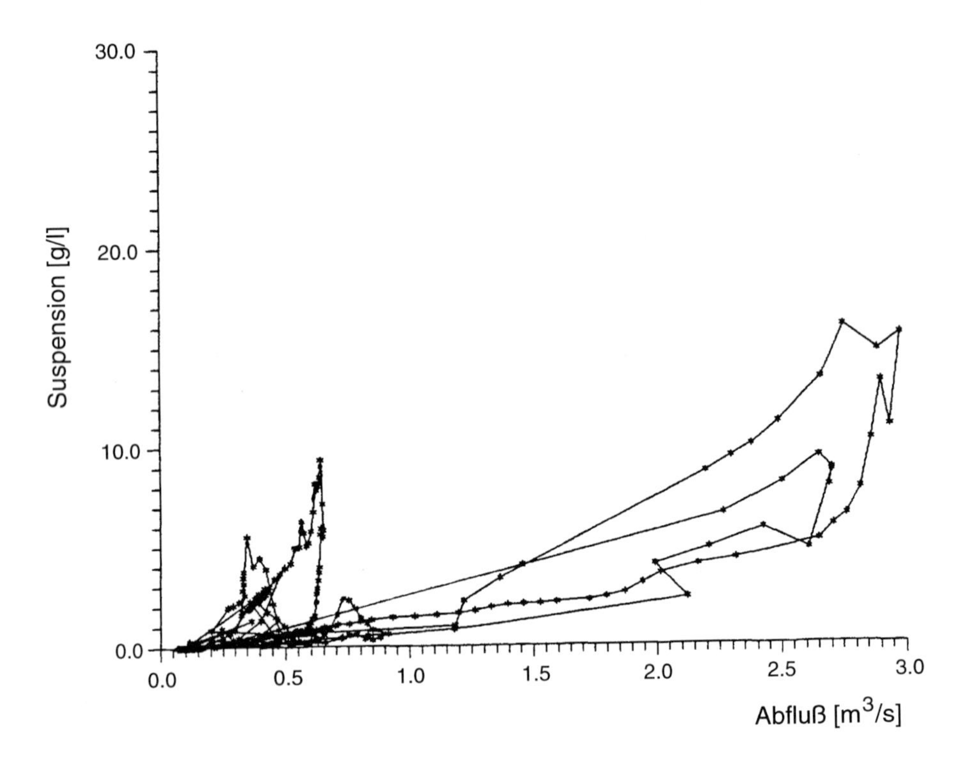

Abb. 43: Abfluß und Schwebstoffkonzentration der im hydrologischen Jahr 1987 am Biddersbach entnommenen Proben

Wertes bzw. einer Hilfsgröße zu ermitteln. Da der Abfluß bzw. Wasserstand kontinuierlich aufgezeichnet wird und die Konzentration der Schwebstoffe davon abhängt, ist zu prüfen, ob mit Hilfe einer definierten Beziehung zwischen Abfluß und Schwebstoffkonzentration der Schwebstoffgehalt berechnet werden kann (Abb. 43 und 44).

Abbildung 43 zeigt die Werte für Abfluß und Schwebstoffkonzentration am Pegel Biddersbach während des hydrologischen Jahrs 1987. Die zeitlich aufeinander folgenden Proben sind durch Linien verbunden. Es wird deutlich, wie unterschiedlich die Beziehung Abfluß/Schwebstoffkonzentration ist. Das hängt zum einen vom ansteigenden und abfallenden Ast der Hochwasserwellen ab (COLBY 1963, KNIGHTON 1984). Zum anderen haben einzelne Ereignisse innerhalb eines Jahres sehr verschiedene Beziehungen zwischen Abfluß und Schwebstoffkonzentration. Dieses Phänomen ist von WALLING & WEBB (in LEWIN 1981) beschrieben worden. Am Biddersbach treten z. B. im hydrologischen Jahr 1987 bei einem Ab-

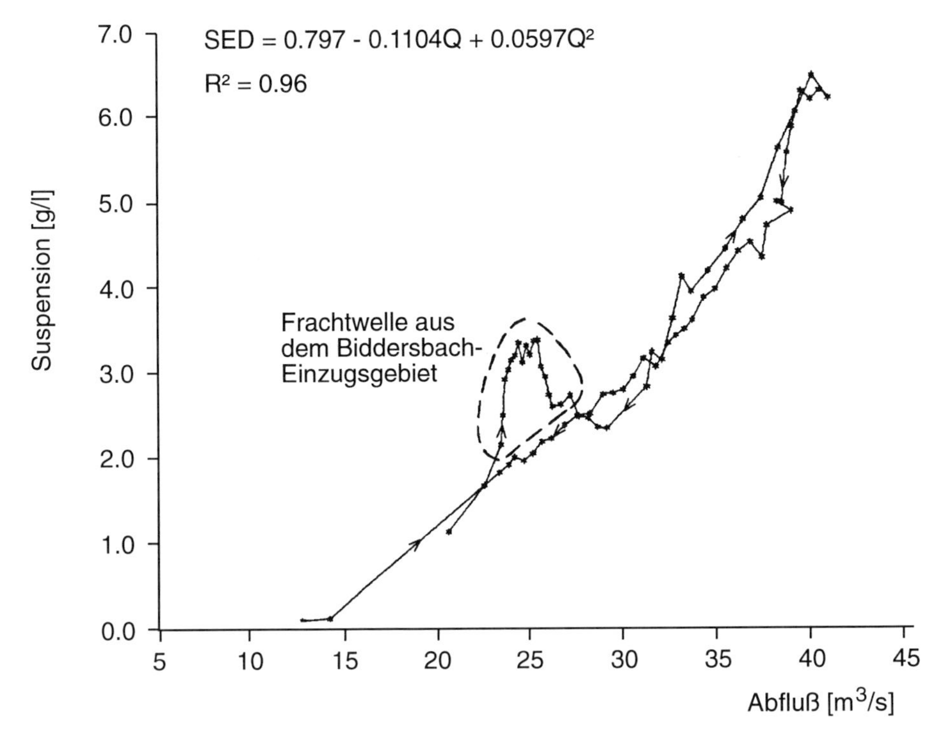

Abb. 44: Abfluß und Schwebstoffkonzentration am Pegel Elsenz/Hollmuth beim Ereignis 06/87. (Die gekennzeichnete "Frachtwelle aus dem Biddersbach" wurde in die Berechnung der Korrelation nicht einbezogen)

fluß von 0,6 m^3/s Schwebstoffkonzentrationen von 9.000 mg/l auf, während bei einem anderen Ereignis bei demselben Abfluß nur etwa 1.000 mg/l erreicht werden. Eine vergleichbare Konzentration wird im zweiten Fall erst bei einem Abfluß von ca. 2,3 m^3/s erreicht. Inwieweit auch das "Leeren" und "Füllen oder Laden" des Gerinnes dabei eine Rolle spielt, wird später zu diskutieren sein (Kap. 9).

Zur näheren Betrachtung eines Ereignisses sind in Abbildung 44 die Werte vom Pegel Elsenz/Hollmuth dargestellt. Die Pfeile deuten den aufsteigenden bzw. absteigenden Ast der Welle an. Wird der Frachtschub aus dem Biddersbach für die Berechnung der Korrelation eliminiert, kann die Beziehung durch die Gleichung in der Abbildung sehr gut beschrieben werden ($r^2 = 0,96$). Sie entspricht aber nicht dem grundsätzlichen Zusammenhang einer Potenzfunktion, wie ihn z. B. KNIGHTON (1984) darstellt bzw. für das Verhältnis zwischen Abfluß und Suspensionskonzentration fordert. Das ist ein Hinweis darauf, daß diese Funktion die Beziehung für ein einzelnes Ereignis beschreibt, den grundsätzlichen Zusammenhang über einen längeren Zeitraum aber nicht unbedingt wiedergibt. Das wird im folgenden näher zu untersuchen sein, wenn die drei hydrologischen Jahre 1988 bis 1990 behandelt werden.

7.3 Abflußgeschehen der hydrologischen Jahre 1988-1990

Das Abflußgeschehen im Einzugsgebiet der Elsenz (Pegel Elsenz/Hollmuth) während der drei hydrologischen Jahre 1988 bis 1990 ist in Abbildung 45 zusammengefaßt. Auf den Niedrig- und Mittelwasserabfluß und auf wasserhaushaltliche Aspekte an der Elsenz ist FLÜGEL (1988) bereits ausführlich eingegangen. Die folgenden Ausführungen werden sich auf die "transportrelevanten" Ereignisse, d. h. die Hochwasserabflüsse und Schwebstofftransporte konzentrieren.

In den Monaten November 1987 bis Februar 1988 kommt es zu einigen kleineren Ereignissen. Ihre Spitzenabflüsse liegen unterhalb 40 m^3/s und damit unterhalb des langjährigen MHQ (53,4 m^3/s). Im März 1988 steigt der Abfluß während eines 10jährlichen Hochwassers bis auf ca. 90 m^3/s. Im Zuge dieses Ereignisses kommt es zu ausgedehnten Überflutungen der Elsenztalaue (s. u.). Der Rest des hydrologischen Jahres ist durch ruhiges Abflußgeschehen gekennzeichnet. Es kommt zu keiner bedeutenden Abflußerhöhung.

Im hydrologischen Jahr 1989 gibt es Abflußerhöhungen im Dezember, Februar, April und Juli. Auch hier wird die Marke von 40 m^3/s nicht überschritten. Erst im Februar 1990 tritt die Elsenz wieder über ihre Ufer. Mitte des Monats steigt der Abfluß auf 75 m^3/s. Beim Hochwasser am 27. Februar bleibt er mit 52 m^3/s wieder unterhalb der Marke "ufervoll". Der Sommer 1990 zeichnet sich wieder durch ein schwaches Hochwassergeschehen aus.
Im folgenden werden den beiden Ereignissen mit Vorlandabfluß besondere Aufmerksamkeit geschenkt. Sie zeigen im Laufe der drei Meßjahre die stärkste Dynamik des Abflusses, der Erosion im Gerinne und der Akkumulation von Sedimenten auf der Elsenztalaue.

7.4 Hochwasser 03/88

7.4.1 Prozeßbeschreibung

Die ersten Untersuchungsergebnisse über das Märzhochwasser 1988 sind in BARSCH et al. (1989a, 1989b) dargestellt worden. Im folgenden ergeben sich dazu in einzelnen Punkten kleinere Abweichungen. Dies ist mit der intensiven Datenüberprüfung und den Plausibilitätskontrollen zu erklären, die im Zuge dieser Arbeit durchgeführt wurden.

Zur chronologischen Beschreibung des Hochwassers stehen die kontinuierlichen Registrierungen von Lufttemperatur und Niederschlag der Meßstation "Biddersbach 3" im N des Elsenzgebietes zur Verfügung (siehe Abb. 27). Die übrigen Niederschlagsschreiber zeigten während dieser Frostperiode unterschiedlich lange Ausfallzeiten.

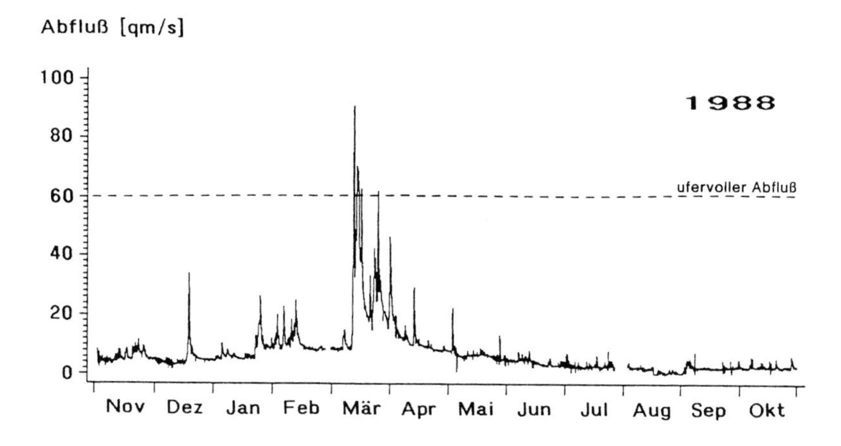

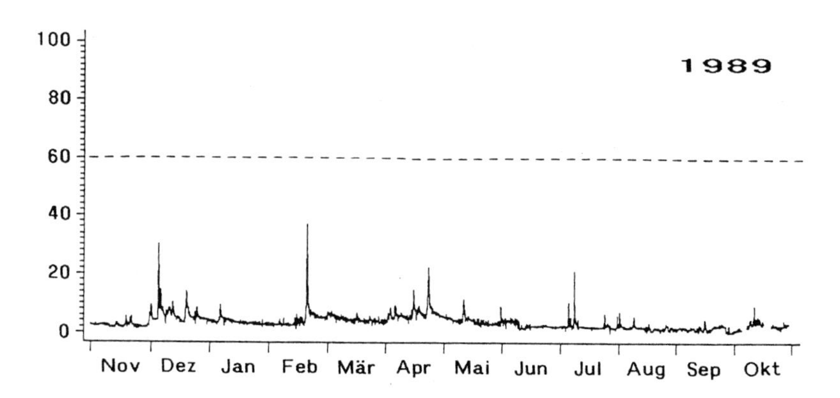

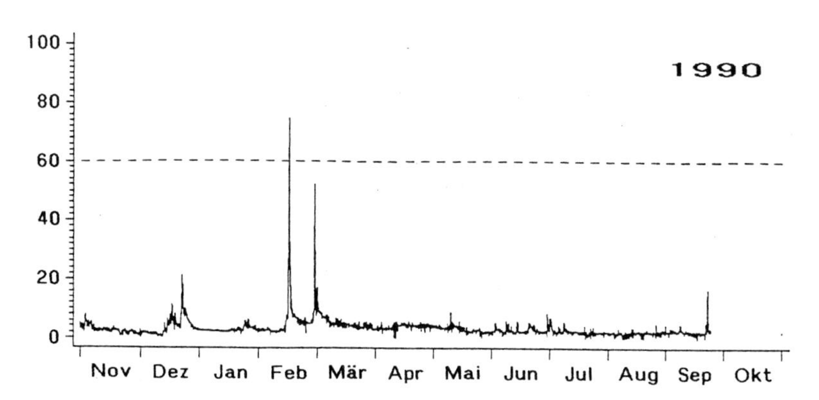

Abb. 45: Abflußganglinien vom Pegel Elsenz/Hollmuth während der hydrologischen Jahre 1988 bis 1990

Das Hochwasserereignis 03/88 wird durch Schneeschmelze hervorgerufen, die während eines Warmlufteinbruches durch zusätzlichen Regen beschleunigt und verstärkt wird. Während der ersten Märzhälfte schwankt die Lufttemperatur um den Gefrierpunkt. Daher läßt sich nicht eindeutig klären, wieviel des registrierten Niederschlages bis zum 11. März als Schnee oder als Regen fällt, bzw. wieviel des Schnees geschmolzen wird. Nach Geländebeobachtungen lag in den höchsten Gebieten im Norden des Elsenzgebietes am 10. März zwischen 20 und 30 cm Schnee .

Am Mittag des 11. März steigt aufgrund eines Warmlufteinbruches die Lufttemperatur in den positiven Bereich und erreicht maximal +3° C (Abb. 46). Am Abend desselben Tages setzt Regen ein, der kontinuierlich bis zum 12.03. um 18 Uhr 40,4 mm erbringt. Die Niederschlagsintensitäten nehmen stetig zu und erreichen am 12.03. um 12 Uhr mit 6,9 mm/h ihr Maximum. Nach einer mehrstündigen Pause, die erneut durch Minustemperaturen gekennzeichnet ist, fängt es am 13.03.88 um 10 Uhr wieder an zu regnen. Mit mittleren Intensitäten von 1 mm/h hält dieser Niederschlag bis zum 15.03. um 11 Uhr an. Insgesamt fallen 53,0 mm (Abb. 46). Die übrigen im Gebiet befindlichen Regenmesser zeigen für die gesamte erste Märzhälfte die folgenden Niederschlagssummen:

RS Waldstation	29.02.88 1010 - 13.03.88 1400	81,7 mm
RS Biddersbach 1	01.03.88 0935 - 13.03.88 0730	57,1 mm
RS Biddersbach 2	01.03.88 1050 - 13.03.88 0800	75,4 mm
RS Zuzenhausen	29.02.88 1153 - 14.03.88 1240	68,2 mm

Durch den Regen und die über den Gefrierpunkt steigenden Temperaturen wird zusätzlich der während der Frostperiode gefallene Schnee geschmolzen. Ein großer Teil des Niederschlags und des Schmelzwassers fließt auf dem überwiegend noch gefrorenen Untergrund oberflächlich ab. Dies führt am 12.03. zu einem Hochwasser an der Elsenz und ihrer Zuflüsse. Gegen 12 Uhr wird am Pegel Elsenz/Hollmuth mit ca. 60 m^3/s ufervoller Abfluß erreicht. Im Anschluß findet am gesamten Elsenzunterlauf Vorlandabfluß statt. Die Hochwasserspitze am Pegel Elsenz/Hollmuth liegt am 12.03. um 23 Uhr bei ca. 90 m^3/s. Nach Aussetzen des Niederschlags in der Nacht und am Vormittag des 13.03. geht der Abfluß zwar stark zurück, erreicht jedoch mit dem erneuten Einsetzen weiterer Niederschläge wieder Werte über 60 m^3/s (Abb. 45). Es findet erneut ein Überschwemmen der Vorländer im Bereich Reihen-Ittlingen und am Elsenzunterlauf statt.
Mit Ansteigen der Abflußganglinie am frühen Morgen des 12.03. steigt auch die Schwebstoffkonzentration steil an (Abb. 46) und erreicht am Pegel Hollmuth um 14.45 Uhr ihr Maximum mit über 7.000 mg/l. Dieses Konzentrationsmaximum wird etwa zwei Stunden nach dem Überschreiten des ufervollen Abflusses erreicht. Danach gehen die Konzentrationswerte stark zurück, obwohl der Abfluß weiterhin zunimmt. Dieses Verhalten ist schon am Biddersbach beobachtet worden (s. o.), wurde auch schon mehrfach in der Literatur beschrieben (WALLING 1978, WALLING & WEBB 1981). Sogar beim Erreichen des Spitzenabflusses von 90 m^3/s sinkt die Schwebstoff-Konzentration stetig auf Werte um 1.900 mg/l.

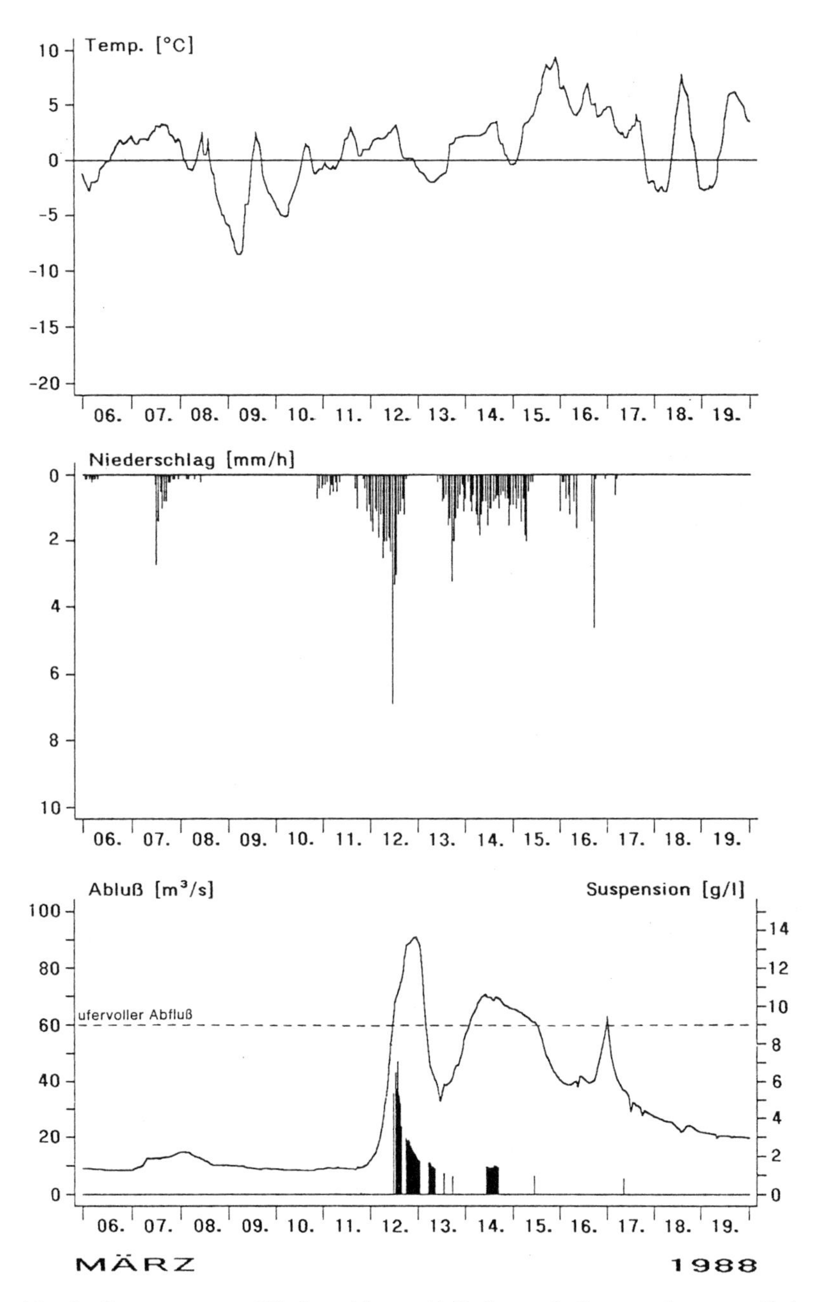

Abb. 46: Lufttemperatur, Niederschlag, Abfluß- und Suspensionsganglinie am Pegel Elsenz/Hollmuth während des Hochwassers im März 1988

Zu diesem Zeitpunkt durchläuft die Leitfähigkeitsganglinie ihr Minimum mit ca. 250 µS/cm. Die Schwebstofffracht (Abfluß*Konzentration) am Pegel Elsenz/ Hollmuth verläuft der Konzentrationsganglinie entsprechend und gipfelt am 12.03. um 14:45 Uhr beim Wert von ca. 500 kg/s. Auffallend ist, daß bei der erneuten Abflußzunahme am 13.03. die Schwebstoffkonzentration erheblich geringer ist, als bei der ersten Welle (WALLING & WEBB 1981). Dies weist wieder auf die Schwebstoffquelle "Gerinnebett" hin, die bei der zweiten Welle offensichtlich erschöpft war.

Offensichtlich tritt nach dem Konzentrationsmaximum eine Änderung im System ein. Zunächst erzeugt die Abflußzunahme eine deutliche Zunahme der Schwebstoffkonzentration. Während aber der Abfluß weiter zunimmt, erreicht die Suspension ihr Maximum und geht danach stark zurück, d. h. ab einem bestimmten Zeitpunkt scheint sich der Zusammenhang zwischen den beiden Parametern aufzulösen bzw. sogar umzukehren. Das wird zusätzlich dadurch bestätigt, daß beim darauffolgenden erneuten Abflußanstieg die Konzentration unter 2.000 mg/l bleibt.

Die für den Pegel Elsenz/Hollmuth beschriebenen Prozeßabläufe lassen sich mit Hilfe des Transportgeschehens an den Teilvorflutern erklären, die ebenfalls mit Pegel und Probennehmer ausgestattet sind. Die Konzentrations- und Abflußmaxima der Hauptzuflüsse der Elsenz sind in Tabelle 4 dargestellt. Von Norden nach Süden sind dies Biddersbach, Maienbach, Schwarzbach und die Obere Elsenz (Lokalitäten siehe Abb. 9 und 27). Der Berechnung der Fließdauer wird eine für den Hochwasserfall durchschnittliche Abflußgeschwindigkeit von ca. 2 m/s zugrunde gelegt, die an einigen Stellen durch Treibkörper- oder Vielpunktmessungen ermittelt wurde. Dieser Durchschnittswert kann lokal stark variieren, erreicht am Pegel Schwarzbach/Eschelbronn im Hochwasserfall 4 m/s.

Tab. 5: Konzentrations- und Abflußmaxima der Elsenz und ihrer Hauptzuflüsse während des Hochwassers am 12.3.88 (vgl. auch BARSCH et al. 1989b)

Bach/ Fluß	Fließzeit bis Pegel Elsenz/ Hollmuth	Konzentrations-maximum			Abflußmaximum		
	[Stunden]	Zeit	Q [m³/s]	CS [mg/l]	Zeit	Q [m³/s]	CS [mg/l]
Elsenz am Pegel Hollmuth	0,00	14:45	71,5	7030	23:30	90,9	2060
Biddersbach am Pegel Wiesenb.	0,25	12:15	3,5	9840	14:00	5,9	9060
Maienbach am Pegel Meckesh.	1,50	14:15	8,0	6720	16:10	9,0	4190
Obere Elsenz am Pegel Meckesheim	1,75	16:00	24,3 *	3790	20:00	28,6 *	3600
Schwarzbach am Pegel Eschelbronn	2,00	14:25	61,0 *	4890	19:00	71,7 *	2700

Q = Abfluß, CS = Schwebstoffkonzentration, * = Abflußwerte der Landesanstalt für Umweltschutz Baden-Württemberg

Auch die Zuflüsse der Elsenz erreichen die maximale Schwebstoff-Konzentration zeitlich vor dem Abflußmaximum. Am Pegel Elsenz/Hollmuth ist die zeitliche Differenz zwischen dem Eintreffen des Konzentrationsmaximums und dem Abflußmaximum mit fast neun Stunden am größten.

Den höchsten Konzentrationswert erreicht der Biddersbach um 12:15 Uhr mit 9.840 mg/l. Der entsprechende Abfluß liegt bei 3,50 m^3/s. Im Gegensatz zu Elsenz/Hollmuth bleiben die Konzentrationswerte hier relativ hoch. Beim Abfußmaximum um 14:00 Uhr (5,95 m^3/s) liegen sie noch bei 9.060 mg/l und unterschreiten erst gegen 16:30 Uhr die 4.000 mg/l-Marke. Aufgrund der Zeitdifferenz können aber weder Suspensions- noch Abflußmaximum des Biddersbaches einen Einfluß auf das Maximum am Pegel Elsenz/Hollmuth haben (Fließdauer ca. 15 Minuten). Außerdem liegen die Abflußwerte um den Faktor 17 bzw. Faktor 12 unter denen der Elsenz, d. h. die Schwebstoffkonzentration des Biddersbaches erfährt bei Einmündung eine starke Verdünnung. Sie trägt nur wenig zum Anstieg der Schwebstoffganglinie am Pegel Elsenz/Hollmuth bei.

Maienbach und Schwarzbach erreichen ihr Supensionsmaximum erst kurz vor dem der Elsenz am Hollmuth. Die Fießdauer ist aber zu lang, als daß sie einen Einfluß auf deren Schwebstoffmaximum haben könnten. Außerdem liegen die Spitzenwerte generell zu niedrig. Die Obere Elsenz kommt als Lieferant ebenfalls nicht in Frage, da ihr Suspensionsmaximum zeitlich nach dem der Elsenz am Hollmuth liegt. Die Abflußmaxima an Maienbach, Schwarzbach und Oberer Elsenz treten zwischen 16:10 und 20:00 Uhr auf. Auch sie können folglich auf das Suspensionsmaximum am Pegel Elsenz/Hollmuth keinen Einfluß ausüben. Da keine anderen Zuflüsse (z. B. durch Oberflächenabfluß) während des Hochwassers beobachtet werden konnten, müssen die Sedimente, die das Schwebstoffmaximum am Pegel Hollmuth verursachen, aus dem Gerinnebett der Elsenz selbst stammen.

Aus den dargestellten Werten wird klar, daß als Liefergebiet für die Sedimente des ansteigenden Astes bis zum Suspensionsmaximum nur das kurze Gerinnebett des Schwarzbaches zwischen Pegel bzw. Probennahmestelle und der Einmündung in die Elsenz und die Laufstrecke der Elsenz unterhalb des Pegels Meckesheim in Frage kommt (siehe auch Kap. 9). Die Frage, die sich hier stellt, ist: Wo stammt das Material her? Von der Sohle oder den Ufern? Findet Tiefenerosion oder Seitenerosion statt?

7.4.2 Gerinnebettgestaltung

Um die Herkunft der Sedimente aus dem Gerinnebett zu ermitteln und damit deren Anteil am Gesamtaustrag zu quantifizieren, wurden nach dem Hochwasser am Biddersbach, Insenbach und an der Elsenz Uferkartierungen durchgeführt. Da an der

Elsenz der Bereich unterhalb der Wasserlinie aufgrund der Trübe nicht einsehbar ist, werden hier zusätzlich Sohlenlängsprofile mittels Echographen aufgenommen.

Das Ergebnis der Kartierung am Insenbach zeigt Abbildung 47. Vom Pegel am Insenbach (500 m vor der Mündung) werden 3.200 m Ufer beidseitig aufgenommen und gemäß des in Kap. 4.3.1 genannten Verfahrens die Volumina der Erosionsformen bestimmt (vgl. auch BARSCH et al. 1989a; BIPPUS 1991). Sohlenerosion wird am Insenbach nicht beobachtet, statt dessen sogar eine Blombierung der Sohle durch Karbonatausfällung. Die Formen und die stellenweise noch vorhandenen Akkumulationskörper zeigen, daß es sich fast ausschließlich um Rutschungen handelt, deren Volumina zur Mündung tendenziell zunehmen. Das berechnete Gesamtvolumen beträgt ca. 139 m^3 oder 222 t (Dichte 1,6 t/m^3).

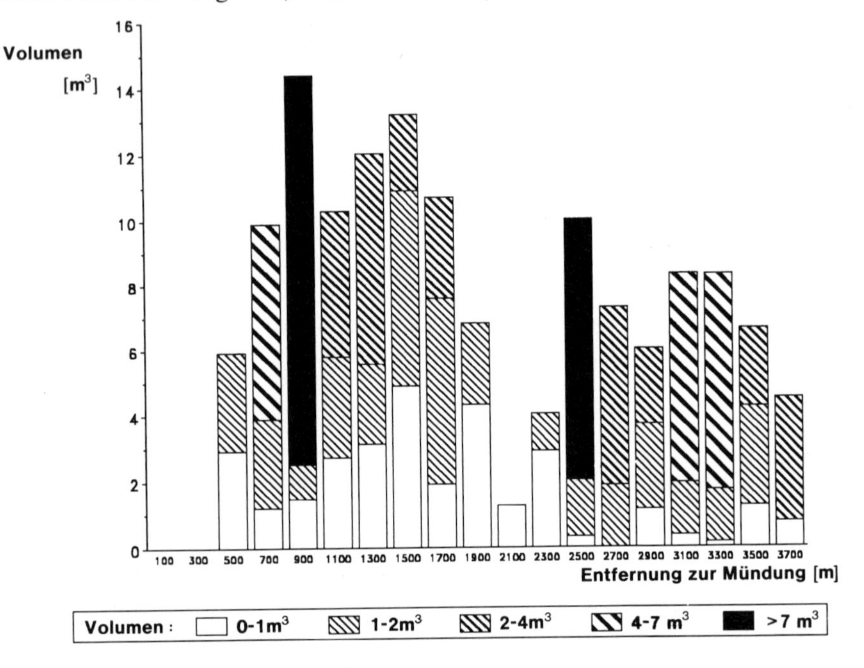

Abb. 47: Volumina der Rutschungen entlang des Insenbaches, aufgenommen nach dem Hochwasser 03/88 (Quelle: BARSCH et al. 1989b)

7.4.3 Sohlenlängsprofil der Elsenz

Eine direkte Übertragung dieses Ergebnisses vom Insenbach auf die Elsenz ist problematisch, da die Elsenzsohle nicht direkt beobachtet werden kann, wie das beim Insenbach der Fall ist. Aus diesem Grund nahmen wir mit Hilfe eines Echographen das Sohlenlängsprofil der Elsenz zwischen Mauer und Bammental vor und nach dem Märzhochwasser 1988 auf (siehe BARSCH et al. 1989b, KADEREIT 1990). Aus diesem Flußabschnitt dürfte ein Großteil der Sedimente stammen, die für den starken Anstieg der Schwebstoffkonzentration am Pegel Elsenz/Hollmuth zu Beginn des Ereignisses verantwortlich sind.

Das Profil vom Februar 1988 wurde mit Hilfe einer Meßlatte vom Boot aus vermessen, im Oktober 1988 wurde der Sohlenverlauf mittels Echograph aufgenommen. KADEREIT (1990: 121) stellt für den Bereich "Rohrwiesen" fest, daß über eine Meßstrecke von 1.800 m die beiden Profilversionen "der Form nach als nahezu identisch betrachtet werden können". Die Profilaufnahme nach dem Hochwasser zeigt also keine wesentlichen Veränderungen. Das kann folgende Ursachen haben (vgl. auch BARSCH et al. 1989b):

1. Es finden keine Veränderungen im Sohlentiefsten statt oder sie liegen im Bereich der Meßgenauigkeit der echographischen Aufnahme (±2,5 cm).
2. Während des Hochwassers findet Erosion und anschließend Wiederaufsedimentieren ("scour and fill") mit lokaler Stabilität der Furten und Kolke statt.
3. Das während Niedrig- und Mittelwasserabfluß abgesetzte Material wird wegen seines hohen Wassergehaltes ("liquid mud") vom Echographen nicht erfaßt.

Zum letztgenannten Punkt ist folgendes zu erläutern: Das Gerinne der Elsenz wird durch zahlreiche Mühlen und Wehre in einzelne Gewässerabschnitte unterteilt (Kap. 3.10). Diese lokalen Erosionsbasen stauen das Oberwasser, so daß sich während Niedrig- und Mittelwasserabfluß das suspendierte Material bei Abflußgeschwindigkeiten von stellenweise unter 0,2 m/s absetzen kann. Dies wird besonders in Kolken der Fall sein. Aufgrund der geringen Dichte ist dieser wasserreiche Schlamm aber mit Hilfe des Echographen nicht zu erfassen. Demzufolge ist es momentan nicht möglich, die Existenz dieser Sedimentquelle zu bestätigen oder gar zu quantifizieren.

Einen großen Anteil am Sedimentaustrag hat nach unseren Kartierungen die Erosion des Ufers und des "Uferfußes". Dieses Prozeßgeschehen ist anhand eines Modells im folgenden Kapitel erläutert. Auf die Bedeutung der Ufererosion im längerfristigen Rahmen wird in Kap. 9 eingegangen.

7.4.4 Modell zur Ufer- und Seitenerosion

Die Grundlagen des Modells sind einerseits die am Ufer und an der Sohle der Vorfluter beobachteten Prozesse, die während und beim Abklingen des Ereignisses stattfinden. Die zweite Grundlage ist in der Tatsache zu sehen, daß zwischen Schwebstoffkonzentrations- und Abflußmaximum eine beträchtliche Hysterese auftritt, die mit den Zuflüssen nicht erklärt werden kann. Die daraus entwickelten Stadien der Ufererosion ohne (Bild I-III) und mit Baumbestand (Bild IV-VI) sind in Abb. 48 dargestellt (vgl. auch BARSCH et al. 1989b).

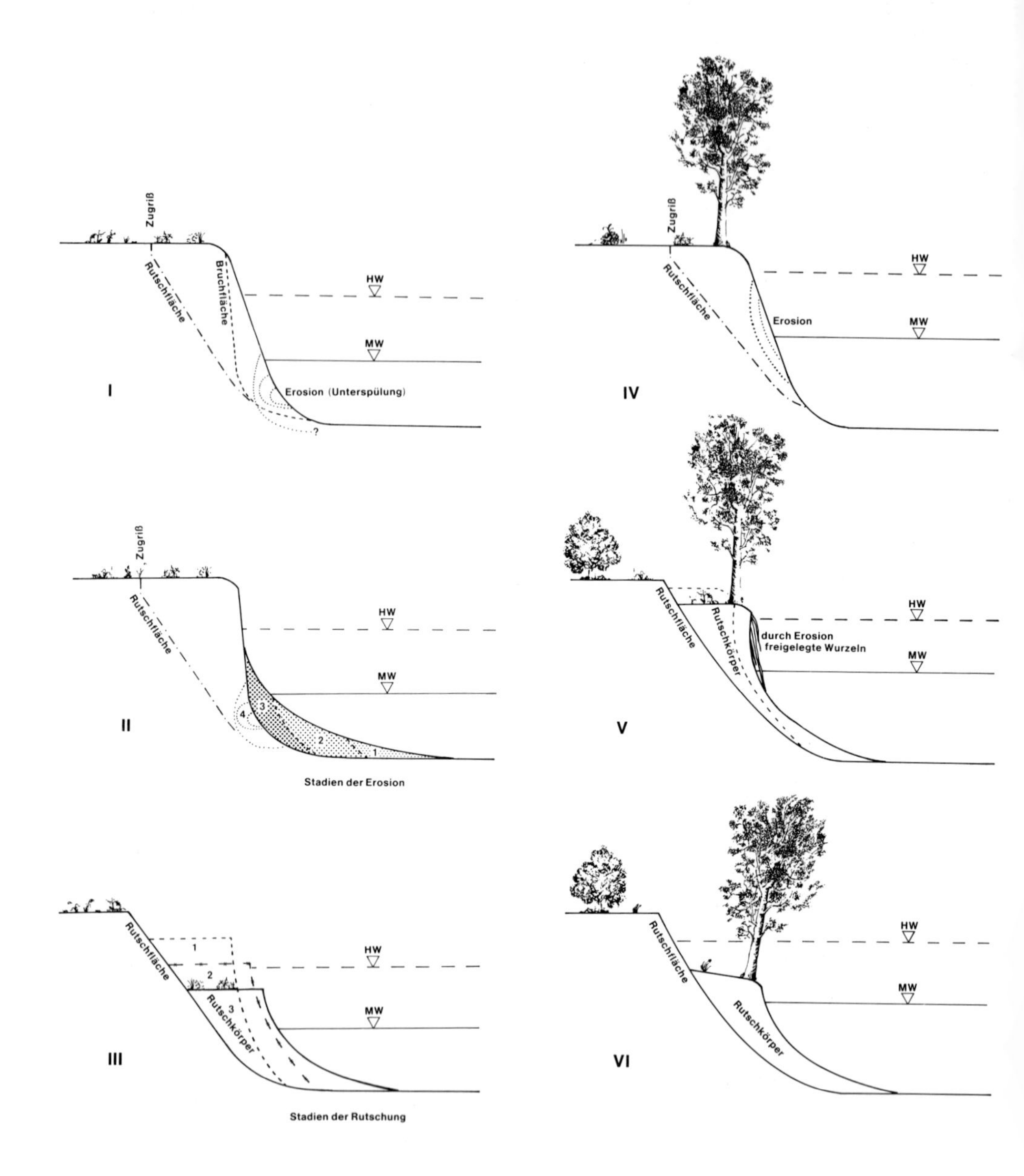

Abb. 48: Modell zur gegenwärtigen Uferentwicklung im Elsenzgebiet ohne (Bild I-III) und mit Baumbestand (Bild IV-VI) (vgl. auch BARSCH et al. 1989b)

Bild I zeigt die Situation vor und beim Anstieg einer Hochwasserwelle. Durch die zunehmende Abflußgeschwindigkeit wird zunächst das während Niedrig- und Mittelwasserabfluß abgesetzte Material remobilisiert. Daraufhin werden Ufer und Uferfußbereiche erodiert. Durch die Uferunterspülung wird die Böschung versteilt und instabil. Dies hat zwei mögliche Prozesse zur Folge: entweder brechen entlang von Rutschflächen relativ dünne Partien nach (vgl. Bild II) oder eine Rotationsrutschung wird ausgelöst (vgl. Bild III). Entlang der Elsenz wurden nach dem Hochwasser 03/88 Zugrisse noch in 6 m Entfernung vom Ufer beobachtet.

Bild II verdeutlicht mit den Stadien 1-4 die anschließende Entwicklung: Bildung eines zunächst stabilen Uferfußes durch den Rutschkörper, dessen Aufarbeitung und die erneute Uferunterspülung. Die Aufarbeitung kann noch während desselben oder im Laufe mehrerer folgender Hochwasser geschehen. Im Anschluß kommt es erneut zur Unterspülung des bereits versteilten Ufers.

In Bild III wird die gesamte Uferböschung durch Unterschneidung so instabil, daß ein mehrere Meter mächtiger Rotationskörper in Bewegung gerät. Der Rutschungsprozeß läuft i. d. R. in mehreren Phasen ab, wobei die Geschwindigkeit eine Funktion der Aufarbeitung des nachgerutschten Materials durch den Vorfluter darzustellen scheint. Die Scherflächen der Rotationsrutschungen setzen teilweise mehrere Meter außerhalb des Hochufers an und reichen möglicherweise bis unter die Sohle (Grundbrüche).

Bild IV. Falls die Böschung bzw. das Ufer durch einen Baum befestigt ist, wird bei Abflußanstieg lediglich ein wenig Material aus dem Wurzelraum ausgespült. Dieser Effekt ist häufig beim palisadenartigen Wurzelwerk der Erlen zu erkennen. Es kommt hier nicht zum Absitzen dünner Partien, da das Ufer nicht im gleichen Maß versteilt wird. Die Bäume im Bereich der Wasserlinie schützen also zunächst das Ufer.

Bild V. Erst wenn die Uferunterschneidung zu stark bzw. der Auflastdruck des Baumes zu hoch wird, geht eine Rutschung ab, deren Rutschfläche bzw. Zugrisse außerhalb des Hauptwurzelraumes ansetzen. Besonders in dieser Situation machen sich die oftmals überalterten und flachwurzelnden Bäume (z. B. Pappeln) bzw. auch das Fehlen eines gestaffelten Baumbewuchses über Hochufer und Uferrandstreifen bemerkbar.

Bild VI dokumentiert die Aufarbeitung des nachgerutschten Materials. Die hier dargestellte Situation wird schon von weitem durch schief stehende Bäume erkennbar. Nach den größeren Hochwasserereignissen der vergangenen Jahre mußten immer wieder die zahlreichen, durch diesen Prozeß abgesackten Bäume aus den Gerinnen entfernt werden. Dies deutet daraufhin, daß aktuell bei Hochwasserabfluß zumindest in einigen Bereichen die Tendenz zur Verbreiterung des Gerinnebettes besteht, was Gegenstand weiterer Ausführungen sein wird (siehe Kap. 10).

7.4.5 Auenüberflutung und -sedimentation

Während des Ereignisses 03/88 wird der ufervolle Abfluß mehrfach überschritten. In Abbildung 46 ist zusätzlich zur Abflußganglinie jene Marke eingetragen, bei der der ufervolle Abfluß (Q_b) am Pegel Elsenz/Hollmuth mit ca. 55 m³/s erreicht wird. Von hier flußaufwärts bis Meckesheim, d. h. bis zum Zusammenfluß von Oberer Elsenz, Schwarzbach und Maienbach reicht die Gerinnekapazität nicht aus, derart große Wassermassen abzuführen. Unmittelbar nach, d. h. nördlich der Bebauung von Meckesheim fließt die Elsenz auf ihre Vorländer.

Die Überflutungen setzen an bestimmten Austrittstellen, den Uferwalldurchbrüchen an ("crevasse splay"). Von dort aus konzentriert sich der Vorlandabfluß zunächst auf die Flutrinnen und -mulden, geomorphologische Tiefenbereiche auf der Auenoberfläche. Von diesen Senken (auch Schluten genannt) geht die Überflutung der Vorländer aus, d. h. die Uferwälle bleiben trocken bzw. werden vielerorts "von hinten" überflutet. Auf der Talweitung zwischen Mauer und Bammental ("Rohrwiesen") ist dieses Phänomen besonders gut zu beobachten. Sie stellt darüber hinaus eine bedeutende Retentionsfläche dar (bis 750 m breites linkes Vorland), da sie über eine flach einfallende Randsenke verfügt, die mehr als 2 m tiefer liegt als das Hochufer bzw. der Uferwall der Elsenz.
Im Anschluß an das Hochwasser im März 1988 wurde das gesamte Überflutungsareal unterhalb von Meckesheim bis zum Pegel Elsenz/Hollmuth kartiert. Die Kartierungsmethode wird in Kap. 4.3.1 beschrieben. Die gesamte kartierte Strecke ist ca. 7 km lang. Abbildung 49 zeigt einen kleinen Ausschnitt aus dem nördlichen Kartiergebiet.

Die Kartierung der Auensedimentation zeigt folgende Ergebnisse: Von Meckesheim bis Mauer dominieren Sedimentmächtigkeiten von 1-3 cm. Größere Akkumulationen (bis über 10 cm) begleiten das Gerinne der Elsenz. Entweder sind es Akkumulationen innerhalb des Gerinnes (z. B. auf inaktiven Rutschkörpern) oder im Hochuferbereich (Uferwall). An zwei der schon beschriebenen Lücken im Uferwall tritt die Elsenz aus dem Gerinne und sedimentiert im Bereich der daran anschließenden Flutrinne ebenfalls über 10 cm. Die Aue ist in diesem Bereich zwischen 150 und 250 m breit.

In Mauer quert die L 547 die Elsenzaue auf einem einige Dezimeter hohen überströmbaren Damm, der während des Vorlandabflusses stauend wirkt. Aus diesem Grund sind die Akkumulationsraten unterhalb des Dammes mit Werten deutlich unter 1 cm wesentlich geringer. Von Mauer bis Bammental treten Mächtigkeiten flächenhaft unter 1 cm auf. In diesem Auenbereich, der bis zu 750 m breit ist, finden sich keine Austrittsstellen. Dadurch, daß die Tiefenlinie der Auenoberfläche hier im westlichen Hangfußbereich verläuft, ragt der Uferwall aus den Fluten heraus (s. o.). Vor Bammental wird der Vorlandabfluß über den "Lachengraben" ins Gerinne zurückgeführt.

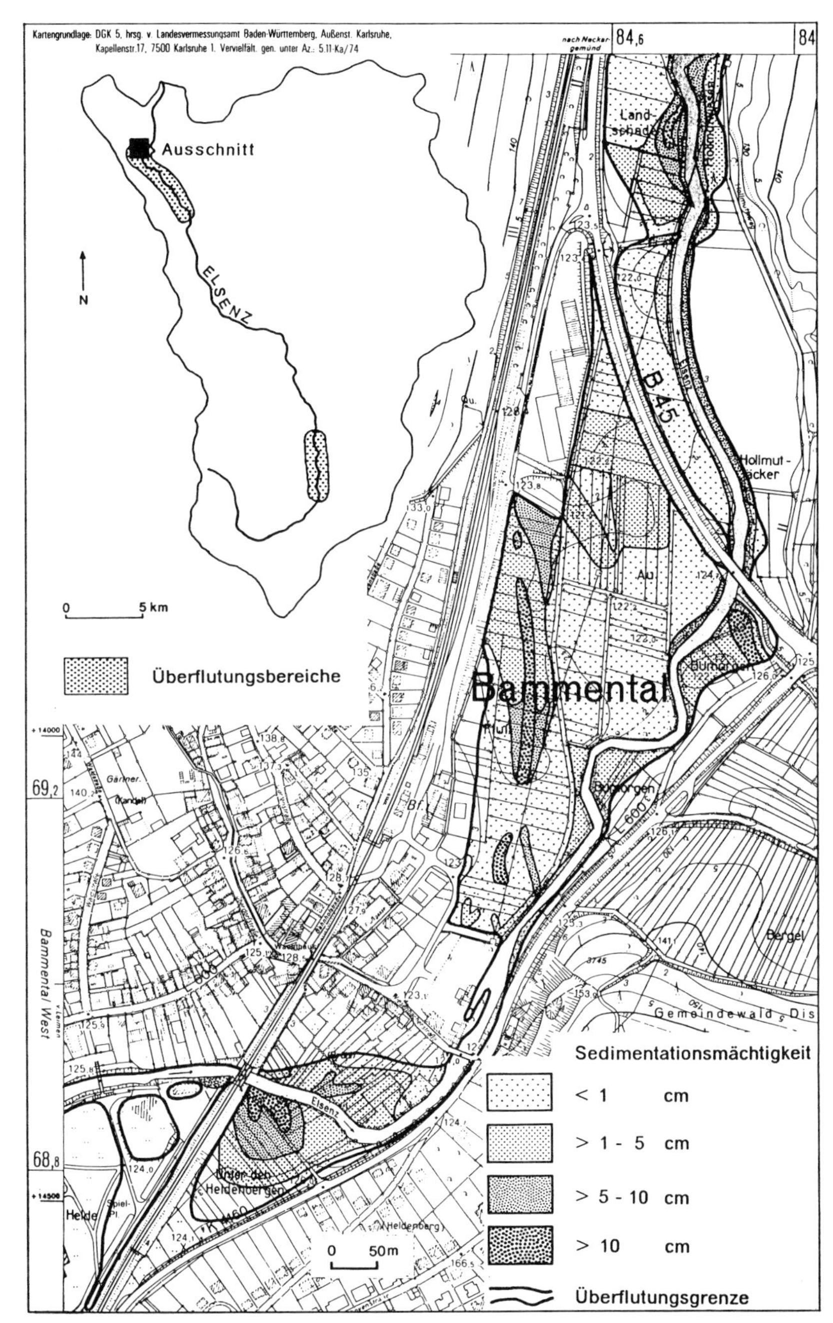

Abb. 49: Ausschnitt aus der Kartierung der Überflutungsbereiche auf der Elsenztalaue nach dem Hochwasser 03/88 mit den gemessenen Sedimentmächtigkeiten (vgl. auch BARSCH et al. 1989b)

Foto 6: Sedimentakkumulationen nach dem Hochwasser 03/88 auf Bammentaler Gemarkung SE' der Bahnüberquerung (Abb. 49, unteres Bildviertel)

Innerhalb und unterhalb von Bammental kann nicht mehr von einer dominierenden Mächtigkeitsklasse ausgegangen werden. Hier wird auf einer Breite von 120 bis 250 m unter 1 cm bis über 10 cm akkumuliert, wobei anhand der Sedimentfahnen deutliche Austrittsstellen rekonstruiert werden können. Südöstlich der Bahnüberquerung in Bammental hat sich eine mächtige Sedimentfahne gebildet (Foto 5 und Abb. 49. Hier kamen lokal bis über 20 cm Material zur Ablagerung.

7.4.6 Modell zur inneren Differenzierung der Auensedimente

Die Kartierung zeigt, daß die Akkumulation auf der Aue nach bestimmten Gesetzmäßigkeiten abläuft, die zur Entwicklung eines Modells zur inneren Differenzierung der Auensedimente führt.

Die Sedimentmächtigkeiten unterhalb von Meckesheim und Bammental unterscheiden sich deutlich von denen unterhalb von Mauer. Im Vergleich zum letztgenannten, sind die beiden ersten Bereiche vergleichweise schmal. In der "Engtalstrecke" bei Bammental betragen die Sedimentmächtigkeiten < 1 cm bis 20 cm. Auf der breiten Talaue bei Mauer sind die Sedimente dagegen flächenhaft weniger als 1 cm mächtig. Größere Mächtigkeiten kommen dort nicht vor. Zusätzlich zeigen sich auch Unterschiede in der Art der Sedimentkörper, so daß daraus folgende Modellvorstellung formuliert wird, die - um das vorwegzunehmen - durch das Hochwasser 02/90 bestätigt wurde (vgl. auch BARSCH et al. 1989):

1. In eingeschnürten Auenbereichen, den "Engtalstrecken", die nicht breiter sind als die 1,5 -fache Breite des Mäandergürtels, kommt es einerseits zur flächenhaften und andererseits zur linienhaften Auensedimentation. Dabei können linienhafte Ablagerungsformen auf der gesamten Auenbreite entstehen. In Anlehnung an WOLMAN & LEOPOLD (1957) wird hier von einem "linienhaften Talbodenaufbau" gesprochen. In Sedimentkernen aus diesen Bereichen sind mächtige, deutliche Schichten wiederzufinden, die meist ein einzelnes Ereignis widerspiegeln.

2. In Talweitungen dagegen kommt es zu einer flächenhaften und nahezu gleichmächtigen Sedimentation mit deutlicher Uferwall-Bildung ("levee") entlang des Gerinnebettes. Hier ist die Auenbreite ein Vielfaches der Mäandergürtelbreite (im Gewann "Rohrwiesen" Faktor 4). Bohrkerne aus diesen Auenbereichen weisen i. d. R. keine Schichtung auf, weil Bioturbation die dünne Schichtung leicht zerstören kann. Was den detaillierten Aufbau bzw. die Stratigraphie der Auensedimente anbelangt, wird auf SCHUKRAFT (1995) verwiesen.

Nach dem in Kap. 4.3.1 genannten Verfahren wird das Gesamtvolumen der Sedimentablagerungen des Hochwassers 03/88 berechnet. Abbildung 50 zeigt den relativen Anteil der Mächtigkeitsklassen an der gesamten Sedimentationsfläche (A) bzw. die Anteile der Mächtigkeitsklassen an der Gesamtmenge des abgelagerten Materials (B). Dabei fällt auf, daß die Flächenanteile zu den größeren Mächtigkeitsklassen exponentiell abnehmen, d. h. die hohen Ablagerungen sind räumlich sehr konzentriert. Im Vergleich dazu sind die Anteile der Klassen an der Gesamtmenge des abgelagerten Materials ähnlich. Sie unterscheiden sich maximal um den Faktor 2.

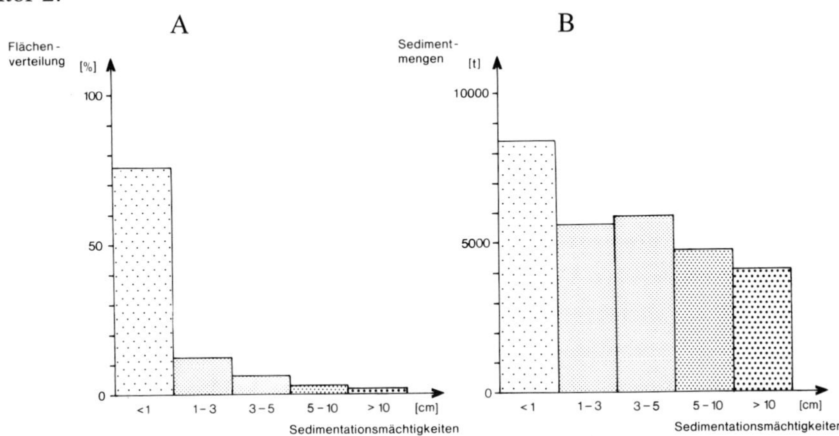

Abb. 50: Relativer Anteil der Mächtigkeitsklassen an der gesamten Sedimentationsfläche (**A**); Anteil der Klassen an der Gesamtmenge des Materials (**B**) (vgl. auch BARSCH et al. 1989b)

Auf der Elsenzaue unterhalb Meckesheim wurden bei dem Hochwasser 03/88 demnach insgesamt ca. 28.000 t Material abgelagert. Im Bereich des Überflutungsgebietes an der Oberen Elsenz wurden die Akkumulationen anhand von Geländebeobachtungen und Überflutungsgrenzen auf etwa 8.000 t geschätzt. Hier fand keine detaillierte Kartierung statt. Die Gesamtmenge der auf der überfluteten Elsenzaue abgelagerten Sedimente wird insgesamt mit ca. 36.000 t veranschlagt.

7.4.7 Bilanzierung der Schwebstofftransporte

Gegenüber den ersten Auswertungen des Ereignisses 03/88 bei BARSCH et al. (1989a, 1989b), werden hier in die Berechnung der Frachten drei weitere Tage mit einbezogen (17.-20.03.). Sie sind als abfallender Ast des Hochwassers gerade am Pegel Elsenz/Hollmuth in der Bilanzierung zu berücksichtigen, da die Abflußwerte immer noch deutlich über dem Mittelwasserniveau liegen. Die Schwebstofffrachten wurden mit Hilfe eines Programms berechnet, das mir Herr BAADE (1994) freundlicherweise zur Verfügung stellte. Die Bilanzierung enthält sowohl die Austräge an den Pegelstationen als auch die Akkumulationen auf der Talaue (Abb. 51).

In diesem Zusammenhang wird auf den Insenbach verwiesen, da sich dort - wie bereits erwähnt - der Vorteil bietet, daß Ufer und Sohle (im Gegensatz zur Elsenz) gut einzusehen sind. Die Kartierung der Erosionsformen (Rutschungen) entlang des Insenbaches nach dem Hochwasser 03/88 ergab 222 t (s. o.). Während des Ereignisses werden aus dem Insenbachtal ca. 540 t ausgetragen. Der Anteil des Ufermaterials am Gesamtaustrag beträgt demnach ca. 40 %.

Die in Abbildung 51 dargestellten Schwebstofffrachten geben einen Hinweis, daß offensichtlich auch an der Elsenz ober- und unterhalb der Insenbachmündung Bettmaterial aufgenommen wird. So besteht zwischen der Summe aus "Elsenz-Oberlauf" und Insenbach (4.000 t + 540 t = etwa 4.500 t) und der nächsten Probennahmestelle in Sinsheim (5.600 t) eine Differenz von 1.200 t. Die dazwischenliegende Einzugsgebietsfläche ist nicht in der Lage diesen Differenzbetrag einzubringen.

Aus den angegebenen Schwebstoff- bzw. Akkumulationsmengen läßt sich folgendes schließen: Biddersbach, Maienbach, Schwarzbach und Obere Elsenz tragen zusammen ca. 41.000 Tonnen Material in das System "Elsenz-Unterlauf" ein (Input). Ein Teil davon wird auf der Aue unterhalb von Meckesheim akkumuliert, ein anderer Teil verläßt das Elsenzgebiet endgültig (Output). Addiert man die beiden letztgenannten Werte (28.000 + 42.000 = 70.000 t), so ergibt sich zwischen Input (41.000 t) und Output (70.000 t) eine Differenz von 29.000 t. Da während des Hochwassers außer den genannten Zuflüssen keine weiteren relevanten Einträge beobachtet wurden, muß davon ausgegangen werden, daß das betreffende Material aus dem Gerinnebett selbst stammt. Das bedeutet, daß 29.000 t Material im Gerinne

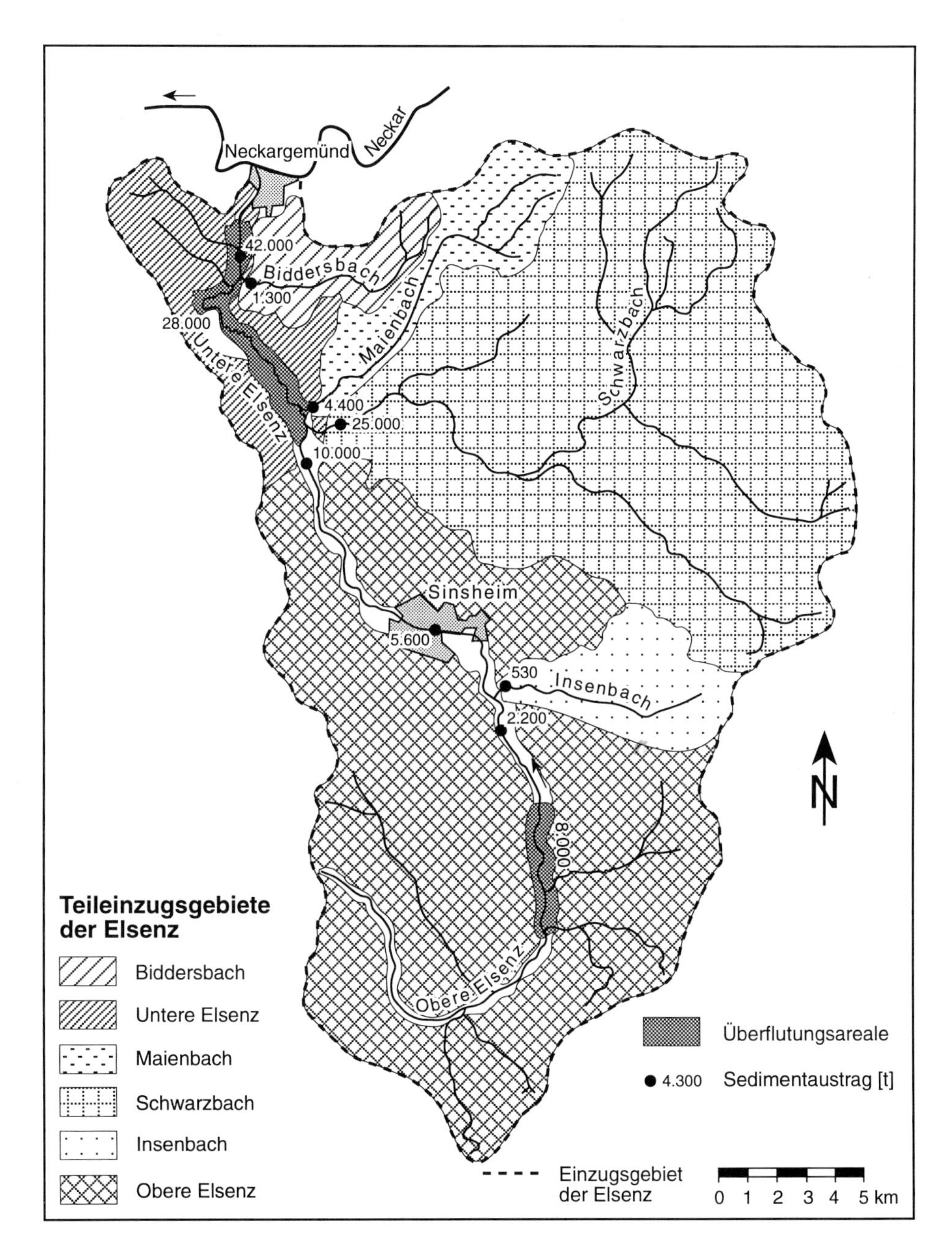

Abb. 51: Schwebstofffrachten und Auenakkumulationen im Elsenzgebiet während des Hochwassers im März 1988 (03/88)

des Elsenzunterlaufes erodiert wurden; das entspricht etwa 40 % dessen, was aus dem Gesamtgebiet austragen wurde (!). Unter der sehr vereinfachenden Annahme gleicher Erosionsbeträge, entspräche das einem durchschnittlichen Abtrag pro Meter Fließstrecke von 2,43 t. Dieser Wert scheint sehr hoch. Aufgrund der Uferkartierungen der Erosionsformen kann aber die Größenordnung als realistisch angesehen werden.

Das Phänomen "Sediment aus dem Gerinnebett" ist auch an anderen Flüssen beobachtet worden. GRIMSHAW & LEWIN (1980) haben am Istwyth in Zentral-Wales Untersuchungen mit Farbtracer-Methoden durchgeführt. Sie können nachweisen, daß in dem 170 km^2 großen Gebiet über die Hälfte der Suspensionsfracht aus dem Gerinne selbst stammt. Nach GRIFFITHS (1979) wird sogar mindestens 65 % des Materials, das vom unteren Waimakariri-Fluß in Neuseeland transportiert wird, lokal im Gerinnebett (Gerinnesohle und -ufer) mobilisiert.

7.4.8 Beziehung Abfluß/Suspensionskonzentration

Für das Hochwasser 06/87 am Pegel Elsenz/Hollmuth ist der Zusammenhang zwischen Abfluß und Suspensionskonzentration relativ gut (Abb. 44). Bei dem Ereignis 03/88 ist das nicht der Fall. Die Beziehung für dieses Ereignis wird durch eine Potenzfunktion beschrieben, die nur ein r^2 von 0,51 hat. Splittet man das Ereignis auf in die Abschnitte Ereignisbeginn (= Abflußanstieg) bis Abflußmaximum, Abflußmaximum bis Ereignisende oder Ereignisbeginn bis Schwebstoffmaximum, Schwebstoffmaximum bis Ereignisende, so ergeben sich die nachfolgenden Beziehungen. In allen Fällen zeigen die Potenzfunktionen die höchsten Korrelationskoeffizienten, was den prinzipiellen Zusammenhang zwischen Abfluß und Schwebstoffkonzentration bestätigt, den (KNIGHTON 1984) angibt.

A)	Ereignis gesamt:	$CS = 0{,}00688 * Q^{1{,}3285}$	($r^2 = 0{,}51$)
B)	Ereignisbeginn - Q_{max}:	$CS = 0{,}00171 * Q^{1{,}69392}$	($r^2 = 0{,}55$)
C)	Q_{max} - Ereignisende:	$CS = 0{,}11655 * Q^{0{,}60505}$	($r^2 = 0{,}48$)
D)	Ereignisbeginn - CS_{max}:	$CS = 0{,}00008 * Q^{2{,}64324}$	($r^2 = 0{,}99$)
E)	CS_{max} - Ereignisende:	$CS = 0{,}03526 * Q^{0{,}93273}$	($r^2 = 0{,}37$)

Die Beziehung der Werte vom Ereignisbeginn, d. h. seit Abflußanstieg bis zum Konzentrationsmaximum (D) ist sehr gut beschrieben ($r^2 = 0{,}99$). Vom Konzentrationsmaximum bis zum Ereignisende (E) sind Abfluß und Suspension teilweise gegenläufig, d. h. die Schwebstoffkonzentration nimmt ab, obwohl der Abfluß noch zunimmt. Dies kommt in dem niedrigen r^2 von 0,37 zum Ausdruck. Diese zeitweise Gegenläufigkeit in der Beziehung Abfluß/Schwebstoffkonzentration wirkt sich entsprechend nachteilig auf die Beziehungen im Fall (B) und (C) aus. Von Abflußanstieg bis -maximum (B) ist der Zusammenhang ähnlich schlecht beschrieben ($r^2 = 0{,}55$) wie vom Abflußmaximum bis zum Ereignisende (C, $r^2 = 0{,}48$). Daraus ist der Schluß zu ziehen, daß abgesehen von einem anfänglichen

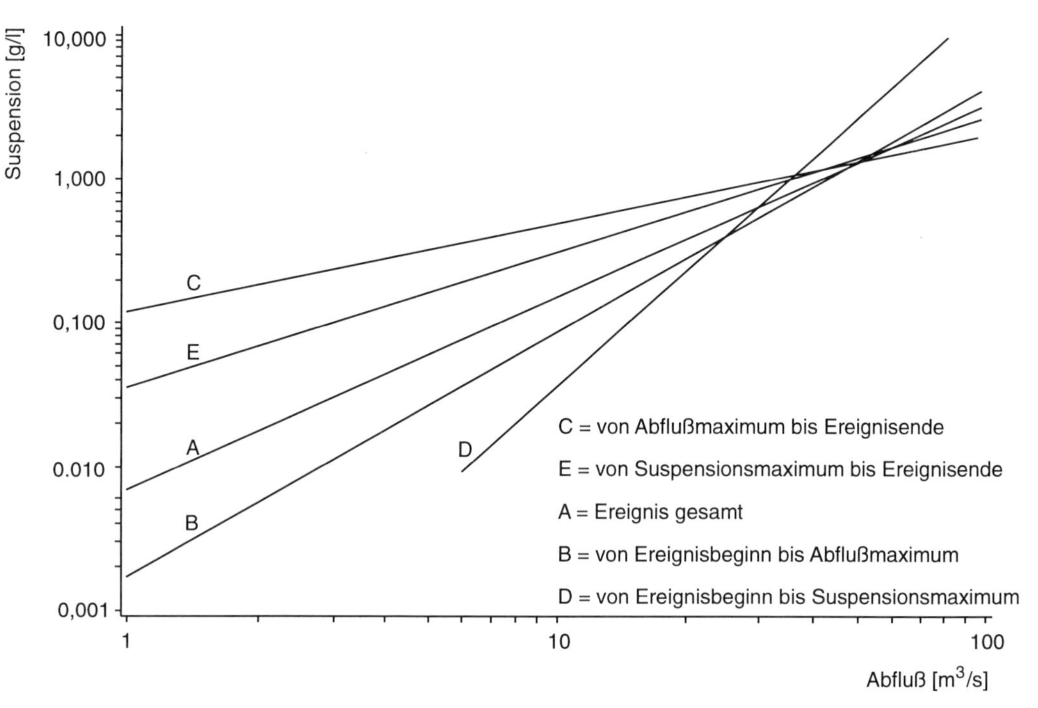

Abb. 52: Regressionen zwischen Abfluß und Schwebstoffkonzentration am Pegel Elsenz/Hollmuth während des Hochwassers im März 1988 (03/88). (Potenzfunktionen in doppeltlogarithmischer Darstellung ergeben Geraden)

gemeinsamen Anstieg von Abfluß und Suspension der Zusammenhang im weiteren Verlauf des Ereignisses sehr lose ist. In Abb. 52 sind die einzelnen Funktionen dargestellt.

Die Regressionen des ansteigenden Astes (Abfluß und Suspension) zeigen den steilsten Verlauf. Besonders die Gerade D (Ereignisbeginn bis Suspensionsmaximum) verdeutlicht, daß bei relativ geringer Abflußzunahme der Suspensionsgehalt sehr schnell ansteigt. Gerade A stellt das Gesamtereignis dar und vermittelt zwischen den zwei Geraden im ansteigenden und abfallenden Bereich. Der flachere Verlauf der Geraden C und E verdeutlicht das bekannte Phänomen, daß die einmal in Bewegung befindlichen Schwebstoffe trotz abnehmender Fließgeschwindigkeit weiter in Suspension bleiben. Daher die hohen Konzentrationen im unteren Abflußbereich.

Das verdeutlicht, daß die erheblichen Unterschiede im Verlauf der Suspensions- und Abflußganglinie nur mit Hilfe einer detaillierten Beprobung nachgewiesen werden können. Sie bestätigen damit auch, daß zur Bilanzierung gerade eine intensive Beprobung erforderlich ist. Es gibt offensichtlich bei diesen großen Ereignissen keine eindeutige Beziehung, mit deren Hilfe aus dem Abfluß die Schwebstoffkonzentration berechnet werden könnte. Noch deutlicher wird dieses Problem bei der Berechnung der Jahresfracht, bei der in der Regel solche Beziehungen herangezogen werden.

7.5 Hochwasser 02/90

7.5.1 Prozeßbeschreibung

Im hydrologischen Jahr 1990 gab es zwei bedeutende Hochwasserereignisse, am 15. und am 27. Februar. Das zweite Ereignis hat zwar in Teilgebieten höhere Abflußwerte erreicht, so z. B. im oberen Biddersbachtal (siehe BAADE et al. 1991), im Gesamtgebiet der Elsenz hat allerdings das Ereignis vom 15.02.90 ein größeres Ausmaß erreicht. Hier ist es zu einer deutlichen Überflutung der Elsenztalaue gekommen, während Ende Februar die Elsenz nicht oder nur sehr vereinzelt über ihre Ufer tritt. Um dieses Ereignis mitsamt den Auenakkumulationen bilanzieren und mit dem Ereignis 03/88 vergleichen zu können, werden sich die weiteren Ausführungen auf die Hochwasserwelle vom 15.02. konzentrieren (Es wird im folgenden mit 02/90 bezeichnet).

Es handelt sich dabei nicht - wie 03/88 - um ein Schneeschmelzereignis. Die Temperaturminima der Vortage erreichen gerade den Gefrierpunkt, es kommt aber nicht zu Schneefall. Anfang Februar treten vermehrt Regenniederschläge auf, die aber nur von geringer Intensität sind: am 02.02. fallen zwischen 4,4 und 3,1 mm. Am Abend des 10.02. gehen in einem Zeitraum von 6-8 Stunden zwischen 4 und 5 mm im Süden und 10,6 mm im nördlichen Elsenzgebiet nieder. Der darauffolgende Zeitraum ist durch weitere geringe Niederschläge gekennzeichnet. Erst in der Nacht vom 13. zum 14.02. nehmen die Niederschlagsintensitäten zu - innerhalb von 10-12 Stunden zwischen 13,8 mm im Norden und 3,4 mm im Süden des Einzugsgebietes. Nach einer kurzen Regenpause setzt am 14.02. erneut Regen ein, dessen Intensitäten aber jetzt deutlich zunehmen (Abb. 53).

Die Verteilung des Niederschlag vom 14. zum 15.02. ist für das Elsenzgebiet untypisch. Üblicherweise fallen im nördlichen Einzugsgebiet - orographisch bedingt - höhere Niederschläge (siehe Abb. 19). In diesem Fall ist eine deutliche Zunahme der Regenmengen nach Süden zu verzeichnen. Die geringsten Werte zeigt der Regenschreiber bei Wiesenbach im Norden (36 mm), die höchsten registriert das Gerät in Richen im Südosten (58 mm).

Der Regen kommt durch Oberflächenabfluß bzw. schnellen Interflow (FLÜGEL 1979a, FLÜGEL & SCHWARZ 1988, BARSCH & FLÜGEL 1988a) ohne Zeit-

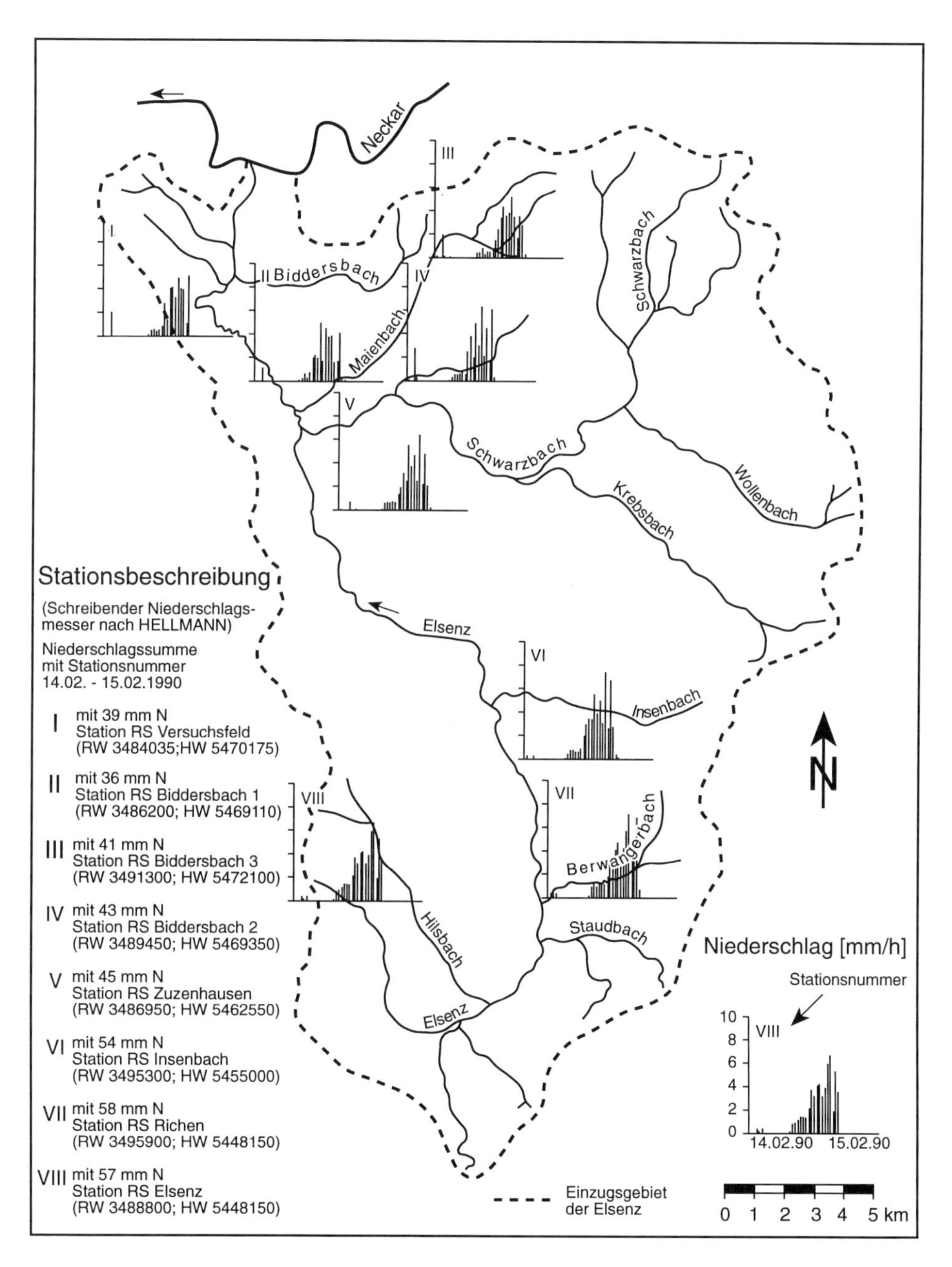

Abb. 53: Verteilung der Niederschlagsintensitäten und -mengen im Elsenzgebiet während des Hochwassers am 15.2.90

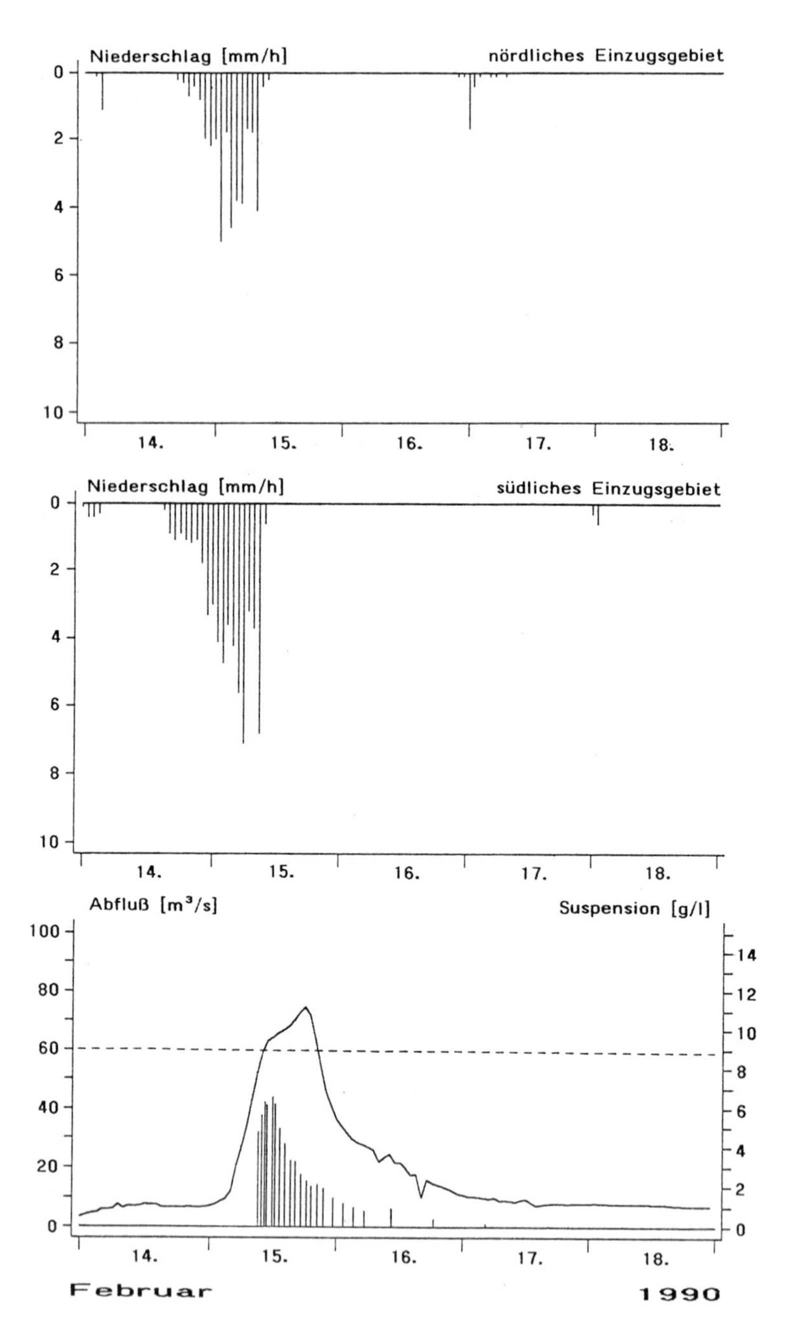

Abb. 54: Niederschlag im nördlichen und südlichen Elsenzgebiet, Abfluß- und Suspensionsganglinie am Pegel Elsenz/Hollmuth (Hochwasser vom 15.02.90)

verzögerung zum Abfluß. Der Spitzenabfluß am Pegel Elsenz/Hollmuth wird bereits am 15.02. um 19:00 Uhr mit etwa 75 m^3/s erreicht (Abb. 54). Damit wird die Gerinnekapazität von 55 m^3/s an dieser Stelle deutlich überschritten. Vergleichbar mit dem Vorlandabfluß während des Ereignisses 03/88 kommt es zu einer fast durchgehenden Überflutung der Aue unterhalb von Meckesheim. An der Oberen Elsenz konnte im Gegensatz dazu bei diesem Ereignis keine Überflutung festgestellt werden (Abb. 56, vgl. Abb. 51).

Die Schwebstoffkonzentration am Pegel Elsenz/Hollmuth nimmt während des ansteigenden Hochwassers deutlich zu. Sie erreicht um 13:00 Uhr mit ca. 6.500 mg/l ihr Maximum. Analog zu dem Ereignis 03/88 wird der Konzentrationspeak wieder deutlich vor dem Abflußmaximum erreicht. Auch bei diesem Ereignis geht nach dem Scheitelpunkt die Konzentration stark zurück, obwohl der Abfluß weiter zunimmt. Auch hier liegt die Erklärung nahe, daß dieser der Wasserwelle vorauseilende Sedimentschub zu einem großen Teil aus dem Gerinnebett stammt.

BAADE (1991) weist daraufhin, daß auch am Biddersbach/Feldabhang die Mobilisierung von Material an der Gerinnebettsohle des Vorfluters und die Ufererosion bei den Hochwasserereignissen einen wesentlichen Anteil am Sedimenttransport im Vorfluter ausmachen. Er gibt dabei Winterereignissen eine größere Bedeutung als Ereignissen im Sommer. Auch zeigen die nachfolgenden Ereignisse trotz höherer Abflußspitzen geringere Suspensionsmaxima. Er erklärt dies ebenfalls damit, daß das Bachbett während des vorhergehenden Ereignisses weitgehend von zwischendeponiertem, leicht mobilisierbarem Material geräumt wird und für kurz darauffolgende Hochwasserwellen nicht mehr soviel Material zur Verfügung steht.
Diese Ergebnisse sind insofern wichtig, als es am Biddersbach keine Wehre und Mühlen gibt (so wie an der Elsenz), zwischen denen sich das Material absetzen könnte. Es handelt sich also entweder um Material, daß sich - als weicher Schlamm ("liquid mud") - in den Kolken sammelt und dort remobilisiert wird. Im anderen Fall würde es der direkten Erosion der Sohle und der Ufer entstammen (s. u.).

7.5.2 Auenüberflutung und -sedimentation

Die Überflutung der Elsenztalaue unterhalb von Meckesheim während des Ereignisses 02/90 spiegelt in abgeschwächter Form das Prozeßgeschehen des Hochwassers 03/88 wider. Es kommt am Ortsausgang von Meckesheim an denselben Stellen wie bei früheren Ereignissen zum Wasseraustritt aus dem Gerinne auf die Aue. Dieselben Hochflutrinnen werden als erstes durchflossen und zeigen nach Trockenfallen die größten Sedimentakkumulationen. Der niedrige Straßendamm, der in Mauer die Elsenztalaue quert, wirkt sich diesmal noch stärker aus. Oberhalb treten Mächtigkeiten von 0-0,5 cm auf, während unterhalb - trotz Überflutung der Talweitung - nach dem Hochwasser keine Akkumulationen erkennbar waren. In und unterhalb von Bammental zeigt die Kartierung ein dem

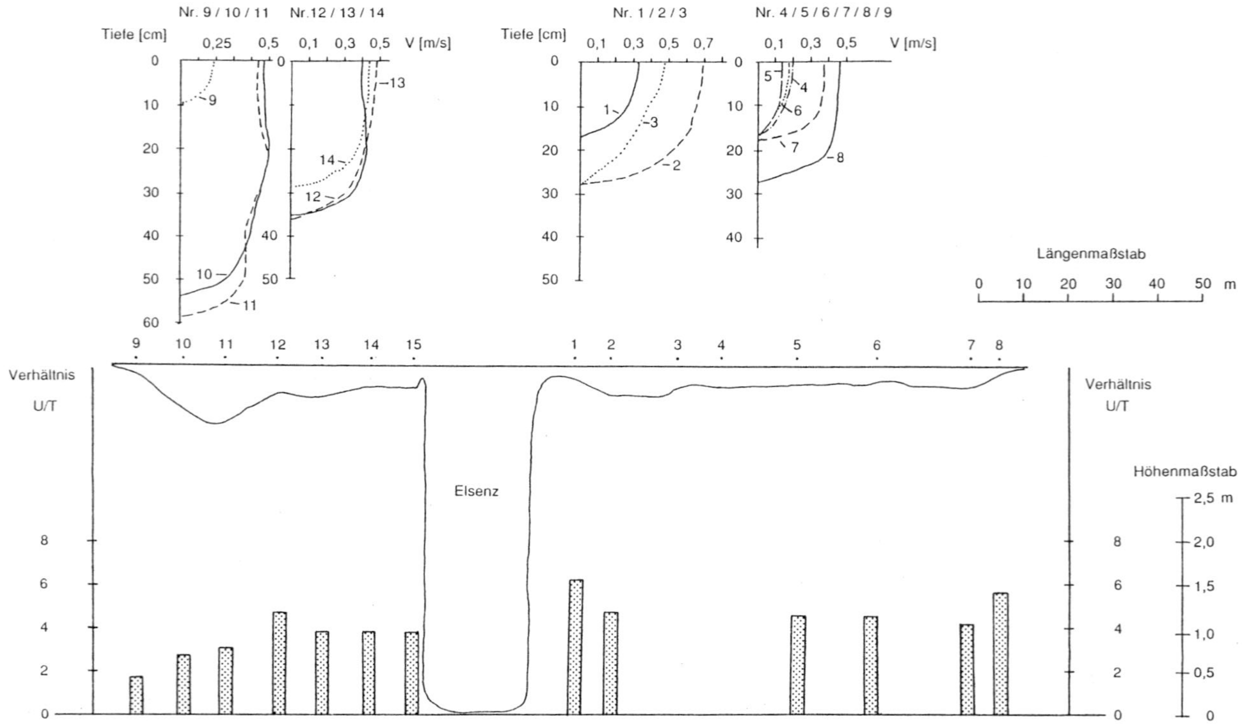

Abb. 55: Fließgeschwindigkeiten und Sedimentkonzentrationen entlang eines Querprofils über die Elsenztalaue zwischen Meckesheim und Mauer während des Vorlandabflusses am 15. Februar 1990 (vgl. BARSCH et al. 1994)

Ereignis 03/88 vergleichbares Bild. Entlang von Tiefenlinien werden die größten Mächtigkeiten mit 3-5 cm kartiert. Die Gesamtsumme des auf der Elsenzaue akkumulierten Materials beträgt ca. 3.800 Tonnen.

Um den Sedimenttransport auf der Aue während des Hochwassers zu untersuchen, wurden zwischen Meckesheim und Mauer während Vorlandabfluß längs eines Querprofils über die Aue Abflußgeschwindigkeiten gemessen und Proben genommen (vgl. auch BARSCH et al. 1994). Das Profil befindet sich im Bereich des Gewannes "Krumme Wiesen", wo nach dem Hochwasser Sedimentmächtigkeiten zwischen 0,5 und 1 cm kartiert werden. In Abbildung 55 sind die gemessenen Fließgeschwindigkeiten und die Schluff/Ton-Verhältnisse der Wasserproben dargestellt.

Das Profil zeigt das Gerinne der Elsenz mit einem natürlichen Uferwall rechts und einem durch Bewirtschaftung degradierten Wall auf der linken Seite. Sehr deutlich tritt am westlichen Rand der Aue eine Hochflutrinne hervor. Auf der gegenüberliegenden Seite deutet sich direkt neben dem Uferwall eine kleinere Vertiefung an. Dieses Relief der Auenoberfläche ist für die Schwankungen der Überflutungshöhen zwischen 15 und 60 cm und auch für die der Abflußgeschwindigkeiten verantwortlich. Während die Profilpunkte 1, 4, 5 und 6 durch geringe Werte gekennzeichnet sind, finden sich bei 2, 3, 7 und 8 entsprechend höhere Werte. An der Oberfläche von Punkt 2 erreicht der rechtsseitige Vorlandabfluß sein Maximum. Auf der linken Aue liegen die Geschwindigkeiten - bis auf Nummer 9 - alle bei ca. 50 cm/s. Die Abflußgeschwindigkeit im Gerinne der Elsenz wurde zu dem Zeitpunkt mit 1,5-2 m/s geschätzt (kein Meßsteg vorhanden).

Als ein Kriterium für die Zusammensetzung der transportierten Sedimente sind die Schluff/Ton-Verhältnisse dargestellt, die die Untersuchung der Wasserproben mittels Laser ergeben (Kap. 4.3.2). Abgesehen von Profilpunkt 8 zeichnet sich die Tendenz ab, daß der Schluffanteil vom Gerinne in uferferne Bereiche abnimmt. Diese Erkenntnisse aus den aktuellen Untersuchungen sind für die holozäne Dynamik relevant, die in den Talauensedimenten archiviert ist (SCHUKRAFT 1995).

7.5.3 Bilanzierung der Schwebstofftransporte

Der Biddersbach liefert während dieses Ereignisses 430 t (Abb. 56). Der Maienbach trägt in die Elsenz nur ca. 280 t ein, obwohl er mit 26,4 km^2 größer ist als der Biddersbach (17,4 km^2) (GEWÄSSERKUNDLICHES FLÄCHENVERZEICHNIS DES LANDES BADEN-WÜRTTEMBERG 1975). Dieser Unterschied kann möglicherweise durch die unterschiedliche Dichte der Proben zustande kommen. Während für den Biddersbach 27 Proben vorliegen, wird die Suspensionsganglinie des Maienbaches nur durch sieben Proben beschrieben. Hier zeigt

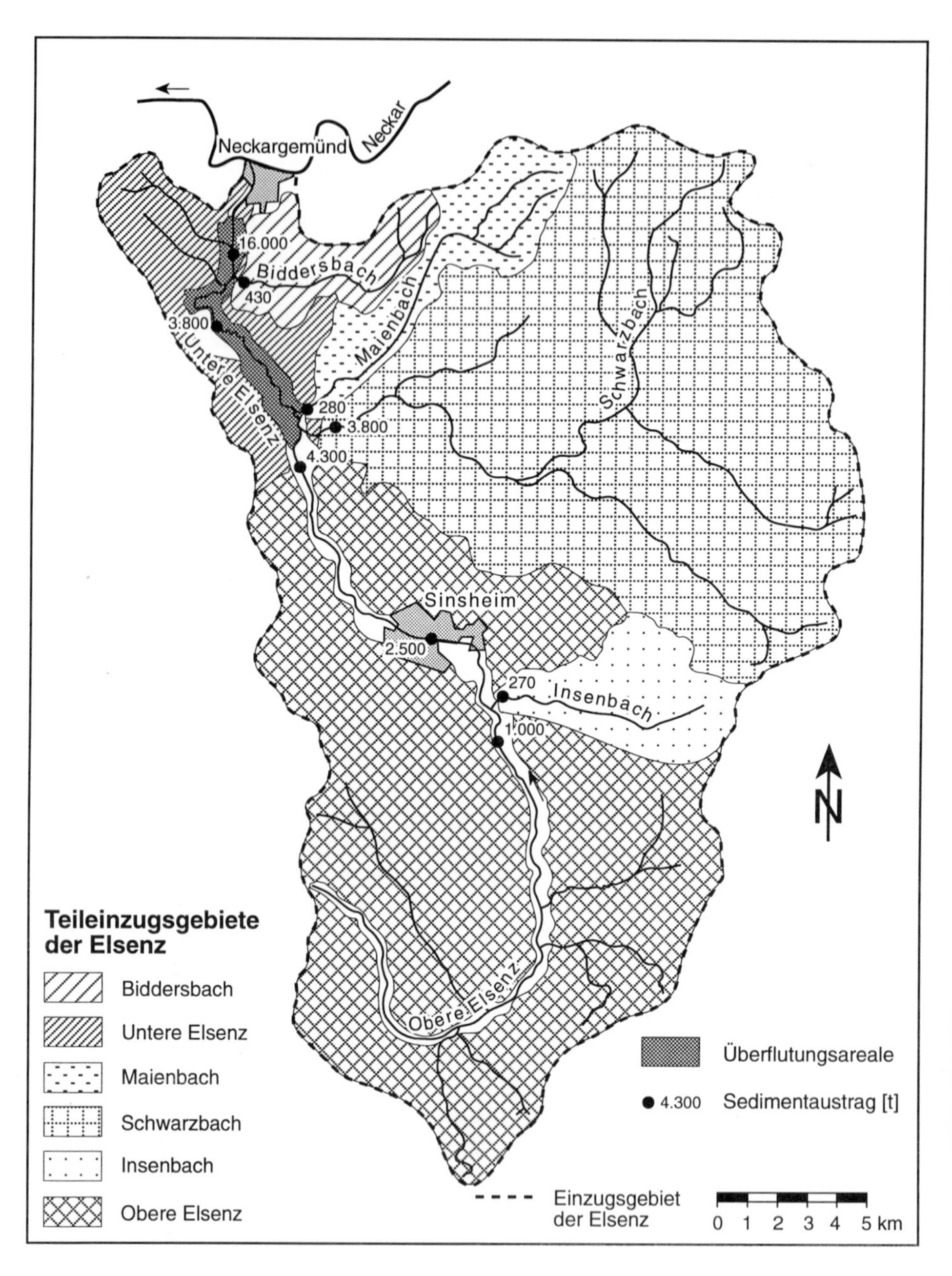

Abb. 56: Schwebstofffrachten und Auenakkumulationen im Elsenzgebiet während des Hochwassers am 15. Februar 1990 (02/90)

sich der Nachteil einer lückenhaften, manuellen Probennahme gegenüber einer kontinuierlichen mit automatischem Probennehmer.

Der Schwarzbach hat diesmal mit 3.800 t einen kleineren Sedimentaustrag als die Obere Elsenz (4.300 t). Obwohl hier ähnliche Ursachen nicht ausgeschlossen werden können (Schwarzbach 11, Obere Elsenz 25 Proben), deuten die höheren Niederschläge im südlichen Einzugsgebiet darauf hin, daß hier ein vermehrter Abfluß stattfand. Tatsächlich kommt der Spitzenabfluß der Oberen Elsenz mit 24,5 m^3/s fast an den Wert von 03/88 heran (28,6 m^3/s). Der Schwarzbach hat gegenüber 03/88 (71,8 m^3/s) diesmal nur einen Maximalabfluß von 50,2 m^3/s.

Die Zuflüsse Biddersbach, Maienbach, Schwarzbach und Obere Elsenz tragen insgesamt ca. 8.800 t Material in den Unterlauf der Elsenz ein (Input). Dem steht ein Gesamtaustrag aus dem Elsenzunterlauf von 16.000 t plus die Akkumulationen von 3.800 t gegenüber (Output). Die Differenz (Output-Input) beträgt ca. 11.000 t, die aus dem Gerinnebett des Elsenzunterlaufes stammen. Das bedeutet, daß bei diesem Ereignis sogar der überwiegende Teil der das Einzugsgebiet verlassenden Sedimente aus dem Gerinne selbst kommt.

Auch wenn die absoluten Werte aufgrund der lückenhaften Probennahme mit einem Fehler behaftet sind (siehe dazu Kap. 7.7), so bestätigen sich doch die Ergebnisse des Ereignisses 03/88, daß bei größeren Hochwasserereignissen das Gerinnebett eine erhebliche Sedimentquelle darstellt, die von größtem Einfluß auf die Bilanz ist.

7.6 Ufer- und Seitenerosion

Am 21. März 1990, ca. drei Wochen nach dem Abklingen des Ereignisses vom 27. Februar, wurden die aktiven Uferrutschungen an der Elsenz zwischen Meckesheim und Mauer kartiert. Auch bei diesem Ereignis bestätigten sich unsere älteren Beobachtungen zur Gerinnedynamik, die in erster Linie über Uferrutschungen abläuft. Zusätzlich zu den Rutschvolumina sind in Abbildung 57 die Uferhöhen (über der Wasserlinie) und die Kolke vermerkt.

Die Uferhöhen nehmen von Meckesheim zur unterliegenden Erosionsbasis kontinuierlich ab. Die Kolke orientieren sich offensichtlich am Laufmuster der Elsenz. Sie treten an verschieden starken Flußkrümmungen auf. Die eingezeichneten Rutschungen der "aktiven" Bereiche sind an oder in unmittelbarer Nähe der Kolke lokalisiert (siehe auch KADEREIT 1990). Die durch Abrutschen verlorengegangenen Volumina sind eingetragen. Ihre Summe ergibt für diesen Gewässerabschnitt 480 m^3. Mit der Dichte von 1,6 g/cm^3 multipliziert, errechnet sich eine Sedimentmenge von 770 t. Dabei ist nicht berücksichtigt, welche Menge tatsächlich abtransportiert wird, da das Gerinne unterhalb der Wasserlinie nicht eingesehen werden kann. Trotzdem stellt es einen Anhaltspunkt für die Erosion in dem ca. 2,7 km langen Flußabschnitt

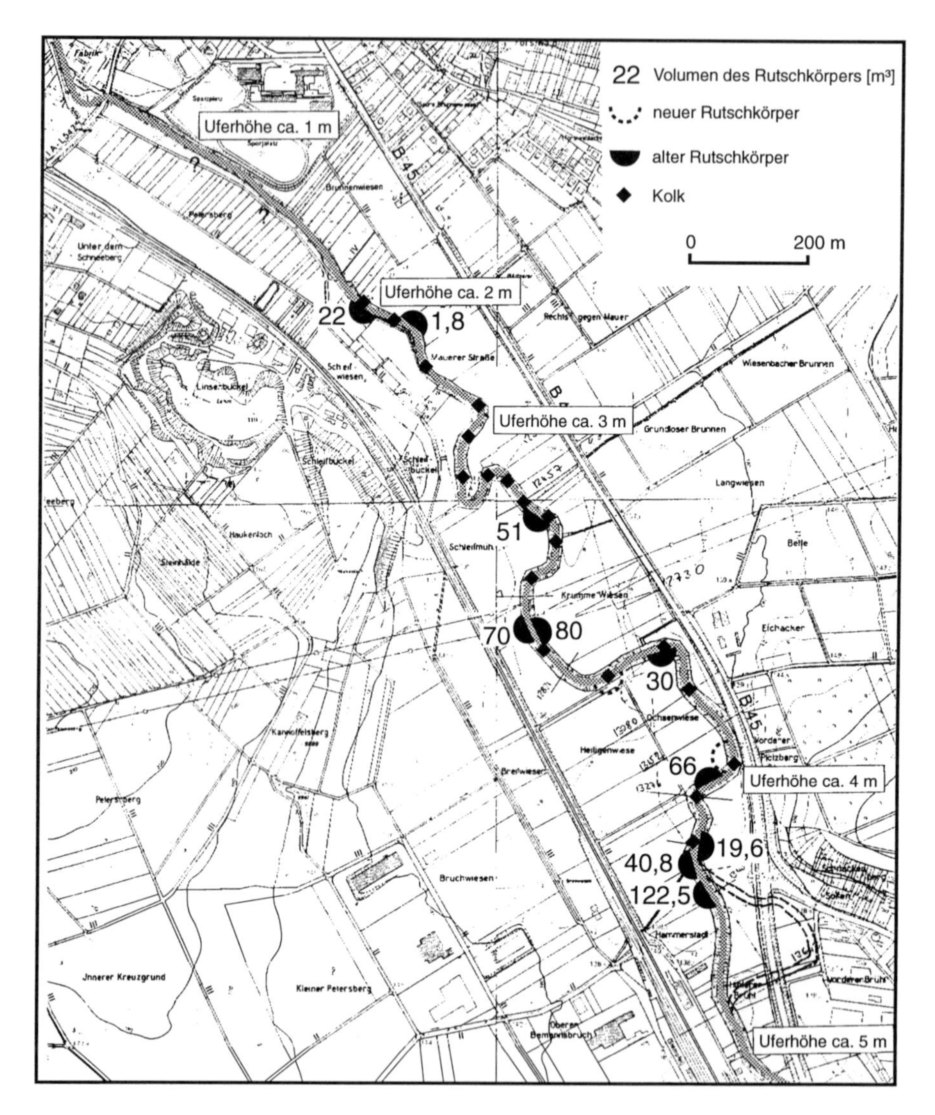

Abb. 57: Kartierung der "aktiven" Uferrutschungen am Unterlauf der Elsenz zwischen zwei Erosionsbasen (Meckesheim-Mauer) nach den Februarereignissen 1990 (21.03.1990). Zusätzlich sind die Uferhöhen und die Lage der Kolke eingezeichnet

dar. Die Extrapolation dieses Wertes auf den gesamten Elsenzunterlauf vom Pegel Schwarzbach/Eschelbronn bis zum Pegel Elsenz/Hollmuth (ca. 13 km Lauflänge/ DGK 5) ergibt 3.700 t. Dieser Wert bestätigt erneut den hohen Anteil der Sedimente aus dem Gerinne. Er zeigt, daß die Bilanzierung in etwa zutrifft. Von den 11.000 Tonnen, die nach der Bilanzierung aus dem Gerinne stammen, ca. 4.000 Tonnen über der Wasserlinie verlorengegangen.

7.7 Fehlerbetrachtungen

Der Anteil der Gerinneerosion am Gesamtaustrag liegt im Fall 03/88 - nach Bilanzierung und Kartierung - bei etwa 40 %. Der hohe Anteil wird durch die Ergebnisse von 02/90 zusätzlich bestätigt. Trotzdem ist es erforderlich, die möglichen Fehlerquellen für eine Überschätzung der Gerinneerosion an der Elsenz festzustellen. Die folgenden Aspekte müssen dabei berücksichtigt werden:

1. Eine mögliche Fehlerquelle ist darin zu sehen, daß sich die einzelnen Gebietsausträge verändern, je nachdem, auf welchen Zeitpunkt das Ende des Ereignisses festgelegt wird. Demgegenüber behält in der Bilanzierung das auf der Aue akkumulierte Material den gleichen Wert bei. Hieraus ergibt sich die grundsätzliche Frage, wie das Ende eines Ereignisses definiert wird. Aus hydrologischer Sicht ist der Hochwasserabfluß beendet, wenn Oberflächenabfluß und Zwischenabfluß aufhören (DIN 4049). Sie werden abgelöst von dem während des Hochwassers ansteigenden Basisabfluß (siehe Abb. 58). Diese schematische Darstellung des Niederschlag-Abfluß-Vorganges gilt für den hydrologischen Vorgang. Sie ist sicher nicht auf den Sedimenttransport übertragbar, denn Materialtransport findet auch noch während des anschließenden Basisabflusses statt.

2. Darüber hinaus spielt die Probennahmedichte eine entscheidende Rolle. Während die Suspensionsganglinie für 03/88 am Pegel Elsenz/Hollmuth durch 84 Proben beschrieben wird, liegen für Biddersbach (55), Maienbach (11), Schwarzbach (21) und Obere Elsenz (22) teilweise deutlich weniger Werte vor. Die drei letztgenannten Vorfluter waren zu der Zeit noch nicht mit einem automatischen Probennehmer ausgestattet, der unerläßlich ist, um die auftretenden Frachtschübe zu erfassen (siehe Kap. 7.1).

3. Ein weiterer Unsicherheitsfaktor hängt mit dem Beginn der Probennahme zusammen. Gerade bei Hochwasseranstieg treten die maximalen Schwebstoffkonzentrationen auf, die aus logistischen Gründen oftmals nicht erfaßt werden. Beim Schwarzbach zum Beispiel beginnt die Probennahme am 12.03.88 erst um 14:26 Uhr, wo mit 4.880 mg/l bereits die höchste Konzentration erreicht ist. Möglicherweise war also das Suspensionsmaximum schon überschritten. Wie groß der Fehler durch den möglicherweise verspäteten Probennahmebeginn wird, soll mit folgender Berechnung ermittelt werden. Die Zeitdauer zwischen Abflußanstieg und maximaler Sedimentkonzentration liefert hier wichtige Hinweise.

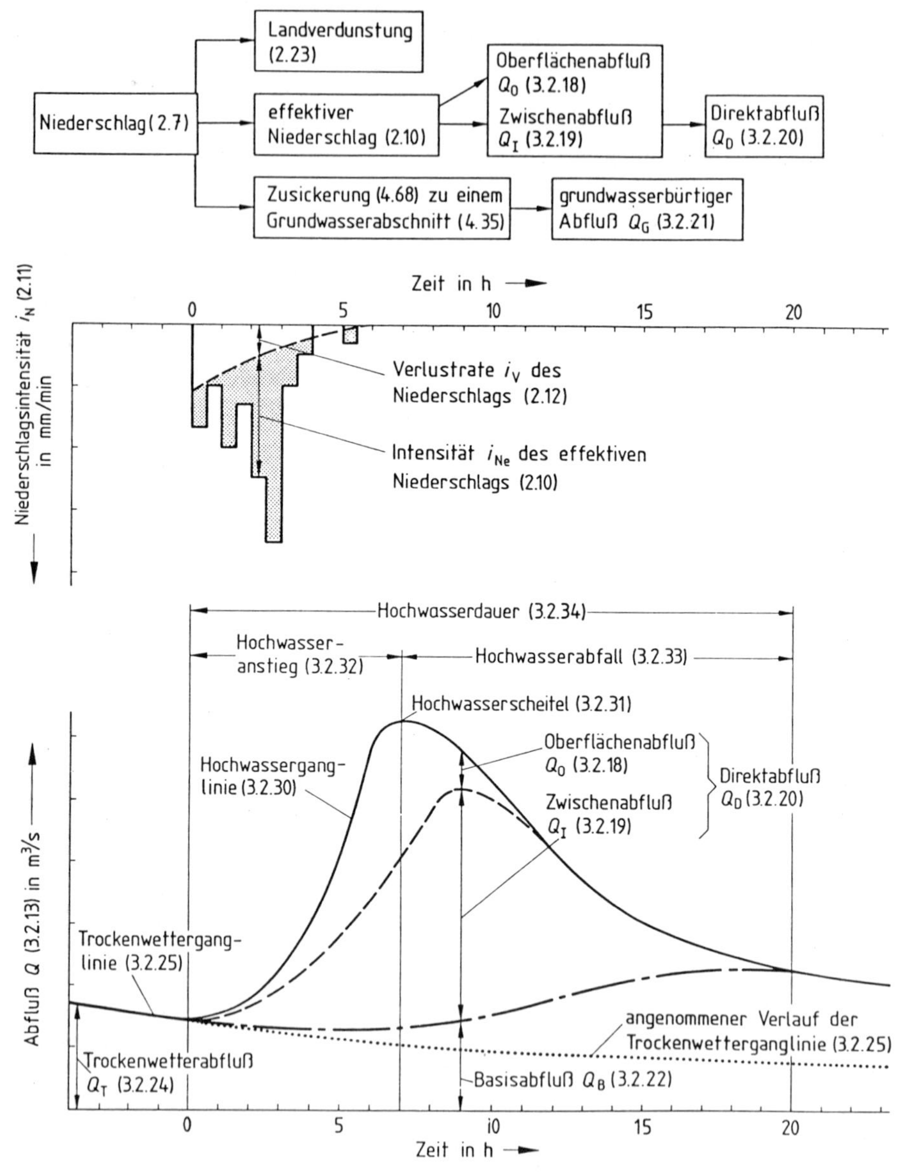

Abb. 58: Schematische Aufgliederung des Niederschlag-Abfluß-Vorganges (Quelle: DIN 4049)

Während der beiden Ereignisse (03/88 und 02/90) liegen an beiden Pegeln (Elsenz/Meckesheim und Schwarzbach/Eschelbronn) zwischen Abflußanstieg und Suspensionsmaximum etwa 9-10 Stunden. Demzufolge müßte im Fall 03/88 das Suspensionsmaximum am Schwarzbach bereits um etwa 10:00 Uhr erreicht worden sein, also etwa 4,5 Stunden vor unserer ersten Probennahme an dieser Stelle. Um die Größe des möglichen Fehlers herauszufinden, wird eine neue Frachtberechnung mit einem rekonstruierten Suspensionsmaximum von 6.500 mg/l um 10:00 Uhr morgens durchgeführt. Dadurch vergrößert sich die Gesamtfracht aber lediglich von ursprünglich 25.000 auf 29.000 t. Dieser Unterschied liegt bei der betrachteten Größenordnung in dem von uns abgeschätzten Fehlerbereich von ± 10 %. Daraus kann geschlossen werden, daß durch Probennahme, Abfluß- und Frachtberechnung Fehlerquellen vorhanden sind - die wesentlichen Erkenntnisse bleiben davon aber unberührt.

4. Ein weiterer Problemkreis ist die Aufnahme bzw. Berechnung der akkumulierten Auensedimente. Besonders in den Engtalstrecken ist die räumliche Verteilung stark wechselnd. Nach unseren Erfahrungen tendiert man dazu, größeren Mächtigkeiten eine größere räumliche Verteilung zu geben, da sie im Gelände sehr markant auftreten. Beim Planimetrieren kommt das Problem hinzu, daß die kleineren Flächen bereits an der Maßstabsgrenze von 1:5000 liegen. Besonders bei der Erfassung linienhafter Formen - größere Mächtigkeiten treten häufig so auf - können dabei Fehler auftreten.

   Bei der gleichbleibenden Sedimentationen in Talweitungen scheint der mögliche Fehler geringer auszufallen. Wenn man z. B. die Flächen mit Akkumulationen von 0 bis 1 cm - die weitaus den größten Anteil haben - nicht mit dem arithmetischen Mittel von 0,5 cm sondern nur mit 0,25 cm berechnet, würde sich die Gesamtakkumulation von 28.000 nur auf 25.000 t verringern. Auch bei dieser Aufnahmemethode liegt der mögliche Fehler somit im Bereich von ±10 %.
   In diesem Zusammenhang soll auch nicht unerwähnt bleiben, daß mit dem beschriebenen Verfahren (Probennahme und Transportbilanzierung) mögliche interne Umlagerungen nicht berücksichtigt wurden. Dies betrifft sowohl die Sedimentdynamik innerhalb zweier Meßstellen (dort keine weitere Differenzierung) als auch den Ein- bzw. Austrag an Gewässerstrecken zu bestimmten Zeiten des Hochwasserereignisses.
   Trotz der genannten Fehlermöglichkeiten wird davon ausgegangen, daß die Angaben das Prozeßgeschehen während der Hochwasserereignisse 03/88 und 02/90 richtig wiedergeben. Sie zeigen, daß Zwischendepositionen offensichtlich einen erheblichen Anteil an der Gesamtfracht ausmachen können. Aus diesem Grund wird bei der Untersuchung von wenigen Einzelereignissen bewußt darauf verzichtet, für Teilgebiete oder für das Gesamtgebiet geltende Gebietsabträge zu berechnen.

8. ÜBERTRAGBARKEIT IN UNTERSCHIEDLICHEN MASSSTAB

Die Ergebnisse aus vorangegangenem Kapitel (Schwebstoffausträge während bestimmter Hochwasserereignisse an der Elsenz) legen nahe, die Werte aus unterschiedlich großen und unterschiedlich ausgestatteten Teilgebieten der Elsenz (und dem Gesamtgebiet) zu vergleichen. Die Probleme, die damit verbunden sind, werden im folgenden erläutert.

Untersuchungen fluvialer Transportprozesse finden in der Regel in kleinen Einzugsgebieten statt. Der Grund dafür liegt einmal in der instrumentellen und personellen Ausstattung der Forschungsprojekte. Zum anderen konzentrieren sich die Untersuchungen auf Gebiete weniger km^2, da das fluviale System bereits in diesem Maßstab sehr komplex ist und einen hohen Meßaufwand erfordert.

Ein Nachteil dieses Vorgehens liegt darin begründet, daß räumliche Extrapolationen nur schwer möglich sind, d. h. Werte die in kleinen Gebieten gewonnen werden, können nicht unmittelbar auf größere umgerechnet werden, indem man z. B. mit der größeren Fläche multipliziert. DUIJSINGS (1987) kann durch Untersuchungen in Luxemburg zeigen, daß die Hochrechnung der Sedimenttransporte auf mittlere Einzugsgebiete - die sich um mehr als zwei Größenordnungen von den kleineren unterscheiden - große Probleme bereitet (vgl. auch BARSCH et al. 1989b).

Es ist nun möglich, mit der Sedimentbilanz des Elsenzhochwassers vom Februar 1990 diesen Vergleich direkt durchzuführen. Dazu steht das Gesamtgebiet mit 542 km^2 und der Biddersbach mit 16,7 km^2 zur Verfügung.

Zusätzlich sind Ergebnisse zum Sedimenttransport aus einem Teilgebiet des Biddersbaches vorhanden ("Langenzell" mit 0,62 km^2, Abb. 59), das von BAADE et al. (1990, 1991, 1992, 1994) bearbeitet wurde. So können drei Gebiete unterschiedlicher Dimension miteinander verglichen werden, wobei zusätzlich von Vorteil ist, daß das kleinere Gebiet jeweils Bestandteil des größeren ist.

Um die einzelnen Gebietsausträge bewerten zu können, sind in Tabelle 6 die Gebietskennwerte (Einzugsgebietsfläche und Nutzung) zusammengestellt. An geomorphographischen Kennwerten liegen bisher die in Kap. 3 dargestellten Höhendifferenzen vor (siehe Abb. 14). Hierbei fällt der Biddersbach durch seine Zweigliederung auf. Das östliche Einzugsgebiet ist durch Klassen mit < 30 und < 15 m Höhendifferenz gekennzeichnet. Im westlichen Gebiet treten die Reliefenergieklassen mit > 60 und > 45 m deutlicher hervor. Das Gebiet "Langenzell" liegt räumlich gesehen zwischen beiden, weist selbst eine maximale Höhendifferenz von 59 m auf.

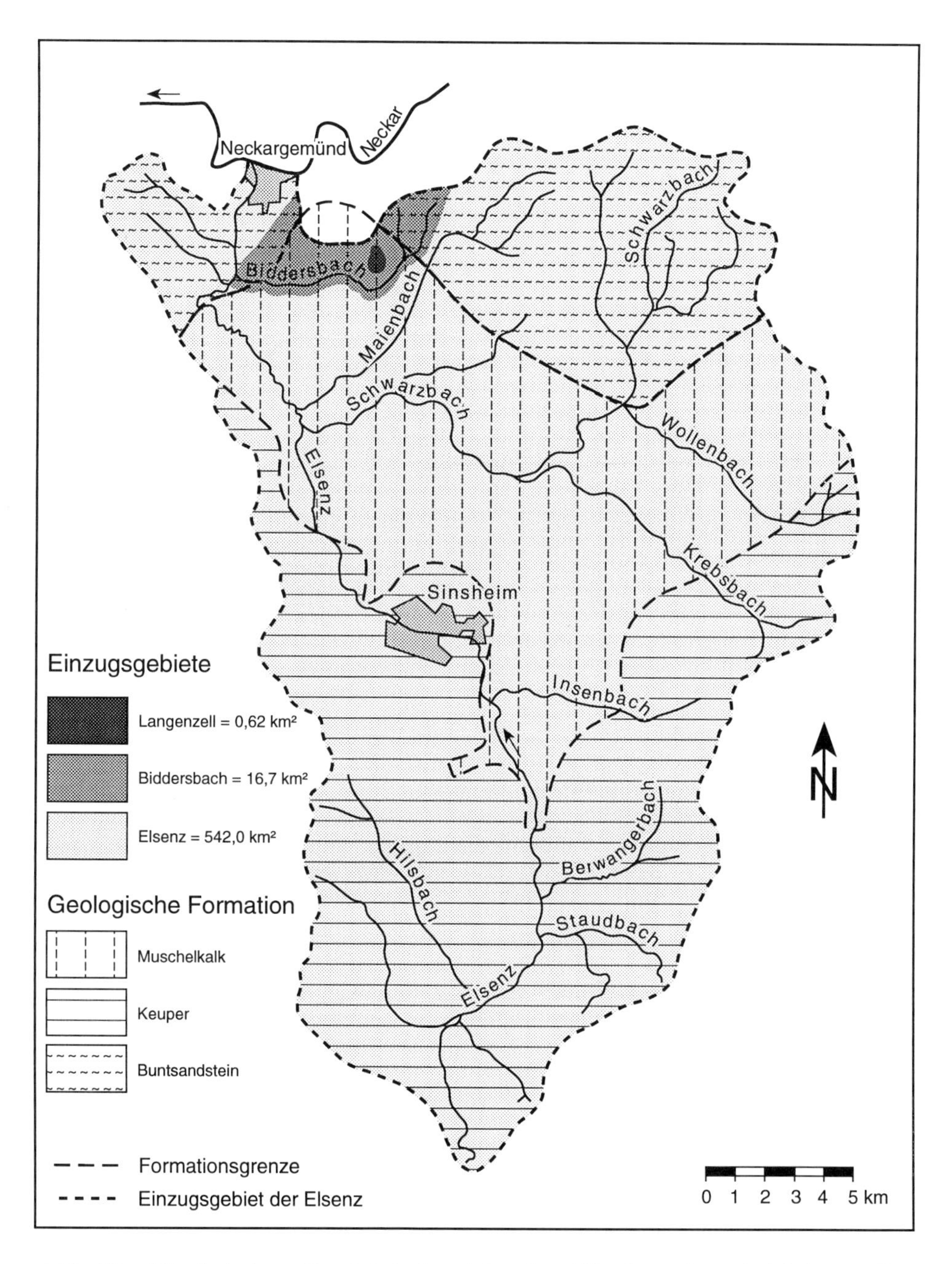

Abb. 59: Die bei dem Vergleich der Schwebstofffrachten berücksichtigten Gebiete Langenzell, Biddersbach und Elsenz

Tab. 6: Gebietskennwerte und Austragswerte (Hochwasser 15.02.90) von Langenzell, Biddersbach und Elsenz (Quelle: BAADE 1991 und eigene Auswertungen)

Gebiet	EZG [km²]	Flächennutzung [%]			Gesamt-austrag [t]	Austrag pro km² [t/km²]	Austrag LNF [t/km²]
		Wald	LNF	Siedl.			
Langenzell (A)	0,621	23,5	75,0	1,5	11,5	18,5	24,7
Biddersbach (B)	16,74	42,1	53,2	4,7	430	25,7	48,3
Elsenz (C)	535	24,5	68,4	7,1	16.000 (8.800)	29,9 (16,4)	43,7 (24,0)
LNF = Landwirtschaftliche Nutzfläche (Wiese und Acker)							

Von der Flächennutzung unterscheiden sich die Teilgebiete deutlich. Besonders interessant ist der Anteil der landwirtschaftlichen Nutzfläche, da sie in verstärktem Maß zum Sedimentaufkommen beiträgt. Während der Biddersbach insgesamt nur ca. 53 % landwirtschaftliche Flächen (Wiesen+Äcker) hat, liegen Langenzell (75 %) und das gesamte Elsenzgebiet (ca. 68 %) deutlich höher. Sollte dieser Faktor eine dominierende Rolle spielen, müßten die Austräge am Biddersbach geringer sein.

Tabelle 6 enthält darüber hinaus die Austragsraten für das Hochwasserereignis vom 15.02.90. Von besonderem Interesse sind die Werte des Austrags pro Quadratkilometer Einzugsgebietsfläche bzw. pro Quadratkilometer landwirtschaftliche Nutzfläche im Vergleich der unterschiedlich großen Gebiete. Während Langenzell relativ wenig Austrag pro km² Einzugsgebiet zeigt (18,5), liegt der Wert für den Biddersbach um 7,2 t/km² höher (25,7). Die Werte für die Elsenz liegen noch einmal um 4,2 t/km² höher (29,9).

Entsprechend des unterschiedlichen Anteils an landwirtschaftlicher Nutzfläche sind die Unterschiede hier anders. Die relativ große landwirtschaftliche Nutzfläche von Langenzell (75 %) verliert 24,7 t/km². Die landwirtschaftliche Fläche im Biddersbachgebiet macht nur etwa die Hälfte des Gesamtgebietes aus (53 %), daher der relativ hohe Wert von 48,3 t/km². So wie der Anteil an Wiesen und Äckern des Elsenzgebietes (68,4 %) zwischen Langenzell und Biddersbach vermittelt, liegt auch der Wert für den diesbezüglichen Austrag mit 43,7 t/km² dazwischen.

Grundsätzlich ist festzustellen, daß die Werte für Biddersbach und Elsenz in beiden Fällen (Gesamtgebiet und LNF) höher liegen als bei Langenzell. Dies ist ein möglicher Hinweis darauf, daß beim letztgenannten Gebiet "Schwebstoffquellen" fehlen, die zu den höheren Werten an Bidderbach und Elsenz beitragen. Dieses zu untersuchen, sind die zusätzlichen Werte in Tab. 6 in der Zeile "Elsenz" angegeben.

Am Pegel Elsenz/Hollmuth verlassen während des Ereignisses ca. 16.000 t Material das Gesamtgebiet (Abb. 56, Tab. 6). Die Bilanzierung ergab allerdings, daß dieser Gesamtaustrag wesentlich von den "Sedimentverlusten" (Akkumulationen auf der Aue) und "Sedimentgewinnen" (Erosion) entlang des Elsenzunterlaufes beeinflußt wird. Dem Gesamtaustrag von 16.000 t am Pegel Elsenz/Hollmuth steht nämlich ein Sedimentaustrag von den Flächen des Elsenzgebietes von nur 8.800 t gegenüber. Wird dieser Wert der Austragsberechnung zugrundegelegt, so ergibt sich daraus ein Austrag pro km^2 Gesamtgebiet von nur 16,4 t/km^2 bzw. 24,0 t/km^2 für die landwirtschaftlich genutzten Flächen.

Es zeigt sich sehr deutlich, daß der Schwebstoffaustrag aus dem Elsenzgebiet wesentlich höher liegt, wenn der Gesamtaustrag am Ende des Einzugsgebietes bei der Berechnung zugrundegelegt wird. Schließt man aber die Veränderung interner Speicher aus (Talaue, Gerinnebett), so sind die Austräge u. U. doch miteinander vergleichbar. Der Vergleich der Werte von Langenzell und Elsenz (ohne Speicher) bestätigen dies, obwohl die genaue Übereinstimmung der Werte eher zufällig erscheint.

Demgegenüber liegt der Biddersbach relativ hoch. Aber auch der Biddersbach erreicht eine Gebietsgröße, in der interne Speicheränderungen (hier speziell im Gerinnebett) eine Rolle spielen. Durch Untersuchungen von BAADE (1991) am Biddersbach oberhalb des Einlaufs von Langenzell wird bestätigt, daß auch hier Gerinneerosion stattfindet. Langenzell ist demgegenüber ein Gebiet, in dem diese Speicher offensichtlich eine sehr viel kleinere Bedeutung haben.

Daraus kann der Schluß gezogen werden, daß Sedimentausträge möglicherweise dann auf unterschiedlich große Flächen übertragbar sind, wenn man in der Lage ist, den jeweiligen Anteil der Gerinneerosion bzw. der Zwischendepositionen zu eliminieren. Das würde selbstverständlich nur für Gebiete mit "ähnlicher" Gebietsausstattung gelten.

Wie groß das Anwachsen oder Entleeren interner Speicher ist, hängt wiederum von der Größe des betrachteten Gebietes ab. In den kleinsten Gebieten spielen die Zwischendepositionen im Vorfluter - wenn überhaupt ein perennierender Abfluß vorhanden ist - eine sehr geringe Rolle. Der überwiegende Teil des Materials (besonders bei schluffigem Substrat), der hier erodiert wird, bleibt bis in den Vorfluter in Schwebe. Darunter sind Gebiete in Hektargröße zu verstehen, die sich durch linienhafte Entwässerung der landwirtschaftlichen Flächen auszeichnen (siehe BAADE 1990, 1991). Bei flächenhaften Erosionsprozessen und besonders bei flach geneigten Unterhängen ist dort bereits mit Zwischendeposition im Kolluvium zu rechnen.

Bei größeren Gebieten schaltet sich das Gerinnebett als Zwischenspeicher ein. DUIJSINGS (1987) findet in einem 60,8 ha großen Einzugsgebiet im Steinmergelkeuper in Luxemburg heraus, daß die Gerinneufer 53 % zum Sedimentaustrag beitragen. Die restlichen 47 % stammen von den Talhängen des waldbestandenen Bachoberlaufes. Die genannten Beträge werden bestimmten Erosionsprozessen (z. B. Uferrutschungen, Subrosion etc.) zugeordnet. Während der zweijährigen Untersuchungen ist der Sedimentaustrag aus dem Gebiet in etwa gleich dem Eintrag von den Ufern und den Hängen des Einzugsgebietes. Diese Differenzierung kann weder für die Zuflüsse noch für die Elsenz selbst nachvollzogen werden, da hierfür die Datengrundlage fehlt.

Bei der räumlichen Übertragung von Transportraten sind demnach nicht nur die Kenngrößen des Gebietes zu berücksichtigen, sondern auch die Prozesse innerhalb der unterschiedlich ausgeprägten Gerinne. Einen größeren Komplexitätsgrad erfährt diese Problematik, wenn die zeitliche Veränderung einbezogen wird. So kann an der Elsenz nicht unmittelbar davon ausgegangen werden, daß der Hochwasserabfluß und Sedimenttransport am 15. Februar 1990 typisch ist für alle Ereignisse mit einer (statistischen) Wiederkehr von 5 Jahren. Zum Beispiel können größere Ereignisse wie das HQ_{100} im Februar 1970 oder katastrophale Ereignisse einen außerordentlichen Effekt haben, der sich noch auf die Prozesse der folgende Jahrzehnte auswirkt.

Generell handelt es sich nicht um stationäre Systeme. Dies ist an folgender Tatsache nachzuvollziehen. Bis zu ufervollem Abfluß wird das gesamte Material, das unterhalb der Kompetenz des Flusses liegt, ausgetragen. Sobald Vorlandabfluß stattfindet, wird auf der Aue akkumuliert und die Sedimentbilanz verändert sich.

Ein weiterer Aspekt sind die lokalen Erosionsbasen, die die Elsenz in einen staugeregelten Fluß untergliedern. Während Niedrig- und Mittelwasserabfluß wird offensichtlich feiner, mineralischer und organischer Schweb akkumuliert. Lokal begrenzte Hochwasserereignisse an Zuflüssen tragen dazu bei. Sie tragen Sedimente in das Gerinne der Elsenz ein, das selbst aber nur unwesentlich höhere Wasserstände erreicht. Dadurch wird das System Gerinnebett "geladen". Kommt es an der Elsenz selbst zu Hochwasser wird dieses zwischendeponierte Material remobilisiert. Dies zeigt sich z. B. an einzelnen Leitfähigkeitspeaks am ansteigenden Ast der Hochwasserwelle. Hier wird "altes" Wasser mit höherer Leitfähigkeit mobilisiert. Die weiche Schlammschicht an der Gerinnesohle ist ein mögliches Herkunftsgebiet dieser noch nicht durch Oberflächenabfluß verdünnten Wässer.

Extreme Veränderungen in dem Prozeßgeschehen ergeben sich dann, wenn die Kraftwerksbetreiber die Schützen ihrer Wehre öffnen. Dadurch werden die lokalen Erosionsbasen spontan um Meterbeträge erniedrigt. Der Wasserspiegel versteilt sich, die Abflußgeschwindigkeiten nehmen stark zu und der Stauraum im Oberwasser wird geleert. Nach unseren Erfahrungen an der Elsenz geschieht das etwa bei ufervollem Abfluß, dem in diesem Zusammenhang als gerinnebettgestaltendem Abfluß erst Recht große Bedeutung zukommt.

Die Untersuchungen zur Übertragbarkeit erlauben demnach folgende Schlüsse:

1. Bei der Übertragbarkeit von Gebietesausträgen spielen die auf der Aue und besonders im Gerinne zwischendeponierten Sedimenten (Ufer und "liquid mud") eine wesentliche Rolle. Soll die Übertragbarkeit auf unterschiedlich große Gebiete überprüft werden, müssen die relevanten Vorfluter, wie in diesem Beispiel die Elsenz, differenziert betrachtet werden. Das bedeutet in unserem Fall, daß für eine Absicherung des beschriebenen Modells entlang des Biddersbaches weitere Meßstellen einzurichten wären, um den Anteil aus dessen Gerinnebett besser fassen zu können.

2. Um die internen Umlagerungen zu erfassen bzw. auch Erosion der Gerinneufer besser zu quantifizieren, sind genauere Meßverfahren als die beschriebene Kartierung notwendig. Obwohl der Sedimentanteil aus dem Gerinnebett nach den vorliegenden Ergebnissen relativ hoch ist, verteilt er sich doch über eine längere Gewässerstrecke. Die Menge pro Meter Laufstrecke ist demnach so gering, daß sie bislang mit Hilfe wiederholter Querprofilvermessungen oder Nachkartierungen nicht quantifiziert werden kann.

3. Auch das beschriebene "Laden des Systems" des größeren Vorfluters durch Hochwasserereignisse an den kleineren Zuflüssen kann durch eine genauere Gerinneaufnahme möglicherweise erfaßt werden (siehe dazu auch Kap. 9).

9. LÄNGERFRISTIGE EINORDNUNG DER JAHRE 1988, 1989 UND 1990

Die Untersuchungen an der Elsenz haben u. a. zum Ziel, die aktuell ablaufenden Prozesse in einen längerfristigen Rahmen einzuordnen. Der Hintergrund dieses Konzeptes ist, die Ergebnisse aus dem Projektteil der aktuell ablaufenden Prozesse mit denen zu vergleichen, die sich aus den Untersuchungen der holozänen und historischen fluvialen Dynamik ergeben (siehe SCHUKRAFT 1995). Dies ist insofern interessant und wichtig, als das aktuelle Prozeßgeschehen (z. B. Häufigkeit und Dimension der Hochwasserereignisse) der drei hydrologischen Meßjahre 1988 bis 1990 in der Entwicklung der vergangenen Jahrzehnte betrachtet werden kann.

Die Verknüpfung (aktuell und holozän) liegt besonders nahe, wenn ein gemeinsames Untersuchungsobjekt zur Verfügung steht. In diesem Fall ist es die Talaue der Elsenz. Wie gezeigt wurde, wird heute bei Vorlandabfluß Sediment abgelagert, d. h. die Aue spielt bezüglich des Sedimenttransportes und der -bilanzierung eine wichtige Rolle. Ihre Sedimente sind es, die Aufschluß geben über das Prozeßgeschehen in den vergangenen Jahrtausenden. Mit Profilaufnahmen und Kernbohrungen wird der Frage nachgegangen, wie sich die Aue aufgehöht hat, d. h. wie sich das fluviale System entwickelt hat und besonders wie es auf externe oder interne Störgrößen reagiert hat (SCHUKRAFT 1995).

Bezüglich der aktuellen Dynamik hat sich gezeigt, daß bei größeren Hochwassern an der Elsenz Schwebstoffe in erheblichem Umfang transportiert werden. Diese stammen nicht nur von den Flächen, sondern zu einem großen Teil aus dem Gerinnebett. Es ist nun zu prüfen, ob und inwieweit klimatische und/oder anthropogene Veränderungen dafür verantwortlich sind, daß das Gerinnebett in dem starken Maße an der Sedimentbilanz beteiligt ist.

9.1 Niederschlag

Einen Überblick über die Niederschlagsentwicklung geben die jährlichen Niederschlagssummen von acht Stationen des DEUTSCHEN WETTERDIENSTES aus den hydrologischen Jahren 1960 bis 1990 (s. Abb. 60). Die Standorte der Stationen im Elsenzgebiet sind Abbildung 27 zu entnehmen. Wie bei der räumlichen Niederschlagsverteilung (Abb. 19) kommt auch in den Säulendiagrammen der acht Stationen in Abbildung 60 die Zunahme der Niederschläge von Süden nach Norden zum Ausdruck. Bei Elsenz und Eppingen liegen die Werte um 800 mm/a, im höheren Norden über 1000 mm/a (Neunkirchen) bzw. über 1100 mm/a (Schönbrunn).

Die dargestellten drei Jahrzehnte können folgendermaßen charakterisiert werden: Die erste Hälfte der 60er Jahre ist durch relativ geringe, die zweite Hälfte durch höhere Niederschlagssummen gekennzeichnet. Das anschließende Jahrzehnt der

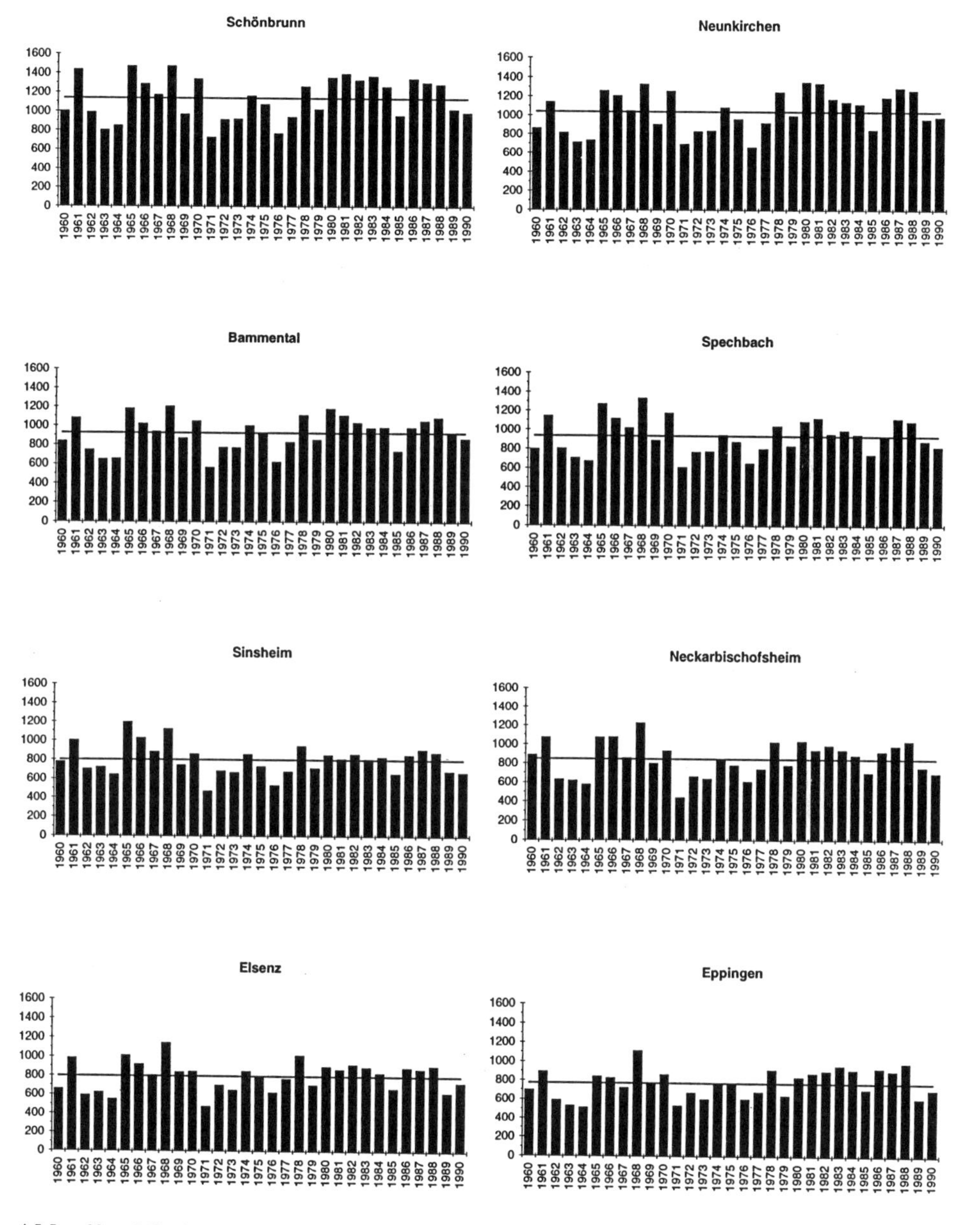

Abb. 60: Niederschlagssummen der hydrologischen Jahre 1960 bis 1990 an acht Stationen im Elsenzgebiet (Standorte der Stationen siehe Abb. 27) (Quelle: DEUTSCHER WETTERDIENST, OFFENBACH)

70er Jahre weist gegenüber dem Durchschnitt deutlich geringere Werte auf, worin die "trockenen 70er Jahre" zum Ausdruck kommen. Im Jahr 1978 deutet sich eine Umkehr an.

Von 1980 bis 1988 - mit Ausnahme des Jahres 1985 - liegen die Werte an allen Stationen über dem langjährigen Mittelwert. Erst 1989 und 1990 nehmen die Summen wieder ab. Diese Tendenz zeigt sich an allen Stationen, wobei der Schwankungsbereich nach Süden - wie die Absolutwerte - abnimmt.

Die drei untersuchten hydrologischen Jahre 1988-1990 können in den Gesamtzeitraum so eingeordnet werden, daß im Jahr 1988 10-15 % mehr Niederschlag fällt als im Durchschnitt der Jahre 1960-1990. Die Werte der Jahre 1989 und 1990 liegen unterhalb des Mittelwertes. Der Meßzeitraum gibt also mit dem feuchteren Jahr 1988 und den niederschlagsärmeren 1989 und 1990 die durchschnittlichen Verhältnisse wieder. Ausgehend vom Beginn der 70er Jahre ist bis 1988 ein Trend zu überdurchschnittlich hohen Niederschlagssummen unverkennbar.

Ein anderer klimatischer Parameter, der für die Hochwasserbildung relevant ist, ist die Niederschlagsintensität. Konvektive Niederschläge mit erosiven Intensitäten führen in der Regel an der Elsenz nicht zu größeren Hochwasserereignissen; dazu sind sie örtlich zu stark begrenzt. Die größeren Ereignisse finden an der Elsenz im allgemeinen in den Wintermonaten statt. Seit 1970 liegen sechs von sieben ufervollen und größeren Ereignissen in den Wintermonaten Oktober bis März (siehe Kap. 9.2 und Abb. 62). Es ist davon auszugehen, daß in den Wintermonaten andere Faktoren eine größere Rolle spielen, so z. B. der Zeitpunkt und die Menge des vorangegangenen Niederschlags. Er füllt nach der verdunstungsreichen Vegetationsperiode die Bodenspeicher auf. Die Fläche wassergesättigten Bodens vergrößert sich (DUNNE in KIRKBY 1989). Wenn die Speicher der abflußwirksamen Flächen gefüllt sind, kommt es bei einem folgenden Ereignis (mit ausreichender Menge) zu Oberflächenabfluß, der eine Abflußerhöhung zur Folge hat. Darüber hinaus treten die großen Hochwasserereignisse häufig in Kombination mit Schneeschmelze auf.

9.2 Hochwasserabfluß und Jährlichkeiten

Zur Untersuchung der transportrelevanten Hochwasserereignisse werden die Monatsserien der Abflußwerte der Pegel Elsenz/Meckesheim und Schwarzbach/Eschelbronn herangezogen (Abb. 61). Das sind die Abflußmaxima jedes Monats. Der langjährige, mittlere Hochwasserabfluß (MHQ) am Schwarzbach wird mit 28 m^3/s, der an der Elsenz bei Meckesheim mit 16 m^3/s angegeben (LFU Karlsruhe).

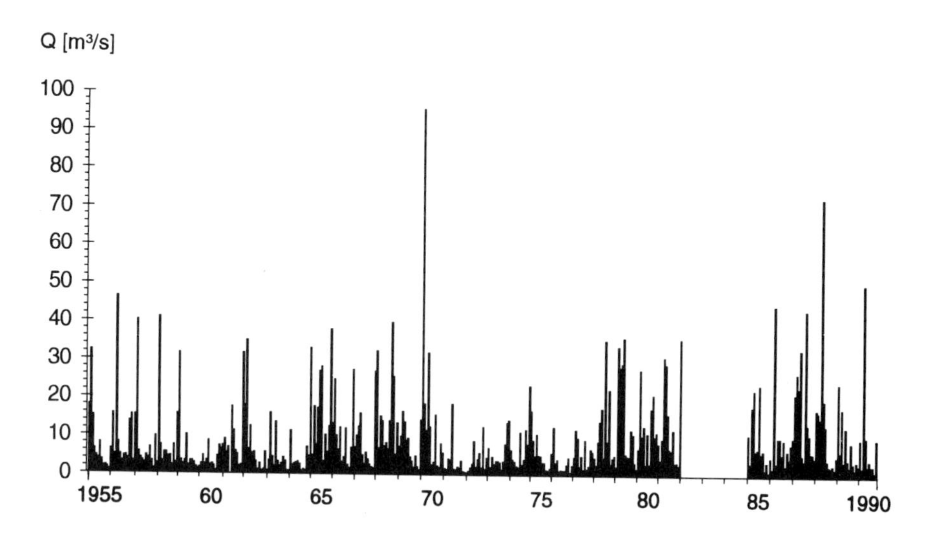

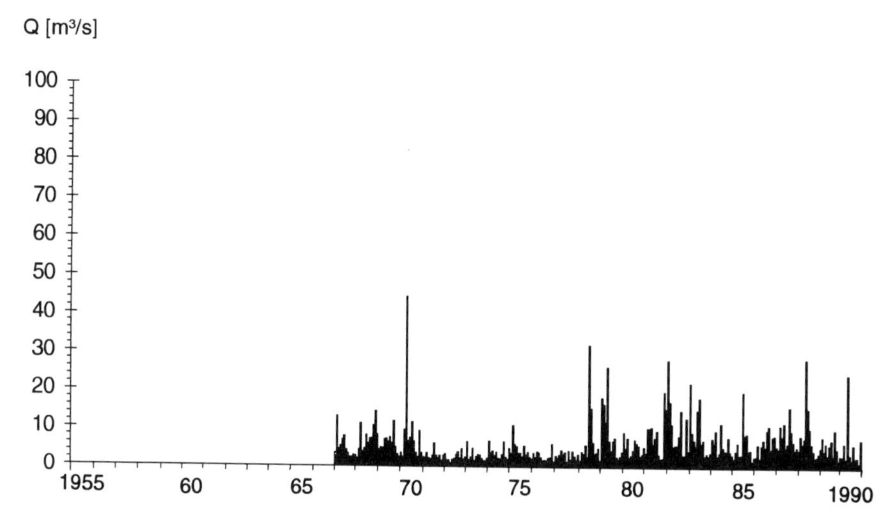

Abb. 61: Maximale monatliche Hochwasserabflüsse an den Pegeln Elsenz/ Meckesheim und Schwarzbach/Eschelbronn (Quelle der Daten: LFU BADEN-WÜRTTEMBERG)

Die Kurven der beiden Pegel zeigen für die hydrologischen Jahre 1960 bis 1990 eine gute Übereinstimmung des Verlaufs, wobei die Absolutwerte beim Schwarzbach deutlich höher liegen. Daraus ist ersichtlich, daß die größeren Höhen und damit das steilere Relief im Norden des Elsenzgebietes sich nicht nur auf den Niederschlagsinput, sondern auch auf den Abfluß auswirken. Außerdem geht aus der Abbildung hervor, daß die höchsten Abflußspitzen jeweils im Winterhalbjahr auftreten.

Im einzelnen können folgende Zeiträume unterschieden werden: In der ersten Hälfte der sechziger Jahre treten geringe Hochwasserabflüsse auf. Die Mehrzahl der Ereignisse am Schwarzbach bleibt unter 10 m^3/s, also deutlich unterhalb des MHQ. Eine Ausnahme bilden zwei Ereignisse Anfang 1962. In der zweiten Hälfte desselben Jahrzehnts nehmen die Ereignisse an Zahl und Stärke deutlich zu. Diese Periode endet sehr abrupt zu Beginn der siebziger Jahre, nachdem im Februar 1970 das bisher höchste Hochwasser an beiden Pegeln registriert wird. Die Abflußmaxima dieses Ereignisses liegen am Pegel Elsenz/Meckesheim bei 45 m^3/s und am Schwarzbach/Eschelbronn bei 95 m^3/s.

Zu Beginn der siebziger Jahre gehen die Hochwasserabflüsse an Zahl und Dimension stark zurück und nehmen erst 1978 und 1979 wieder zu. Das anschließende Jahrzehnt ist wieder durch höhere und vermehrte Abflußereignisse geprägt. Die beiden letzten größeren Hochwasser im März 1988 und Februar 1990 fallen in unseren Meßzeitraum.

Die Perioden geringer Niederschlagssummen stimmen mit Perioden geringerer oder abgeschwächter Hochwasseraktivität überein. Das ist insofern erstaunlich, als es sich bei den Angaben um Jahressummen handelt, die relativ wenig über die jeweilige Hochwassersituation aussagen. Dennoch scheinen die absoluten Niederschlagsmengen von größerer Bedeutung zu sein, als z. B. die Intensitäten. Hier ist es sinnvoll, Sommer- und Wintersituationen zu unterscheiden, denn die relevanten Hochwasserereignisse treten in der Regel in den Wintermonaten auf. In der kälteren Jahreszeit mit geringerer Evapotranspiration ist die Sättigung des Bodenspeichers für die Vorkonditionierung eines Hochwassers von außerordentlicher Bedeutung. Außerdem fallen in dieser Zeit eher advektive Niederschläge geringer Intensitäten, die sich aber insgesamt durch höhere Niederschlagssummen bemerkbar machen.

Von den Niederschlägen hängen die Hochwasserabflüsse am Elsenzunterlauf ab, die durch die Obere Elsenz und den Schwarzbach generiert werden. Von deren gegenseitiger Überlagerung hängt es in erster Linie ab, ob es unterhalb der Schwarzbachmündung zu ufervollem Abfluß oder sogar Vorlandabfluß kommt. Nach Literaturwerten tritt der ufervolle Abfluß durchschnittlich alle 1,5 Jahre (LEOPOLD, WOLMAN & MILLER 1964; SCHMIDT 1984) bzw. alle 2 Jahre (NIXON 1959) auf. Die Analysen der Hochwasserereignisse an der Elsenz zeigen, daß es notwendig ist, auch hier die Frequenz des bordvollen Abflusses zu untersuchen. Ufervolle oder höhere Abflüsse sind erstens mit erheblichem Sedimenttransport verbunden und zweitens üben sie wesentliche Impulse auf die Gerinnebettgestaltung aus. Ereignisse, die unterhalb des ufervollen Wasserspiegels bleiben, haben sowohl vom Sedimenttransport als auch von der Gerinnebettgestaltung her einen wesentlich geringeren Effekt.

Für die Elsenz im Bereich von Bammental liegt eine konstante Abflußdatenreihe von 1930 bis 1990 vor (Abb. 62). Sie setzt sich zusammen aus Daten der Landespegel Elsenz/Bammental, Elsenz/Meckesheim, Schwarzbach/Eschelbronn und unseren eigenen langjährigen Datenreihen vom Pegel Elsenz/Hollmuth. Im Zeitraum von 1945 bis 1966 sind die Spitzenabflüsse zu gering, da der Pegel Elsenz/Bammental durch Sprengungen am Ende des zweiten Weltkrieges beschädigt wurde und Hochwasser nur bis zu einer Marke von 70 m^3/s aufzeichnete.

Die Daten zeigen von 1930 bis 1970 durchschnittlich ein Ereignis in 1,3 Jahren, d. h. eine relativ hohe Frequenz ufervoller oder größerer Ereignisse. In diesem Zeitraum liegen die Werte etwas unter den Angaben von LEOPOLD et al. (1964) und SCHMIDT (1984). Nach 1970 treten an der Elsenz bordvolle oder höhere Abflüsse seltener auf; das fluviale System ändert sich dahingehend, daß bis 1990 durchschnittlich 2,8 Jahre vergehen, bis es wieder zu einem ufervollen Abfluß kommt. Wenn die trockenen 70er Jahre nicht berücksichtigt werden, d. h. der Zeitraum von 1978 bis 1990 zugrunde gelegt wird, errechnet sich ein Wert von 2 Jahren, was dem Durchschnittswert von NIXON (1959) entspricht.

Die Abnahme der Frequenz ufervoller Ereignisse von 1,3 (vor 1970) auf 2,0 (nach 1978) kann nicht eindeutig erklärt werden. Sie hängt möglicherweise mit dem Bau von Hochwasserrückhaltemaßnahmen im Elsenzgebiet zusammen. Dem Einfluß der Hochwasserretention in Rückhaltebecken im Elsenzgebiet wurde bisher nicht näher nachgegangen, so daß diesbezüglich im Moment keine Bewertung möglich ist.

Der Untersuchungszeitraum von 1988 bis 1990 zeigt, bezogen auf den Pegel Elsenz/Hollmuth, ein überufervolles und ein ufervolles Ereignis im März 1988 und ein überufervolles im Februar 1990 (siehe auch Abb. 45). Die durchschnittliche Frequenz liegt bei einem Ereignis pro Jahr und demnach höher als die durchschnittliche Frequenz von 2 Jahren. Faßt man aber die beiden Ereignisse im März 1988 als ein Ereigniskomplex zusammen, so ergeben sich zwei Ereignisse in drei Jahren, was wieder einer Frequenz von 1,5 Jahren entspricht.

Von entscheidender Bedeutung für die Einordnung der von 1988 bis 1990 erfaßten Hochwasserereignisse sind deren errechnete Scheitelabflüsse (BUCK et al. 1982). Mit Hilfe dieser Abflußmaxima werden den Hochwasserabflüssen Jährlichkeiten zugeordnet. Den Werten liegen Parameterschätzungen nach der Momenten-Methode bzw. der Maximum-Likelihood-Methode zugrunde. Die Anpassung der Ver-

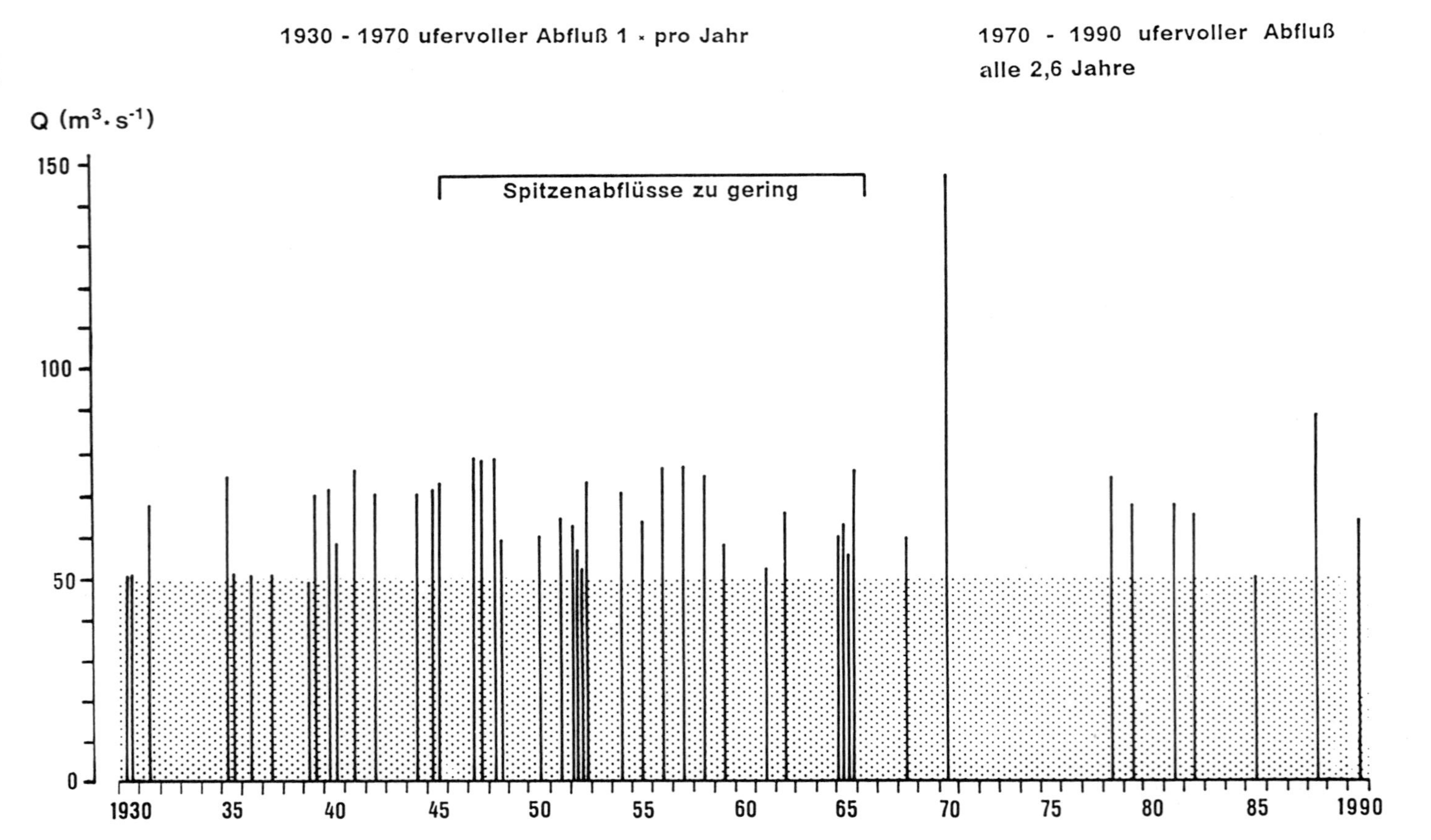

Abb. 62: Ufervolle und höhere Abflußereignisse an der Elsenz von 1930 bis 1990 (Auswertung der Daten der LANDESANSTALT FÜR UMWELTSCHUTZ und eigener Erhebungen)

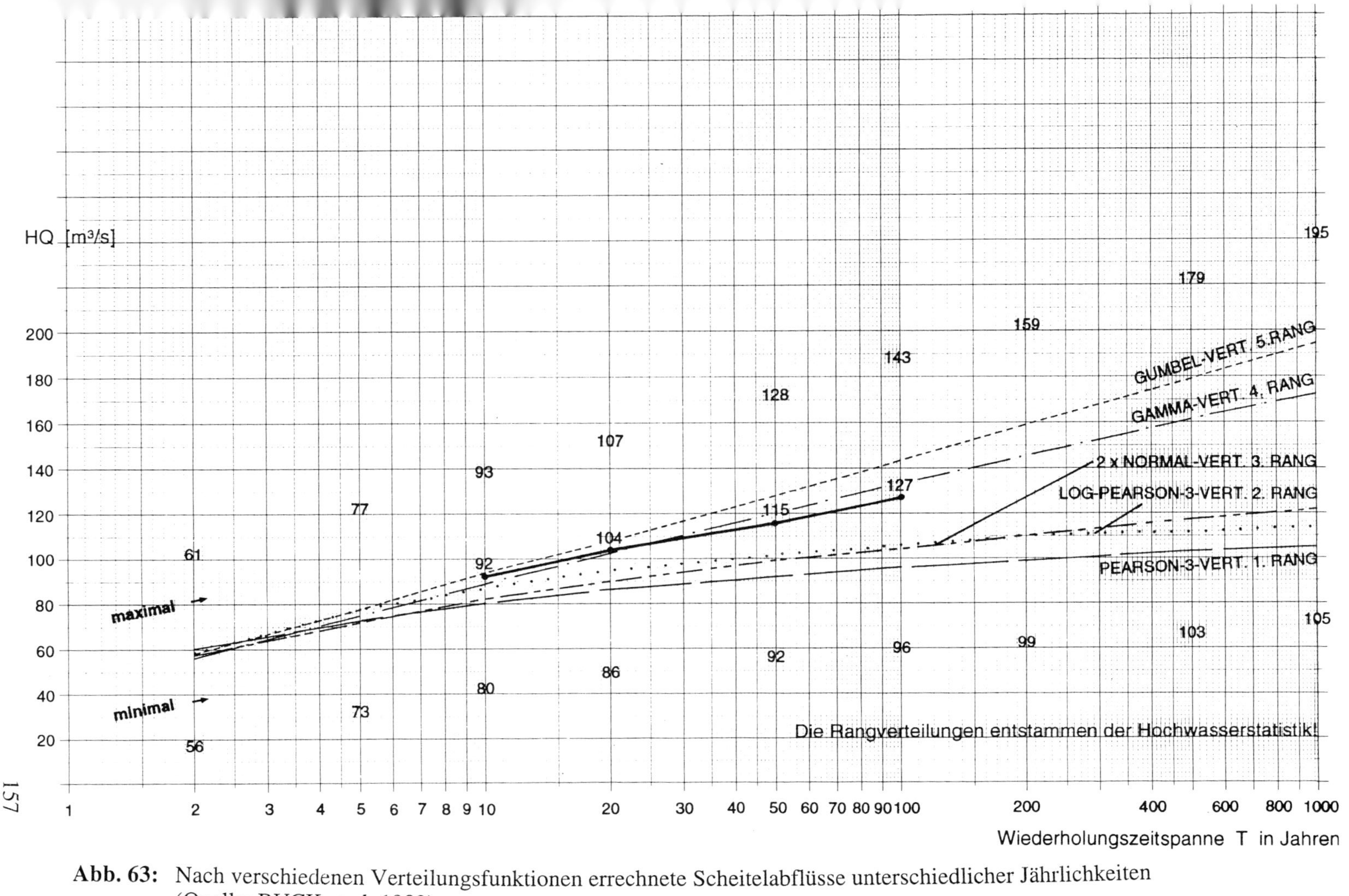

Abb. 63: Nach verschiedenen Verteilungsfunktionen errechnete Scheitelabflüsse unterschiedlicher Jährlichkeiten (Quelle: BUCK et al. 1982)

teilungsfunktionen an die Stichprobe wurde mit einem Likelihood-Quotiententest geprüft und die Verteilungen danach bewertet (BUCK et al. 1982). Nach absteigender Rangfolge sind die Verteilungsfunktionen Pearson-3 (1. Rang), Log-Pearson-3 (2. Rang), Normal (3. Rang), Gamma (4. Rang) und Gumbel (5. Rang) angegeben.

Im Vergleich zu zahlreichen mitteleuropäischen Flüssen (siehe KOBERG et al. 1975) erwies sich auch an der Elsenz nach der Hochwasserstatistik die Log-Pearson-3-Verteilung als die geeignetste Funktion. Die von BUCK et al. (1982) tatsächlich angegebenen Scheitelabflüsse weichen von dieser Verteilung ab, da zusätzlich N-A-Berechnungen und Regionalanalysen durchgeführt wurden, die das Ergebnis verändern (Abb. 63). Daher liegen die tatsächlichen Jährlichkeiten in der Nähe der Gamma-Verteilung, die nach der Statistik nur den vierten Rang belegt. Die Werte für die Elsenz sind im einzelnen:

10jährliches	92 m^3/s
20jährliches	104 m^3/s
50jährliches	115 m^3/s
100jährliches	127 m^3/s.

Um höhere Jährlichkeiten zu ermitteln, dienen die in Abb. 63 angegebenen höheren Jährlichkeiten der Hochwasserstatistik als Orientierung. Extrapoliert man nun die tatsächlichen Werte, liegt das 1000jährliche Hochwasser der Elsenz bei Bammental im Bereich von 160 m^3/s und das potentielle 10.000jährliche bei etwa 180 bis 200 m^3/s. Diese Werte stellen durch die unsichere Verteilung im oberen Abflußbereich nur eine grobe Schätzung der Größenordnung dar.

Nach diesen Angaben handelt es sich bei dem Hochwasser im März 1988 (Scheitelabfluß 90 m^3/s) um ein etwa 10jährliches, bei dem im Februar 1990 (Scheitelabfluß 74 m^3/s) um ein ca. 5jährliches Hochwasser.

9.3 Schwebstofftransport

Um den Schwebstofftransport für den Zeitraum der hydrologischen Jahre 1988 bis 1990 zu berechnen, können nicht die Beziehungen zwischen Abfluß und Suspensionskonzentration benutzt werden, die für die Hochwasserereignisse ermittelt werden. Wie in Kap. 7 ausführlich dargelegt wird, gibt es selbst für einzelne Ereignisse keine allein gültige Beziehung, da erhebliche Schwankungen innerhalb auf- und absteigender Abfluß- bzw. Suspensionsganglinie auftreten. Daher werden die gesamten Konzentrationswerte, die während der drei hydrologischen Jahre am Pegel Elsenz/Hollmuth erhoben werden, einer entsprechenden Berechnung unterzogen (Abb. 64A und B).

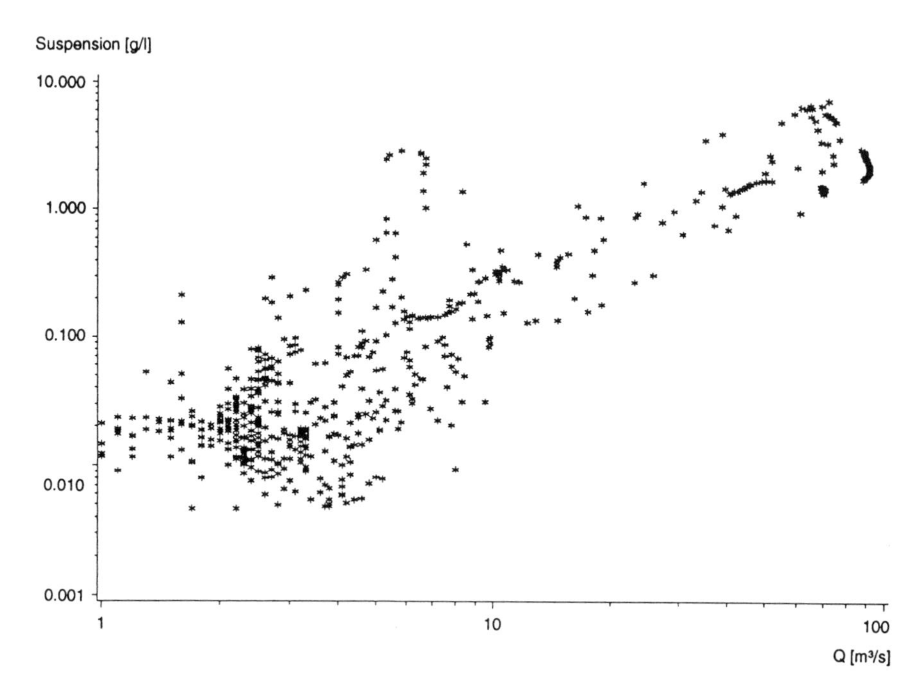

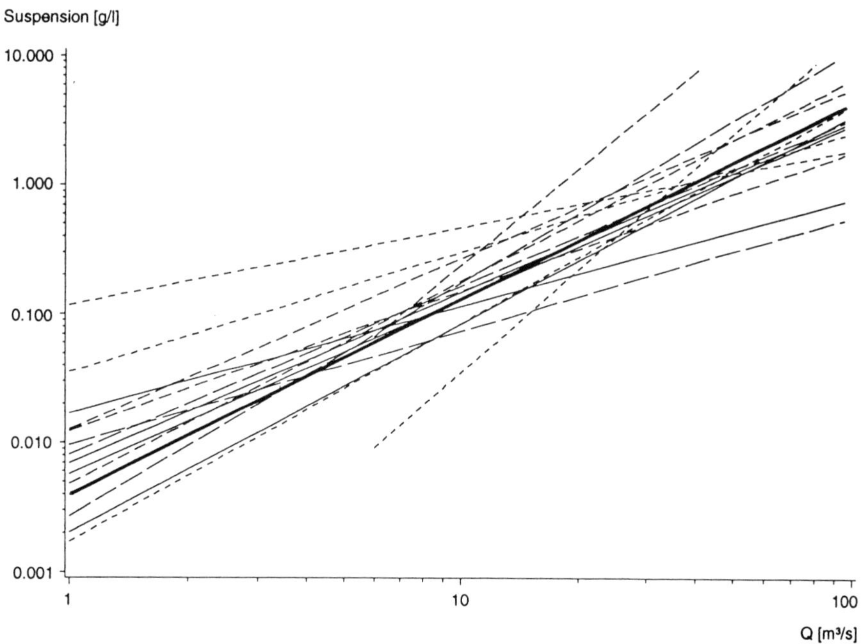

Abb. 64: Beziehung Abfluß/Schwebstoffkonzentration am Pegel Elsenz/Hollmuth von 1988-1990. (**A**) Punktverteilung; (**B**) Regressionsgeraden (siehe Text)

Der Zusammenhang zwischen Abfluß und Suspensionskonzentration streut - wie bei den Einzelereignissen - auch hier erheblich. Das ergibt sich daraus, daß die Werte der Hochwasserereignisse enthalten sind, deren Hystereseschleifen in Abbildung 64A durch dicht nebeneinanderliegende Punkte am Rand der Punktverteilung auffallen (siehe auch WALLING & WEBB 1981). Darüber hinaus ist die Beziehung durch relativ hohe Konzentrationswerte im Niedrigwasserbereich gekennzeichnet. Es handelt sich dabei um einen erhöhten organischen Anteil in der Suspension, der verstärkt in der Vegetationsperiode auftritt, d. h. in einer Zeit, in der natürlicherweise der mineralische Schwebstoffgehalt sehr niedrige Werte zeigt.

Diese Erkenntnis führt dazu, die vorliegenden Daten nach Jahreszeiten getrennt zu berechnen, d. h. für kürzere Zeiträume Regressionen zu ermitteln. Die Geraden in Abbildung 64B geben die Regressionen für die Winter- und Sommerhalbjahre wieder.

Zusätzlich ist die Regression des Gesamtzeitraumes und zum Vergleich die in Abbildung 52 dargestellten Geraden vom Hochwasser im März 1988 enthalten. Dabei wird die starke Streuung deutlich. Zur Berechnung der Jahresfrachten für den Gesamtzeitraum wird die Regression aus den beiden Winterhalbjahren 1988 und 1990 gewählt, die den höchsten Koeffizienten mit $r^2 = 0,86$ aufweist. Durch diese Beziehung wird außerdem der im Sommer relativ hohe organische Anteil der Suspension zurückgedrängt. Die Gleichung lautet:

$$Q_{sus} = 0,00399 * Q^{1.51461}$$

Mit Hilfe dieser Regressionsgleichung werden für sämtliche Abflußwerte der drei hydrologischen Jahre die Konzentrationswerte und Frachten berechnet. Die Hochwasserereignisse werden dabei aber nicht adäquat berücksichtigt, wie die Behandlung des Hochwassers im Februar 1990 beispielhaft zeigt. Unter Verwendung der oben genannten Beziehung wird am Pegel Elsenz/Hollmuth für 1990 ein Jahresaustrag von 12.400 Tonnen errechnet. Die direkte Frachtberechnung für das Februarereignis liefert aber schon 16.000 Tonnen. Das bedeutet, daß die oben genannte Regression für die Ereignisse zu geringe Werte liefert.

Zur Berechnung der Jahresfrachten wird deshalb eine Kombination von zwei Verfahren gewählt. Die Frachten während Hochwasserereignissen werden unter Verwendung der gemessenen Konzentrationswerte nach der in Kap. 7 beschriebenen Methode berechnet. Der übrige Zeitraum des Jahres wird mit Hilfe der oben angegebenen Gleichung ermittelt. Daraus ergibt sich der Jahresaustrag der Schwebstoffe, der in Abbildung 65 dargestellt ist.

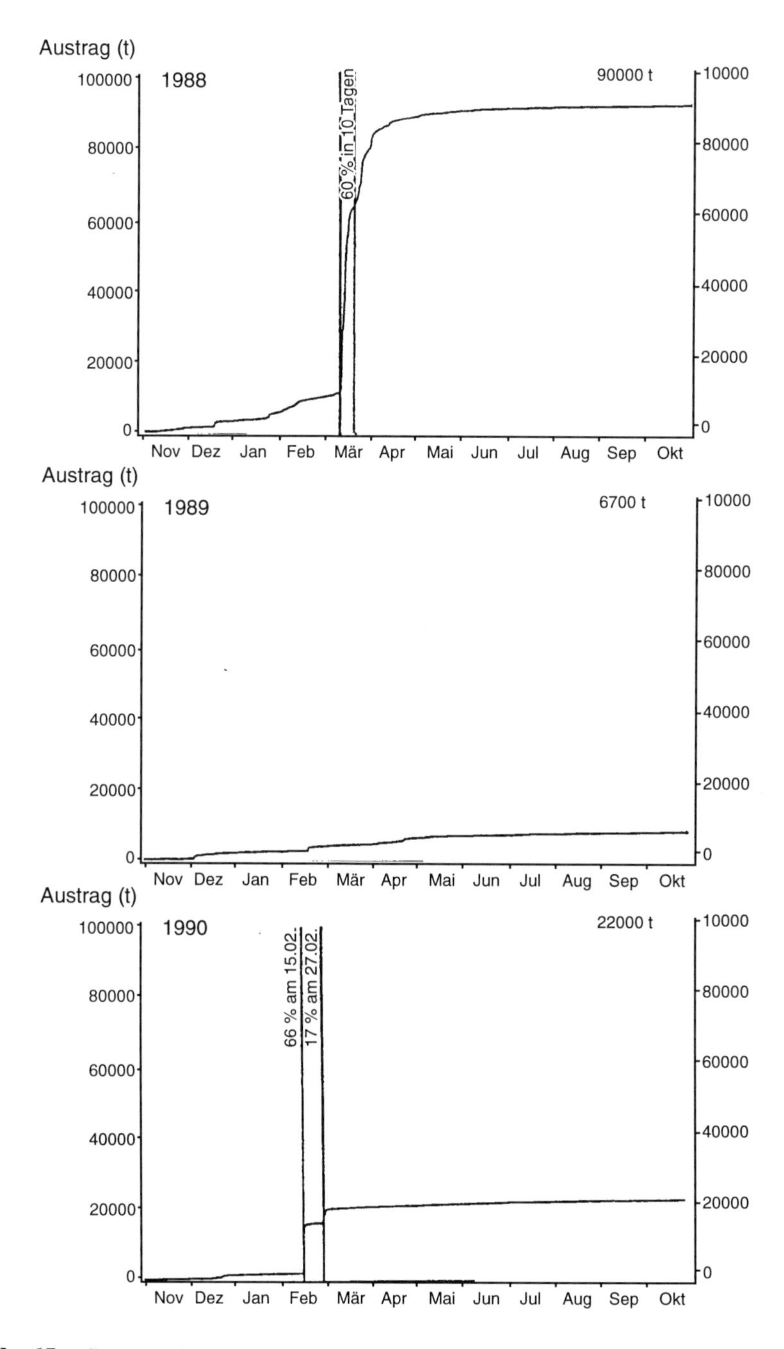

Abb. 65: Summenkurven der Schwebfracht am Pegel Elsenz/Hollmuth in den hydrologischen Jahren 1988-1990

Im Jahr 1988 verlassen insgesamt ca. 90.000 Tonnen Material das Elsenzgebiet. Das entspricht einem Jahresaustrag von 166,1 t/km^2. Davon werden aber 60 % innerhalb von 10 Tagen im März 1988 ausgetragen. Der Wert für das Jahr 1989 liegt bei ca. 6.700 Tonnen (12,4 t/km^2 * a). Hier kommt die geringe Hochwasseraktivität zum Ausdruck. Im dritten Meßjahr beträgt die Gesamtfracht 22.000 Tonnen (40,6 t/km^2 * a). Davon entfallen auf das Hochwasser am 15.02. 66 % und auf das Ereignis am 27.02. 17 %. Das bedeutet, daß 83 % der Jahresfracht während der beiden Februarereignisse transportiert wird. Diese Ergebnisse zeigen, daß der weitaus größte Teil der Jahresfracht der Schwebstoffe innerhalb von wenigen Tagen während einzelner Hochwasserereignisse passiert. Dies bestätigt die Ergebnisse von FLÜGEL (1982). In Trockenwettersituationen kann - bedingt durch sehr geringe Fließgeschwindigkeit und niedrige Suspensionswerte - der Schwebstofftransport nahezu vernachlässigt werden.

Nach den Untersuchungen von FLÜGEL (1982) liegt die Jahresfracht am Pegel Elsenz/Hollmuth zwischen 1977 und 1980 bei folgenden Werten:

1977	6.804 Tonnen
1978	26.188 Tonnen
1979	29.750 Tonnen
1980	20.367 Tonnen.

Daraus ermittelt FLÜGEL (1982) einen Jahresmittelwert von 25.400 Tonnen, wobei das Jahr 1977 als nicht repräsentativ ausgeklammert wird.

In diesem Bereich liegt der Austrag für das hydrologische Jahr 1990 mit ca. 22.000 Tonnen, die im wesentlichen während des 5jährlichen Ereignisses im Februar das Elsenzgebiet verlassen. Der Wert für 1989 liegt aufgrund der geringen Hochwasseraktivität mit ca. 7.000 Tonnen deutlich darunter. Das Ergebnis des Jahres 1988 weicht in entgegengesetzter Richtung mit ca. 90.000 Tonnen Jahresfracht erheblich von dem Durchschnittswert ab.

Bemerkenswert ist, daß es 1978 und 1979 zwei Hochwasser gegeben hat, die etwas über ufervoll gelegen haben. Sie schlagen jeweils mit ca. 17.000 bzw. 12.000 Tonnen Austrag in der Jahresbilanz zu Buche (FLÜGEL 1982). Einen ähnlichen Wert erreicht das Ereignis im Februar 1990, das mit 16.000 Tonnen bilanziert wird. Dieses Ereignis erreicht einen ähnlichen Wasserstand mit etwas über ufervoll. Das bedeutet, daß während 5jährlicher Ereignisse durchschnittlich 15.000 Tonnen Material ausgetragen wird. Bei 10jährlichen Hochwässern liegt der Wert bei ca. 40.000 Tonnen.

Unter der Voraussetzung, daß der Sedimentaustrag einer statistischen Verteilung folgt, wie sie dem Abfluß zugeschrieben wird, könnte man höheren Jährlichkeiten entsprechende Sedimentausträge zuordnen. Danach würde bei einem 50jährlichen Ereignis mit einem Scheitelabfluß von 115 m^3/s etwa 80.000 Tonnen, bei einem

100jährlichen (HQ = 127 m^3/s) ca. 100.000 Tonnen. Diese Extrapolation erscheint aber insofern zweifelhaft, als der Sedimentaustrag vermutlich nicht einer definierten Verteilungsfunktion folgt, sondern eher von bestimmten Schwellenwerten abhängt.

In Kap. 7 wird dargelegt, daß bei größeren Hochwasserereignissen ein erheblicher Anteil des ausgetragenen Sediments aus dem Gerinnebett stammt. Ein möglicher Schwellenwert bezüglich der Mobilisierung dieser Sedimente ist ein Abflußwert, ab dem die Kraftwerkbetreiber die Schütze ihrer Wehre öffnen, um Beschädigungen an Turbinen bzw. Gebäuden zu vermeiden. Weder der Zeitpunkt noch der Abflußwert ist dokumentiert, so daß hier nur auf mündliche Auskünfte zurückgegriffen werden kann. Danach erfolgt die Tieferlegung der Erosionsbasis, d. h. der Zeitpunkt des Öffnens der Schütze, spätestens bei ufervollem Abfluß im Oberwasser der Wehranlage. Diese Maßnahme führt unmittelbar zu einer Versteilung des Wasserspiegels. Entsprechend nehmen die Abflußgeschwindigkeiten im Ober- und Unterwasser zu. Die Folge davon ist eine Zunahme der Erosivität des Abflusses, die vermutlich die schon beschriebenen Prozessen im Gerinnebett (Uferunterschneidung, Rutschungen etc.) nach sich zieht.

9.4 Flächennutzung

Für die Entstehung von Hochwasserwellen ist neben der "offenen" landwirtschaftlichen Fläche der Anteil an bebauter, d. h. zum Teil versiegelter Fläche von Bedeutung (DVWK 1982). Sie führen dem Vorfluter Oberflächenabfluß schneller zu, als das bei natürlichen Flächen mit entsprechenden Infiltrationskapazitäten der Fall wäre. Die Entwicklung der Bebauung im Gebiet der Elsenz seit 1950 soll dahingehend untersucht werden.

Unter dem Bebauungsgrad ist nach VERWORN (1982) der Anteil der bebauten Fläche zu verstehen, die den grauen Zonen auf den topographischen Karten 1:50.000 entspricht. Der Versiegelungsgrad beschreibt den Anteil der undurchlässigen Flächen an der Gesamtfläche eines Einzugsgebietes. Der Versiegelungsgrad bebauter Flächen wird nach Untersuchungen in Großbritannien mit 30 % angesetzt, d. h. durchschnittlich ca. 30 % der bebauten Fläche ist versiegelt (NERC 1985).

Die Planimetrierung topographischer Karten des Elsenzgebietes im Maßstab 1:25.000 ergibt einen Zuwachs des Bebauungsgrades von 1954/59 bis 1983/86 von 1,6 auf 7,1 %. Das bedeutet, daß die bebaute Fläche in 30 Jahren um das vierfache zunimmt, der Versiegelungsgrad steigt entsprechend von 0,48 % auf 2,13 % an.

VERWORN (1982) untersucht die Abflußverhältnisse des Schwarzbaches am südlichen Taunusrand westlich von Frankfurt. Verwendet werden die Abflußdaten des Pegels Schwarzbach/Eppstein, der eine Einzugsgebietsfläche von 107,5 km^2 hat und dessen Bebauungsgrad von 1953 bis 1975 von 1,8 % auf 7,2 % (um das vierfache) zunimmt. Da diese Zunahme der des Elsenzgebietes entspricht, besteht die Möglichkeit, beide zu vergleichen.

Die Analyse am Schwarzbach (Taunus) ergibt, daß die Scheitelabflüsse aufgrund der Bebauungszunahme anwachsen, wobei nur die Scheitelabflüsse des Sommerhalbjahres berücksichtigt werden. Das betrifft alle Jährlichkeiten bis zum 20jährlichen Hochwasser gleichermaßen. So hat z. B. das 5jährliche Hochwasser von ca. 5,5 (1952-61) auf 7,5 m^3/s (1965-74) zugenommen. Einschränkend muß aber bemerkt werden, daß VERWORN (1982) die gestiegenen Scheitelabflüsse nicht notwendigerweise auf die Reaktion der bebauten Flächen zurückführt. Das heißt, das auch andere Faktoren auf die Zunahme der Scheitelabflüsse einwirken können, worin sich erneut der multikausale Zusammenhang der einzelnen Faktoren des fluvialen Systems widerspiegelt.

Entsprechendes gilt für die Untersuchungen an der Elsenz. Um den Einfluß der Zunahme der Bebauungsfläche bestimmen zu können, ist es notwendig, andere Parameter als mögliche Ursachen ausschließen zu können. Dies würde aber eine umfassende und exakte Analyse möglichst aller Teilaspekte erfordern, so z. B. die Entwicklung der Abflußmengen, der Hochwasserganglinien, der Niederschlagsmengen und -intensitäten, der veränderten Landnutzung etc., was den Rahmen dieser Arbeit übersteigt und Thema einer eigenständigen Untersuchung wäre.

9.5 Entwicklung der Gerinne

Die Auswertung der Hochwasserereignisse in Kap. 7 ergibt einen erheblichen Frachtanteil aus dem Gerinnebett. Nach den Bilanzierungen stammt bei den Ereignissen 03/88 und 02/90 jeweils 40 bzw. 55 % der Sedimente aus dem Gerinnebett des Elsenzunterlaufes. Diese Ergebnisse werden durch die Untersuchungen von GRIMSHAW & LEWIN (1980) und GRIFFITH (1979) bestätigt. Die genannten Autoren hatten in Zentral-Wales und Neuseeland Gerinneausträge von 50 bzw. sogar 65 % ermittelt. Die Kartierung der Ufer des Insenbachs (Zufluß zur Elsenz) nach dem Hochwasser im Februar 1990 bestätigt zusätzlich die hohen Werte (ca. 40 % des ausgetragenen Materials aus dem Gerinnebett).

Die genaue Herkunft der Sedimente aus dem Gerinne des Unterlaufes kann nur auf indirektem Weg bestimmt werden, da die Veränderungen nicht einzusehen sind. Ein Vergleich der Sohlenlängsprofile der Elsenz von Flußkilometer 35 bis zur Mündung in den Neckar zeigt zwischen 1853/84 - den ersten Auen- und Gerinnevermessungen - und dem heutigen Verlauf der Sohle keine nennenswerten Unterschiede (Abb. 66). Auch die Hochufer zeigen bis auf kleine lokale Veränderungen dieselben Höhen (KADEREIT 1990). BREMER (1959, 1989) hat an der Weser

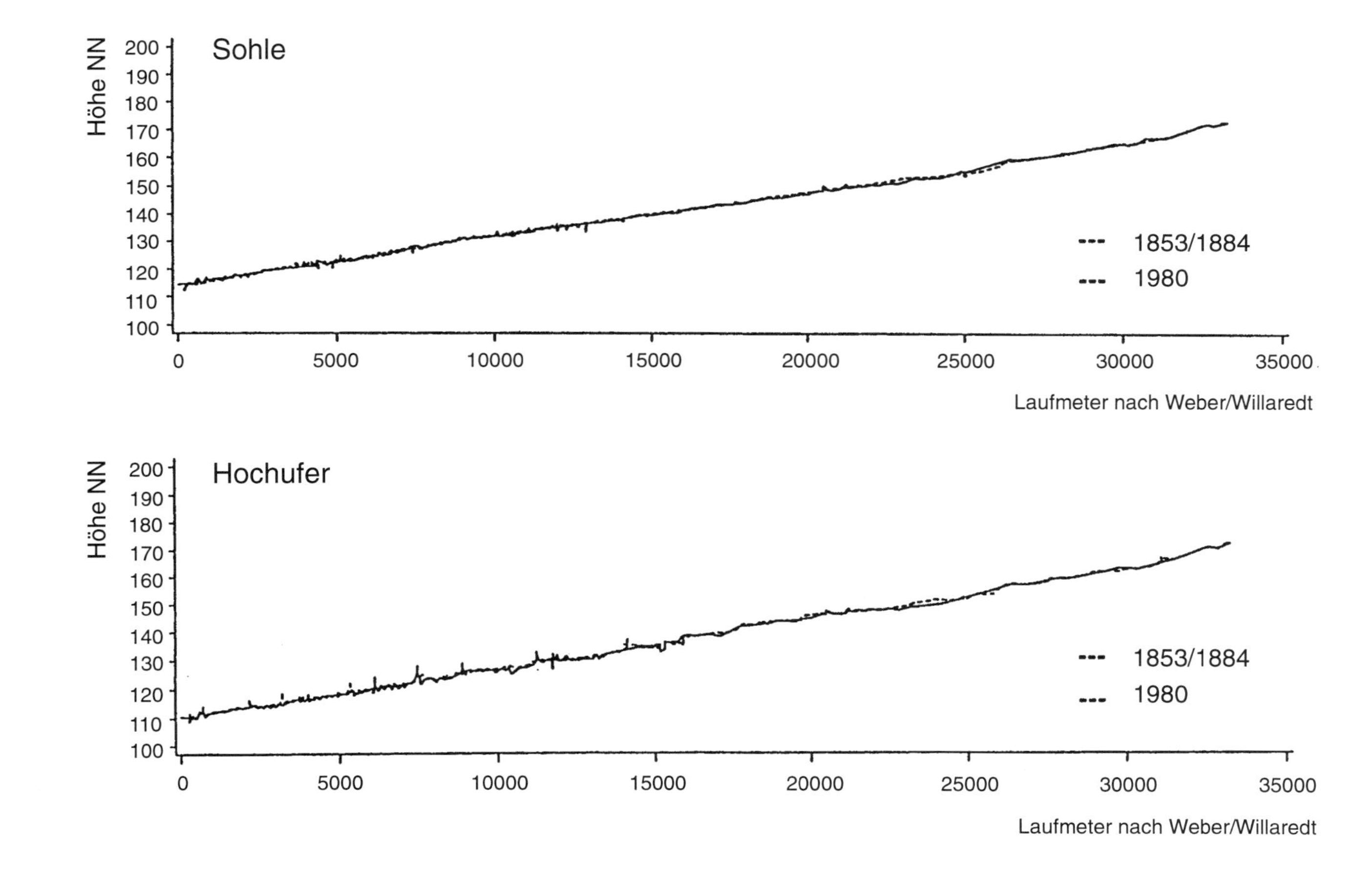

Abb. 66: Längsprofile der Sohle und der Hochufer der Elsenz von 1853/84 und 1980 (Quelle: KADEREIT 1990)

nachweisen können, daß die größeren Formen des Flußbettes sowohl im Längsprofil mit Kolken und Schwellen als auch im Grundriß seit mindestens 100 Jahren mehr oder minder konstant sind. Darüber hinaus konnte die Autorin zeigen, daß seit mindestens 6000 Jahren, wahrscheinlich seit dem Spätglazial, die Flußsohle unter natürlichen Bedingungen nicht nennenswert tiefer gelegt wurde. Untersuchungen an britischen Flüssen zeigten vergleichbare Ergebnisse (z. B. DURY 1981; VANONI 1984 in LEWIN 1988).

Das Gerinne der Elsenz wird seit mehreren Jahrhunderten durch Mühlen und Wasserkraftwerke genutzt - wie in Kap. 3.10 ausführlich beschrieben. Auf dem ca. 15 km langen Elsenzunterlauf liegen 9 Staustufen, von denen im Jahr 1982 noch 7 zur Energiegewinnung genutzt wurden. Zusätzlich sind einige Begradigungen, Durchstiche und Ausbaumaßnahmen durchgeführt worden, die das natürliche Abflußverhalten der Elsenz verändert haben (BUCK et al. 1982). Die Stauregelung hat stark wechselnden Abflußbedingungen einzelner Flußstrecken zur Folge.

Unter Verwendung der Quer- und Längsprofile (siehe Kap. 6.1), der berechneten Abflußkurven für die Wehranlagen und der Gleichungen von BERNOULLI und GAUCKLER-MANNING-STRICKLER werden an bekannten Flußquerschnitten die Wasserspiegelhöhen berechnet (BUCK et al. 1982). Die zugehörigen Rauhigkeitsbeiwerte k werden für den Flußschlauch am alten Pegel Elsenz/ Bammental geeicht. Die k-Werte für die Vorländer sind der Literatur entnommen. Die berechneten bordvollen Abflußleistungen der Elsenz von der Schwarzbach-Mündung bis Neckargemünd zeigen den Einfluß der Mühlen sehr deutlich (Abb. 67).

Unterhalb der Flußbauwerke liegen die größten Uferhöhen und Gerinnequerschnitte und damit die höchsten ufervollen Abflußwerte. Sie verringern sich flußabwärts und erreichen die niedrigsten Werte im Oberwasser der nächsten Stauanlage. Durch diese lokalen Erosionsbasen wird das Prozeßgefüge Erosion-Transport-Akkumulation von Schwebmaterial erheblich beeinflußt.

In Mittelwasser- und Niedrigwassersituationen kommt es im Oberwasser der Wehranlagen zur Verminderung der Fließgeschwindigkeit auf teilweise unter 10 cm/s. In diesen Bereichen kommt es zu diesen Abflußsituationen - vermutlich - zu verstärkter Akkumulation von Schwebmaterial. Da diese Verhältnisse für Sommer- und Herbstmonate typisch sind, wird davon ausgegangen, daß es sich teilweise um organisches Material handelt. Zahlreiche Blätter, die auf den Grund sinken, tragen zur Konservierung bei bzw. fungieren als Erosionsschutz.

Der mineralische Eintrag in das Gerinnebett, d. h. das bereits erwähnte "Laden des Systems", findet vermutlich derart statt, daß durch kleinere Hochwasserereignisse in Teilgebieten verstärkt Sedimente in die Elsenz eingetragen werden. Die Abflußzunahme im Teilgebiet wirkt sich wegen der unterschiedlichen Abflußdimensionen aber nur geringfügig auf den Abfluß der Elsenz aus, so daß ein Großteil des ein-

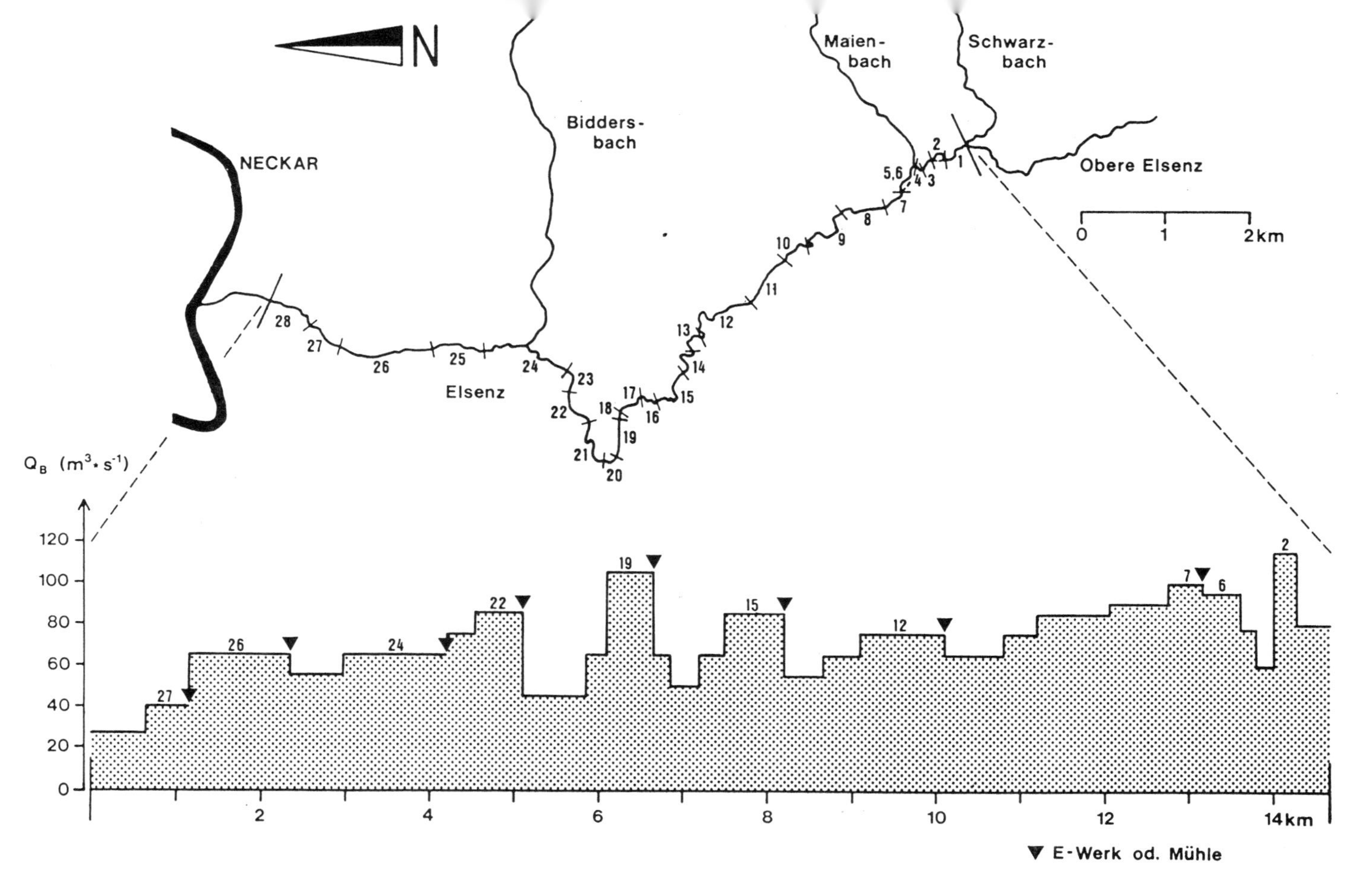

Abb. 67: Berechneter ufervoller Abfluß am Elsenz-Unterlauf (Quelle: BUCK et al. 1982; BARSCH et al. 1994)

getragenen Schwebmaterials innerhalb des staugeregelten Gerinnes der Elsenz zur Ablagerung kommt. Bei Überschreiten eines bestimmten Hochwasserabflusses an der Elsenz (maximal ufervoll im Oberwasser) werden die Wehrschütze geöffnet, womit sich das Fließgefälle der Elsenz versteilt, die Abflußgeschwindigkeiten deutlich zunehmen und dadurch das vorher sedimentierte Material remobilisiert werden kann.

Unter diesen Voraussetzungen kann man zwei Abflußzustände an der Elsenz unterscheiden.

1. Niedrig-, Mittel- und der geringe Hochwasserabfluß werden durch die Stauregelung bestimmt. Häufig dokumentieren die Pegelstreifen nicht unerhebliche Wasserstandschwankungen, die nur von den Stauanlagen herrühren.
2. Bei größeren Abflüssen wird das Abflußverhalten vom Fluß selbst bestimmt. Die Kraftwerksbetreiber haben aufgrund der großen Wassermengen keine andere Möglichkeit, als die Erosionsbasis vor Ort tiefer zu legen. Das wird dadurch forciert, daß im Oberwasser häufig Siedlungen vorhanden sind, die auf jedmögliche Wasserstandsabsenkung drängen.

Demzufolge kommt dem staugeregelten Gerinne offensichtlich eine große Bedeutung als Zwischendeponie von Sedimenten zu. Daß diese Unterschiede mit der echographischen Aufnahme nicht erfaßt werden konnten, liegt möglicherweise an der geringen Dichte des Materials. An wasserreichem Schlamm ("liquid mud") werden die Ultraschallimpulse nicht reflektiert.

Zusätzliche Sedimentquellen, die erhebliche Materialmengen liefern, sind die Gerinneufer, deren Erosion den Niedergang von Rutschungen initiiert (s. Kap. 7.3.4). Dessen Anteil an der Sedimentfracht wird in Kap. 7 diskutiert. Bezüglich der Entwicklung des Gerinnesquerschnitts deuten sie eine Tendenz zur Gerinneverbreiterung an. THORNE & OSMAN (1988) haben ein Modell entwickelt, in dem die verschiedenen Stadien eines Flusses in kohäsivem Material gezeigt werden (Abb. 68).

Unter der Voraussetzung, daß das Modell von THORNE & OSMAN (1988) für einen staugeregelten Fluß anwendbar ist, können folgende Aussagen getroffen werden: Stadium 2 stellt eine Phase der Tiefenerosion dar. An der Elsenz könnte diese Phase zusammenhängen oder ausgelöst worden sein durch die Anlage der Mühlen und Wehre seit dem frühen Mittelalter. Diese Phase ist offensichtlich schon längere Zeit abgeschlossen, wie der Vergleich der Sohlenlängsprofile von Mitte/Ende des vergangenen Jahrhunderts mit den heutigen Verhältnissen zeigt. Zwischen beiden Situationen können keine Unterschiede festgestellt werden. Das würde bedeuten, daß das Gerinne bezüglich der lokalen Erosionsbasen mehr oder weniger Stabilität erreicht hat. Darüber hinaus hat es nach mündlicher Auskunft von FLÜGEL Ende der 70er und Anfang der 80er Jahre dieses Jahrhunderts keine derart markanten Veränderungen im Gerinne gegeben, wie wir sie heute in Form von zahlreichen Uferrutschungen beobachten können.

COHESIVE BANK MATERIAL			
STAGE 1: INITIAL CHANNEL			

STAGE 2: BED SCOUR	BANK PROCESSES	STATE OF BASAL END-POINT CONTROL	CHANNEL RESPONSE
 $H < H_{CRIT}$	SLOW LATERAL EROSION	EXCESS BASAL CAPACITY	RAPID DEGRADATION
STAGE 3: BASAL CLEAN-OUT			
 $H \approx H_{CRIT}$	LATERAL EROSION AND DEEP SEATED FAILURES	UNIMPEDED REMOVAL	RAPID WIDENING
STAGE 4: BASAL ACCUMULATION			
	LATERAL EROSION OF UPPER BANK ONLY PLUS BERM BUILDING	IMPEDED REMOVAL	SLOW WIDENING AND AGGRADATION
STAGE 5: MOBILE-BED EQUILIBRIUM			
	STABLE	UNIMPEDED REMOVAL	STABILIZATION

Abb. 68: Einfluß der Uferstabilität auf die Entwicklung des Gerinnes und die Regimegeometrie (Quelle: THORNE & OSMAN 1988)

Danach befindet sich die Elsenz am Unterlauf nach den bisherigen Erkenntnissen offensichtlich in Stadium 3, in dem sich durch seitliche Erosion und tief ansetzende Rutschungen das Gerinne verbreitert. Als mögliche Ursachen für den Übergang zu Stadium 3 könnte die Abflußzunahme bzw. die Zunahme der Abflußhöhe verantwortlich sein, die sich bis zum Ende der achtziger Jahre zeigt (siehe Abb. 61). Ausgelöst wird das u. U. durch die zunehmenden Niederschlagsmengen und/oder durch die Zunahme der Flächenversiegelung oder einer veränderten Landnutzung.

9.6 Entwicklung der Aue

Besonders nach der Schwarzbachmündung ist das Gerinne aus Gründen der stark wechselnden Gerinnekapazitäten vielerorts nicht in der Lage, den gesamten Hochwasserabfluß abzuführen. Die Folge davon ist Vorlandabfluß. Dieser setzt - statistisch gesehen - am Pegel Elsenz/Hollmuth schon bei einem HQ_2 von 60 m^3/s ein (ufervoller Abfluß). Dieser Wert wird während der Ereignisse 03/88 und 02/90 überschritten. In den Bereichen größter Gerinnekapazität kommt es zwar nicht zum Übertritt, trotzdem wird die Aue gesamthaft überspült. Das liegt darin begründet, daß parallel zum Gerinne in erster Linie auf der westlichen Talseite eine Tiefenlinie verläuft, die als Flutmulde fungiert. An den Stellen, wo die Gerinnekapazitäten klein sind oder Lücken im Uferwall auftreten, tritt das Wasser auf die Aue und füllt zunächst die dem Gerinne abgewandten, parallel verlaufenden Tiefenlinien. Die weitere Ausdehnung des Überschwemmungsgebietes geht danach von den Flutmulden aus. Das bedeutet, daß vom Gerinne aus die Überschwemmung der Aue punkthaft von Austrittsstellen in die Flutmulden stattfindet. Die flächenhafte Überflutung der Auenflächen geht danach von den Flutmulden aus.

Die Häufigkeit der Auenüberflutung hat nach 1970 stark abgenommen, liegt in den drei Meßjahren 1988 bis 1990 aber etwa im Durchschnitt der 80er Jahre mit 1,5 bis 2 Jahren. Bemerkenswert ist, daß die Elsenzaue oberhalb der Schwarzbachmündung außer einem kleineren Überschwemmungsgebiet bei Ittlingen weder im Februar 1990 (5jährlich) noch im März 1988 (10jährlich) überschwemmt wurde. Heute sind offensichtlich größere Ereignisse als 10jährliche nötig, um die auch hier teilweise mehrere Meter mächtigen Auensedimente weiter aufzuhöhen.

Bezüglich der Sedimentakkumulation auf der Talaue muß grundsätzlich zwischen Talweitung und Engtalstrecke unterschieden werden. Während der beiden Ereignisse mit Vorlandabfluß werden in den Engtalbereichen unterhalb der Schwarzbachmündung Sedimente lokal begrenzt bis zu 20 cm mächtig akkumuliert. Die größeren Flächen und besonders die Talweitungen werden dagegen nur von wenigen Millimetern bis maximal einem halben Zentimeter Sediment bedeckt. Diese Ergebnisse stellen die aktuelle Situation der Auensedimentation dar. Deren Enwicklung im Laufe des Holozäns ist Gegenstand der Untersuchungen von SCHUKRAFT (1995).

10. ZUSAMMENFASSUNG

Das Ziel dieser Arbeit ist, den Hochwasserabfluß, den Sedimenttransport und die Gerinnebettgestaltung an der Elsenz im Kraichgau zu untersuchen. Der Rahmen dieser mehrjährigen Forschungen ist das Schwerpunktprogramm der Deutschen Forschungsgemeinschaft (Bonn) "Fluviale Geomorphodynamik im jüngeren Quartär". Innerhalb dieses Programms werden die fluvialen Prozesse in unterschiedlich ausgestatteten Einzugsgebieten messend erfaßt. Damit soll ein Beitrag zur Prozeßforschung geleistet werden, der die zahlreichen theoretischen Modellansätze zur fluvialen Formung ergänzt.

Ein wesentlicher Bestandteil des Projektes liegt darüber hinaus in der Entwicklung einer geeigneten Methodik, die entscheidend von der Größe des Gebietes abhängt. Das Elsenzgebiet mit einer Fläche von 542 km^2 (so groß wie der Bodensee) stellt besondere Anforderungen an das methodische Konzept, um ein mesoskaliges Einzugsgebiet effektiv zu bearbeiten. Die Bestimmung der Parameter, die das fluviale Prozeßgeschehen steuern, ist schon in kleinen Einzugsgebieten von wenigen Quadratkilometern Fläche sehr schwierig, da sie bzw. ihre Änderungen in einem multikausalen Abhängigkeitsverhältnis stehen. Die teilweise sehr intensive Bestückung bzw. kleinräumige Untersuchung kann nicht in den mesoskaligen Maßstab übertragen werden. Ein Projekt wäre so nicht mehr überschaubar.

Das methodische Konzept sieht deshalb vor, die für das fluviale Prozeßgeschehen relevanten Parameter im Maßstab des Gesamtgebietes zu ermitteln. Weniger wichtige Faktoren und solche, die aus organisatorischen/logistischen Gründen nicht im ganzen Gebiet erfaßt werden können, werden in beispielhaften Teilgebieten untersucht. Diese Teilgebiete sind stellvertretend für einen größeren Teil des Gesamtgebietes. Dabei handelt es sich um den Biddersbach (17,4 km^2) im nördlichen Elsenzgebiet, der Anteil am Buntsandstein und Muschelkalk hat. Entsprechend des weniger günstigen Ausgangsgestein ist hier der Waldanteil noch relativ groß. Das zweite Teilgebiet ist der Insenbach (21,4 km^2) im südlichen Einzugsgebiet. Hier stehen Muschelkalk und Keuper an, die teilweise mehrere Meter mit Löß bedeckt sind. Beide Gebiete haben perennierenden Abfluß.

Auf diese Teilgebiete konzentriert sich die Aufnahme untergeordneter Parameter oder Parameter, die im Gesamtgebiet aufgrund dessen Größe nicht ermittelt werden können. Dazu gehört z. B. eine detaillierte Bodenaufnahme, eine Vegetations- und Nutzungskartierung (am Biddersbach GÜNDRA 1993, am Insenbach BIPPUS 1991). Diese umfangreichen Flächeninformationen wurden schließlich aber doch nicht in die vorliegende Arbeit mit einbezogen, weil dem Prozeßgeschehen innerhalb des Gerinnesystems der Elsenz und ihrer Zuflüsse Priorität eingeräumt wurde. Die Arbeiten zur Erfassung des fluvialen Systems besonders in seinen extremen Zuständen (Abfluß, Sedimenttransport, Gerinnebettgestaltung) waren so umfangreich, daß die Flächeninformationen keine Berücksichtigung finden konnten.

Die wesentlichen Parameter des fluvialen Systems sind im Gesamtgebiet zu ermitteln. Hierzu gehören Niederschlag, Abfluß, Sedimenttransport und Gerinnebettgestaltung (vgl. KNIGHTON 1984). Die Teilgebiete werden ebenfalls mit Meßinstrumenten bestückt, um deren Einordnung ins Gesamtgebiet und damit ihre grundsätzliche Repräsentativität zu überprüfen. Die Niederschläge werden mit Hilfe eines flächendeckenden Meßnetzes ermittelt. Abflußwerte und Sedimenttransporte werden am Ausgang aller relevanten Teilgebiete gesamthaft erfaßt und im Laufe des Hauptvorfluters. Die Gerinnebettgestaltung wird mit Hilfe von Vermessungen und Uferkartierungen aufgenommen, und zwar an ausgewählten Uferbereichen von Biddersbach, Insenbach und Elsenz selbst. Der hier näher betrachtete Untersuchungszeitraum umfaßt die drei hydrologischen Jahre 1988 bis 1990. Er wird in Kap. 9 in einen längeren Zeitraum eingeordnet.

Die Ergebnisse der Untersuchungen zum Aufbau und Ablauf von Hochwasserwellen, zum Sedimenttransport und zur Gestaltung der Gerinne und Auenflächen, die zum Großteil mit neu entwickelter Meßmethodik durchgeführt werden (siehe BARSCH et al. 1994), lassen sich wie folgt zusammenfassen:

Die Untersuchung der Niederschläge hat gezeigt, daß die Niederschlagssummen der Meßjahre 1988 bis 1990 im Bereich des langjährigen Mittelwertes liegen. Alle acht amtlichen Stationen zeigen aber einen leicht ansteigenden Trend seit Anfang der 1970er Jahre. Die Niederschlagssummen sind - eher als die Intensitäten - von Bedeutung, da sie ein Anhaltspunkt sind für die Häufigkeit größerer Abflußereignisse an der Elsenz darstellen. Zwar kommt es auch durch sommerliche Starkregen zu Hochwasserereignissen an der Elsenz (z. B. Mai 1978) und besonders in den Teilgebieten. Innerhalb der vergangenen 20 Jahre treten aber sechs von sieben Hochwasserereignissen mit Vorlandabfluß in den Wintermonaten auf und sind häufig mit Schneeschmelze verbunden (z. B. Februar 1970 (= HHQ) und März 1988). Hier sind die advektiven Niederschläge von größerer Bedeutung, die sich in den Niederschlagssummen widerspiegeln.

Die Auswertung der Niederschlagsaufzeichnungen unseres Sondermeßnetzes zeigt, daß es trotz der orographisch bedingten Verteilung (höhere Jahressummen im Norden des Gebietes) auch Situationen gibt, wo die Ereignisniederschläge von Norden nach Süden zunehmen (z. B. Hochwasserereignis Februar 1990). Hierbei bestätigt sich außerdem die These, daß die beiden Teilgebiete Biddersbach und Insenbach bezüglich der Niederschlagsverteilung jeweils für den Norden bzw. Süden des Elsenzgebietes typisch sind.

Der Abfluß wird am Ausgang der Teilgebiete mit kontinuierlichen Pegelaufzeichnungen und Abflußmessungen ermittelt. Dabei stehen Extremsituationen im Vordergrund, die teilweise eine erhebliche Belastung des Systems darstellen. Die Niedrigwassersituation wird von BARSCH et al. (1989a), FLÜGEL (1988) und besonders KRYZER (1991) diskutiert. Im Rahmen dieser Arbeit ist das andere Extrem von Interesse, die Hochwasserereignisse, die für die Prozeßdynamik (Sedimenttransport, Erosion, Akkumulation) von größerer Bedeutung sind.

Innerhalb der hydrologischen Jahre 1988-1990 gibt es unterhalb der Mündung des Schwarzbaches drei ufervolle bzw. überufervolle Ereignisse. Die Frequenz liegt damit höher als die Durchschnittswerte von 1,5 Jahren (LEOPOLD et al. 1964) bzw. 2 Jahren (NIXON 1959). Auch innerhalb der vergangenen 60 Jahre ist die Frequenz dieser Ereignisse sehr unterschiedlich. Von 1930 bis 1970 treten ufervolle Ereignisse durchschnittlich alle 1,3 Jahre auf. Von 1970 bis 1978 wird der bordvolle Abfluß überhaupt nicht erreicht, worin sich die trockenen 70er Jahre widerspiegeln. Von 1978 bis 1990 ist die Frequenz mit einem Ereignis alle zwei Jahre wieder höher.

Innerhalb der drei hydrologischen Jahre 1988 bis 1990 werden speziell zwei Hochwasserereignisse ausführlich dargestellt, die sich durch überufervollen Abfluß auszeichnen. Das Ereignis im März 1988 wird als 10jährliches, das vom Februar 1990 als 5jährliches eingestuft.

Das Hochwasser im März 1988 wird durch Schneeschmelze in Verbindung mit zusätzlichem Niederschlag verursacht. Die gefrorene Bodenoberfläche fördert den Oberflächenabfluß. Am Ausgang des Einzugsgebietes wird ein Scheitelabfluß von ca. 90 m^3/s gemessen (Pegel Elsenz/Hollmuth). Ab ca. 60 m^3/s tritt die Elsenz an dieser Stelle (nördlich von Bammental) über die Ufer. Während des Spitzenabflusses ist die gesamte Elsenztalaue unterhalb der Schwarzbachmündung (Meckesheim) überflutet.

Trotz der etwas kleineren Einzugsgebietsfläche zeigt der Biddersbaches während dieses Ereignisses einen höheren Scheitelabfluß (5,9 m^3/s) als der Insenbach (2,5 m^3/s). Diese Unterschiede können nicht durch die Niederschlagsmengen erklärt werden. Statt dessen repräsentiert der Biddersbach die steiler geneigten Zuflüsse im Norden gegenüber den flacheren im Süden. Dies wird zusätzlich bestätigt durch den Vergleich des stärker geneigten Schwarzbachgebietes ($F_E = 200\ km^2$; HQ = 71,7 m^3/s; Hq = 368,5 $l/s{\cdot}km^2$) mit dem Oberen Elsenzgebiet ($F_E = 259\ km^2$; HQ = 28,6 m^3/s; Hq = 110,4 $l/s{\cdot}km^2$), das flacher geneigt ist. Entsprechendes gilt für den Sedimentaustrag: Biddersbach 1.300 t - Insenbach 530 t, Schwarzbach 25.000 t - Obere Elsenz 10.000 t.

Diese Zusammenhänge sind bei dem Hochwasser im Februar 1990 nicht mehr so deutlich, wodurch die Multikausalität wieder in den Vordergrund rückt. Das Ereignis wird durch ausgiebigen Regen geringer Intensität ausgelöst. Diesmal erhalten die südlichen Einzugsgebietsteile mehr Niederschlag. Das kommt darin zum Ausdruck, daß der Abfluß am Biddersbach maximal 2,6 m^3/s erreicht, der Insenbach dagegen 3,8 m^3/s. Trotzdem ist die Schwebfracht am Biddersbach mit 430 t höher als am Insenbach (270 t). Erstaunlich ist auch, daß die Obere Elsenz mit einem

Spitzenabfluß von 24,5 m^3/s einen Sedimentaustrag von 4.300 t hat, während der Schwarzbach mit einem HQ von 50,2 m^3/s Schwebstoffmengen von 3.800 t transportiert. Der Spitzenabfluß am Ausgang des Gesamtgebietes (Pegel Elsenz/Hollmuth) ist mit 74,6 m^3/s als 5jährliches Ereignis einzustufen. Die Elsenzvorländer unterhalb der Schwarzbachmündung werden wieder überflutet.

Die Ergebnisse des Hochwassers im Februar 1990 machen deutlich, daß es neben Niederschlag und Relief offensichtlich noch andere Faktoren gibt, die in einem aus mehreren Teilgebieten zusammengesetzten Flußgebiet im Hinblick auf den Sedimenttransport berücksichtigt werden müssen (s. u.).

Während der beiden dargestellten Hochwasserereignisse wurden im Elsenzgebiet erhebliche Mengen an Schwebstoffen transportiert, die in dem zum größten Teil lößbedeckten Einzugsgebiet den weitaus größten Anteil an der mineralischen Gesamtfracht ausmachen. Im Anschluß an die Hochwasser März 1988 und Februar 1990 wurden die Sedimentakkumulationen auf der Aue kartiert. Die Ergebnisse zeigen, daß Engtalstrecken von Weittalbereichen zu unterscheiden sind (BARSCH et al. 1989b). Auf der Aue in Engtalbereichen treten - lokal begrenzt und linienhaft - bis zu 20 cm mächtige Akkumulationen auf. Zum größten Teil werden aber auch hier wie in den Weittalbereichen die Sedimente flächenhaft abgelagert. Der Großteil der Überflutungsflächen zeigt während des 5 und 10jährlichen Ereignisses Mächtigkeiten unter 5 mm Sediment.

Um eine Sedimentbilanz zu erstellen, wurden Austräge und Akkumulationen quantifiziert und für beide Ereignisse eine Sedimentbilanz aufgestellt. Während des Ereignisses im März 1988 liefern die Teilgebiete insgesamt 41.000 Tonnen in den Elsenzunterlauf. Dort werden 28.000 Tonnen auf der Aue akkumuliert. Am Pegel Elsenz/Hollmuth werden 42.000 Tonnen aus dem Elsenzgebiet ausgetragen. Die Bilanz ergibt, daß ca. 40 % des Gesamtaustrages aus dem Gerinnebett des Elsenzunterlaufes stammt. Für das Hochwasser im Februar 1990 werden dieselben Arbeiten und Berechnungen durchgeführt. Die Bilanzierung dieses Ereignisses ergibt, daß ca. 55 % des Sediments aus diesem Gerinneabschnitt stammt. Offensichtlich steuern die Gerinne bei größeren Ereignissen erhebliche Materialmengen zum gesamten Sedimenttransport bei.

Die Sedimentfracht der Hochwasserereignisse stellt einen erheblichen Anteil an der Jahresfracht dar. Von den insgesamt 90.000 Tonnen, die im Jahr 1988 das Elsenzgebiet verlassen, werden 60 % in 10 Tagen transportiert. Im Jahr 1989, in dem sich kein größeres Hochwasser ereignet, beträgt die Jahresfracht ca. 7.000 Tonnen. Während des Ereignisses am 15. Februar 1990 werden 66 %, bei einem darauffolgenden, kleineren Ereignis noch einmal 17 % ausgetragen. Das bedeutet, daß auch im Jahr 1990 der überwiegende Teil der Jahresfracht innerhalb von wenigen Tagen transportiert wird.

Nach dem Hochwasser im Februar 1990 wird das Gerinne des Insenbaches über mehrere Kilometer Laufstrecke kartiert, um den Anteil des Sediments aus dem Gerinnebett mit Hilfe einer anderen Methode - wenn möglich - zu bestätigen. Frische Erosionsformen konnten unmittelbar diesem Ereignis zugeordnet werden. Der Anteil des Ufermaterials am Gesamtaustrag des Insenbaches beträgt ca. 40 %. Das entspricht der Größenordnung, die wir als Teil des Sedimentaustrages ermittelt haben, der dem Gerinnebett des Elsenzunterlaufes entstammt.

Nach den Kartierungen am Insenbach, Biddersbach und an der Elsenz findet die Erosion der Gerinneufer in der Regel in Form von Rutschungen statt. Sie treten während und nach Hochwasserereignissen gehäuft auf. Insgesamt ergeben die Untersuchungen, daß die Gerinne der Teil- und Hauptvorfluter eine Tendenz zur Gerinneverbreiterung aufweisen.

Unter Verwendung der Transportraten während des Februarereignisses 1990 wird die Übertragbarkeit von Meßergebnissen in unterschiedliche Maßstäbe überprüft. Dabei können drei unterschiedlich große, ineinanderliegende Gebiete miteinander verglichen werden (Elsenz, Biddersbach, Langenzell). Dazu werden die Daten vom Pegel Elsenz/Hollmuth ($F_E = 535$ km^2), Pegel Biddersbach/Wiesenbach ($F_E =$ 16,7 km^2) und Langenzell ($F_E = 0{,}62$ km^2) miteinander verglichen. Eine konkrete Aussage über die Übertragbarkeit von Austragsraten ist insofern schwierig, als an der Elsenz und am Biddersbach der Sedimentanteil aus dem Gerinne sehr groß ist. Dem Gebiet Langenzell fehlt dagegen diese Sedimentquelle, da es kein perennierendes Gewässer hat. Die Austragsraten sind möglicherweise dann übertragbar oder zwischen Gebieten unterschiedlicher Größe vergleichbar, wenn der jeweilige Anteil der Sedimentfracht aus dem Gerinnebett ermittelt werden kann. Erst dann - wenn die langjährigen Zwischendepositionen entlang der Gerinne (Auensedimente) bei der Bilanzierung separiert werden können, erscheint eine Umrechnung auf Abtragsraten von den Einzugsgebietsflächen sinnvoll.

Die Sedimente, die während der beiden besonders untersuchten Hochwasserereignisse aus dem Gerinne stammen, sind nicht allein der Erosion der Gerinneufer zuzuschreiben, da sie einer durchschnittlichen Uferrückverlegung entsprechen würden, die mit den Ergebnissen der Kartierung und Vermessung nicht übereinstimmt. Ansonsten kommt als mögliche Quelle nur die Gerinnesohle in Frage. Mit Hilfe unterschiedlicher Aufnahmen (vermessene Querprofile, Echographie) war es möglich, die Elsenzsohle von vor hundert Jahren mit den heutigen Verhältnissen zu vergleichen. Er zeigt keine wesentlichen Veränderungen, also weder Sohleneintiefung noch -aufhöhung. Es wird deshalb davon ausgegangen, daß die Sohle seit dieser Zeit mehr oder weniger stabil ist.

Als letzte Möglichkeit der Sedimentherkunft bleiben temporäre Akkumulationen im Gerinne, die möglicherweise durch die Stauregelung der Elsenz bedingt sind. In Mittelwasser- und Niedrigwassersituationen kommt es im Oberwasser der Wehranlagen zur Verminderung der Fließgeschwindigkeit auf teilweise unter 10 cm/s. In diesen Bereichen kommt es in diesen Abflußsituationen - vermutlich - zu verstärkter Akkumulation von Schwebmaterial. Vermutlich deshalb, weil diese sehr dünnflüssigen Schwebstoffablagerungen ("liquid mud") nur schwer meßtechnisch zu erfassen sind. Daß hier auch die echographische Aufnahme versagt, liegt möglicherweise an der geringen Dichte des Materials. Am wasserreichen Schlamm werden die Ultraschallimpulse nicht reflektiert. Hier kann möglicherweise eine neu entwickelte Methode in Zukunft Klarheit schaffen (Gefrierschwertverfahren).

Der mineralische Eintrag in das Gerinnebett, d. h. das "Laden des Systems Elsenzgerinne", wird vermutlich auch dadurch verstärkt, daß durch kleinere Hochwasserereignisse in Teilgebieten Sedimente in die Elsenz eingetragen werden. Die Abflußzunahme im Teilgebiet wirkt sich wegen der unterschiedlichen Abflußdimensionen aber nur sehr geringfügig auf den Abfluß der Elsenz selbst aus, so daß ein Großteil des eingetragenen Schwebmaterials innerhalb des staugeregelten Gerinnes der Elsenz zur Ablagerung kommt. Beim Überschreiten eines bestimmten Hochwasserabflusses an der Elsenz (maximal ufervoll im Oberwasser) werden die Wehrschütze geöffnet, womit sich das Fließgefälle der Elsenz versteilt, die Abflußgeschwindigkeiten deutlich zunehmen (bis 4 m/s) und dadurch das vorher sedimentierte Material remobilisiert wird. Demzufolge kommt dem staugeregelten Gerinne eine große Bedeutung als Zwischendeponie von Sedimenten zu.

Die Dynamik des Abflusses und des Sedimenttransportes ist auf kurze Zeitabschnitte im Jahr konzentriert. Kartierungen und Vermessungen tragen dazu bei, den Anteil des Materials aus dem Gerinne abzuschätzen. Damit werden die auf Probennahme und Sedimentkartierung auf der Aue basierenden Bilanzierungen bestätigt. Sie zeigen, daß innerhalb des Elsenzgebietes in Hochwasserzeiten eine starke Sedimentdynamik herrscht. Die Bedeutung des Gerinnebettes als Sedimentlieferant ist dabei ein Aspekt, der Gegenstand weiterer Untersuchungen sein sollte.

11. LITERATURVERZEICHNIS

AHNERT, F. (1973): Inhalt und Stellung der funktionalen Methode in der Geomorphologie. - Geographische Zeitschrift, Beiheft 33: 105-113.

AHNERT, F. (Ed.)(1987): Geomorphological models. Theoretical and empirical aspects. - Catena supplement 10: 1-210.

ALLEN, P. B. & D. V. PETERSEN (1981): A study of the variability of suspended sediment measurement. - Erosion and sediment transport measurement. Proceedings of the Florence symposium, June 1981. - IAHS publications 133: 203-211.

AMBROISE, B., Y. AMIET & J. L. MERCIER (1984): Spatial variability of soil hydrodynamic properties in the petit fetch catchment, Soultzeren, France: preliminary results. - BURT, T. P. & D. E. WALLING (Ed.): Catchment experiments in fluvial geomorphology: 35-53. Norwich.

ANDERSON, M. G. (Ed.)(1988): Modelling geomorphological systems. Chichester.

ANDERSON, M. G. & T. P. BURT (1990): Process studies in hillslope hydrology.

BAADE, J. (1990): Geländeexperiment zur Verminderung des Sedimenteintrages aus landwirtschaftlichen Flächen in Vorfluter. Jahresbericht 1989. Projekt Wasser-Abfall-Boden (PWAB). Karlsruhe.

BAADE, J. (1991): Geländeexperiment zur Verminderung des Sedimenteintrages aus landwirtschaftlichen Flächen in Vorfluter. Jahresbericht 1990. Projekt Wasser-Abfall-Boden (PWAB). Karlsruhe.

BAADE, J. (1994): Geländeexperiment zur Verminderung des Schwebstoffaufkommens in landwirtschaftlichen Einzugsgebieten. - Heidelberger Geographische Arbeiten 95.

BAADE, J., D. BARSCH, R. MÄUSBACHER & G. SCHUKRAFT (1990): Geländeexperiment zur Verminderung des Sedimenteintrages von landwirtschaftlichen Nutzflächen in kleine Vorfluter. - Bericht über das 2. Statuskolloquium am 13. Februar 1990 in Karlsruhe.

BAADE, J., D. BARSCH, R. MÄUSBACHER & G. SCHUKRAFT (1993): Sediment yield and sediment retention in a small loess-covered catchment in SW-Germany. - BARSCH, D. & R. MÄUSBACHER (Hrsg.): Some contributions to the study of landforms and geomorphic processes. - Zeitschrift für Geomorphologie N.F., Supplementband 92: 217-230.

BAGNOLD, R. A. (1960): Some aspects of the shape of river meanders. - U.S.G.S. professional paper 282: 135-144.

BAKER, V. R. & J. E. COSTA (1987): Flood power. - MAYER, L. & D. NASH (Ed.): Catastrophic flooding. - Binghampton symposia in geomorphology series 18: 1-24.

BARSCH, D. & W. A. FLÜGEL (1978): Das hydrologisch-geomorphologische Versuchsgebiet Hollmuth des Geographischen Instituts der Universität Heidelberg. - Erdkunde 32: 61-70.

BARSCH, D. & W.-A. FLÜGEL (Hrsg.)(1988): Niederschlag, Grundwasser, Abfluß. Ergebnisse aus dem hydrologisch-geomorphologischen Versuchsgebiet "Hollmuth". - Heidelberger Geographische Arbeiten 66.

BARSCH, D. & R. MÄUSBACHER (1988): Zur fluvialen Dynamik beim Aufbau des Neckarschwemmfächers. - Berliner Geographische Abhandlungen 47: 119-128.

BARSCH, D., R. MÄUSBACHER, K.-H. PÖRTGE & K.-H. SCHMIDT (Hrsg.) (1994): Messungen in fluvialen Systemen. Berlin.

BARSCH, D., R. MÄUSBACHER & G. SCHUKRAFT (1986): Beiträge zur Stoffbilanz der Elsenz. - MÜLLER, G. (Hrsg.): 2. Neckar-Umwelt-Symposium Oktober 1986 in Heidelberg. - Heidelberger Geowissenschaftliche Abhandlungen 5: 119-122.

BARSCH, D., R. MÄUSBACHER, G. SCHUKRAFT & A. SCHULTE (1989a): Die Belastung der Elsenz bei Hoch- und Niedrigwasser. - Kraichgau 11: 33-48. Eppingen.

BARSCH, D., R. MÄUSBACHER, G. SCHUKRAFT & A. SCHULTE (1989b): Beiträge zur aktuellen fluvialen Geomorphodynamik in einem Einzugsgebiet mittlerer Größe am Beispiel der Elsenz im Kraichgau. - Göttinger Geographische Abhandlungen 86: 9-31.

BARSCH, D., R. MÄUSBACHER, G. SCHUKRAFT & A. SCHULTE (1993): Die Änderungen des Naturraumpotentials im Jungneolithikum des nördlichen Kraichgaus, dokumentiert in fluvialen Sedimenten. - Zeitschrift für Geomorphologie, Supplementband 93: 175-187.

BARSCH, D., R. MÄUSBACHER, G. SCHUKRAFT & A. SCHULTE (1994): Erfahrungen und Probleme bei Messungen zur fluvialen Dynamik in einem mesoskaligen Einzugsgebiet (Elsenz/Kraichgau). - BARSCH, D., R. MÄUSBACHER, K.-H. PÖRTGE & K.-H. SCHMIDT (Hrsg.): Messungen in fluvialen Systemen: 71-100. Berlin.

BARSCH, H. (1971): Landschaftsanalyse - Teil 1. Lehrbrief für das Fernstudium der Lehrer. Potsdam.

BARSCH, H. (1978): Ergebnisse und Probleme bei der Typisierung und Klassifizierung chorischer Geosysteme. - Symposium RGW, Thema 3/2. Leipzig.

BAUER, F. (1968): Die Verlandung in natürlichen Seen, Talsperren und Flußkraftwerkstreppen. - Festschrift Kongress Wasser: 1-12. Berlin.

BEATY, C. B. (1974): Debris flows, alluvial fans, and a revitalized catastrophism. - Zeitschrift für Geomorphologie, Supplementband 21: 39-51.

BECHT, M. (1986): Die Schwebstofführung der Gewässer im Lainbachtal bei Benediktbeuern/Oberbayern. - Münchener Geographische Abhandlungen B 2.

BECKSMANN, E. (1949): Entstehung und Entwicklung der Maurer Neckarschlinge. - Mitteilungsblatt der Badischen Geologischen Landesanstalt: 43-46.

BENSING, W. (1966): Gewässerkundliche Probleme beim Ausbau des Oberrheins. Deutsche Gewässerkundliche Mitteilungen 10: 85-102. Koblenz.

BENTE, B. & V. SCHWEIZER (1988): Zur Korngrößenverteilung in Lößprofilen aus dem westlichen Kraichgau (Baden-Württemberg). - Heidelberger Geowissenschaftliche Abhandlungen 20: 5-19.
BEVEN, K. J. (1987): Towards the use catchment geomorphology in flood frequency predictions. - Earth surface processes and landforms 12: 69-82.
BEVEN, K. J. & P. CARLING (Ed.)(1989): Floods: hydrological, sedimentological, and geomorphological implications. - British Geomorphology Research Group symposium. Ser. Bath, Avon.
BIPPUS, A. (1991): Geomorphologische und hydrologische Untersuchungen im Insenbach-Einzugsgebiet. Diplomarbeit, Geographisches Institut, Universität Heidelberg.
BIRD, J. F. (1985): Review of channel changes along creeks in the northern part of the Latrobe River basin, Gippsland, Victoria, Australia. - Zeitschrift für Geomorphologie, Supplementband 55: 97-111.
BLEY, D. & K.-H. SCHMIDT (1993): Schwebstofferfassung über die Trübungsmessung in einem Wildbach. - BARSCH, D., R. MÄUSBACHER, K.-H. PÖRTGE & K.-H. SCHMIDT (Hrsg.)(1994): Messungen in fluvialen Systemen. Berlin.
BOGARDI, J. (1956): Über die Zu- und Abnahme des Schwebstoffgehaltes in den Flüssen mit der Änderung des Abflusses. - Die Wasserwirtschaft 47: 59-66.
BORK, H.-R. & H. ROHDENBURG (1985): Parameteraufbereitung für deterministische Gebietswassermodelle. - Grundlagenarbeit zur Analyse von Agrarökosystemen. - Landschaftsgenese und Landschaftsökologie 10: 1-95.
BRANSKI, J. (1981): Accuracy of estimating basin denudation processes from suspended sediment measurements. - Erosion and sediment transport measurement. Proceedings of the Florence symposium, June 1981. - IAHS publications 133: 213-218.
BREMER, H. (1959): Flußerosion an der oberen Weser. Ein Beitrag zu den Problemen des Erosionsvorganges, der Mäander und der Gefällskurve. Göttinger Geographische Abhandlungen 22.
BREMER, H. (1960): Neuere flußmorphologische Studien in Deutschland und ausgewählte Probleme der Flußmorphologie deutscher Ströme. - Berichte zur Deutschen Landeskunde 25: 283-299.
BREMER, H. (1989): Allgemeine Geomorphologie. Berlin.
BRENKEN, G. (1959): Versuch einer Klassifikation der Flüsse und Ströme der Erde nach wasserwirtschaftlichen Gesichtspunkten. Dissertation, TH Karlsruhe.
BRIDGE, J. S. & M. R. LEEDER (1979): A simulation model of alluvial stratigraphy. - Sedimentology 26: 617-644.
BROOKES, A. (1988): Channelized rivers. Perspectives for environmental management. Chichester.

BROOKS, N. H. (1965): Calculation of suspended load discharge from velocity and concentration parameters. - Proceedings of the Federal Inter-Agency Sediment Conference 1963, miscellaneous publication 970: 229-237 (US Department of Agriculture, Washington D.C.).

BROWN, A. G. (1985): Traditional and multivariate techniques in the interpretation of floodplain sediment grain size variations. - Earth surface processes and landforms 10: 281-291.

BRUNDSEN, D. & J. B. THORNES (1979): Landscape sensitivity and change. - Transactions of the Institute of British Geographers N.S. 4: 463-484.

BUCH, W. M. (1988): Spätpleistozäne und holozäne fluviale Geomorphodynamik im Donautal zwischen Regensburg und Straubing. - Regensburger Geographische Schriften 21.

BUCH, W. M. & K. HEINE (1988): Klima-Geomorphologie oder Prozeß-Geomorphologie - gibt das jungquartäre fluviale Geschehen der Donau eine Antwort ? - Geographische Rundschau 40: 16-26.

BUCK, W., K. KERN & E. MOSONYI (1982): Untersuchung der Hochwasserabflußverhältnisse am Gewässer 1. Ordnung Elsenz und deren Verbesserung. Erstellt im Auftrag des Regierungspräsidiums Karlsruhe, Abt. Wasserwirtschaft.

BUNDESANSTALT FÜR GEWÄSSERKUNDE (1983): Hydrologische Untersuchungsgebiete in der Bundesrepublik Deutschland. - Mitteilungen der Arbeitsgruppen des Nationalkomitees der BRD für das Internationale Hydrologische Programm der UNESCO. Koblenz.

BURRIN, P. J. (1985): Holocene alluviation in southeast England and some implications for palaeohydrological studies. - Earth surface processes and landforms 10: 257-271.

BURT, T. P. & D. E. WALLING (Ed.)(1984): Catchment experiments in fluvial geomorphology. Norwich.

BURZ, J. (1958): Abgrenzung der Schwebstoff- und Sohlenfracht. - Die Wasserwirtschaft 48: 387-389.

BURZ, J. (1967): Verteilung der Schwebstoffe in offenen Gerinnen. - IAHS publications 75: 279-296.

CARSON, M. A. & M. J. KIRKBY (1972): Hillslope form and process. - Cambridge Geogr. Studies 3.

CENTRALBÜRO FÜR METEOROLOGIE UND HYDROLOGIE (Hrsg.)(1893): Beiträge zur Hydrographie des Großherzogtums Baden. - Druck und Verlag der G. Braun'schen Hofbuchhandlung, Karlsruhe, 8. Heft.

CHATTERS, J. C. & HOOVER K. A. (1986): Changing late holocene flooding frequencies on the Columbia River, Washington. - Quat. Res. 26: 309-320.

CHORLEY, R. J. (1962): Geomorphology and general systems theory. - U.S.G.S. professional paper 500B.

CHORLEY, R. J. (1965): The application of quantitative methods to geomorphology. - CHORLEY R. J. & M. P. HAGGETT (Ed.): Frontiers in geographic teaching. London.

CHORLEY, R. J. (Ed.)(1969): Introduction to fluvial processes. Bungay, Suffolk.
CHORLEY, R. J. (Ed.)(1972): Spatial analysis in geomorphology. London.
CHORLEY, R. J. & R. P. BECKINSALE (1980): G.K. Gilbert's geomorphology. - YOCHELSON E. L. (Ed.): The scientific ideas of G.K. Gilbert. - Special paper of the Geological Society of America 183.
CHORLEY, R. J. & B. A. KENNEDY (1971): Physical geography. A systems approach. London.
CHORLEY, R. J., S. A. SCHUMM & D. E. SUGDEN (1984): Geomorphology. - London.
COATES, D. R. & J. D. VITEK (Ed.)(1980a): Thresholds in geomorphology. London.
COATES, D. R. & J. D. VITEK (1980b): Perspectives on geomorphic thresholds. - COATES, D. R. & J. D. VITEK (Ed.)(1980): Thresholds in geomorpholopy: 3-23. London.
COLBY, B. R. (1963): Fluvial sediments. A summary of source, transportation, deposition, and measurement of sediment discharges. - U.S.G.S. bulletin 1181A.
CULLING, W. E. H. (1986): Highly erratic spatial variability of soil-pH on Iping Common, West Sussex. - Catena 13: 81-98.
DAVIS, W. M. (1903): The development of river meanders. - Geological magazine 10: 145-148.
De BOOT, M. & D. GABRIELS (1980): Assessment of erosion in USA and Europe. - Proceedings of the Ghent Symposium, 1978.
DELFS, J., W. FRIEDRICH, H. KIESEKAMP & A. WAGENHOFF (1958): Der Einfluß des Waldes und des Kahlschlages auf den Abflußvorgang, den Wasserhaushalt und den Bodenabtrag. - Aus dem Walde, Mitteilungen der Niedersächsischen Landesforstverwaltung 7.
DEMUTH, S. & W. MAUSER (1983): Messung und Bilanzierung der Schwebstofffracht - Untersuchungen im Ostkaiserstuhl 1981. - Beiträge zur Hydrologie 9: 33-57.
DERBYSHIRE, E. (Ed.)(1976): Geomorphology and climate. London.
DEUTSCHER WETTERDIENST (Hrsg.)(1953): Klimaatlas von Baden-Württemberg. Bad Kissingen.
DIECKMANN, H., U. GOEMAN, H.-P. HARRES & O. SEUFFERT (1981): Raumzeitliche Niederschlagsstrukturen und ihr Einfluß auf ihr Abtragsgeschehen am Beispiel kleiner Einzugsgebiete. - Geoökodynamik 2: 219-244.
DIETRICH, W. E., S. L. RENEAU & C. J. WILSON (1987): Overview: "zero-order basins" and problems of drainage density, sediment transport and hillslope morphology. - Erosion and Sedimentation in the Pacific Rim. Proceedings of the Corvallis Symposium. - IAHS publications 165: 27-37.
DIKAU, R. (1982): Oberflächenabfluß und Bodenabtrag von Meßparzellen im Versuchsgebiet "Hollmuth" im Vergleich zu natürlichen Standorten. - Zeitschrift für Geomorphologie N.F., Supplementband 43: 55-65.

DIKAU, R. (1983): Der Einfluß von Niederschlag, Vegetationsbedeckung und Hanglänge auf Oberflächenabfluß und Bodenabtrag von Meßparzellen. - Geomethodica 8: 149-177.

DIKAU, R. (1986): Experimentelle Untersuchungen zu Oberflächenabfluß und Bodenabtrag von Meßparzellen und landwirtschaftlichen Nutzflächen. - Heidelberger Geographische Arbeiten 81.

DIN 4049, Teil I (1979): Hydrologie, Begriffe, quantitativ. Berlin.

DOORNKAMP, J. C. & C. A. M. KING (1971): Numerical analysis in geomorphology. An introduction. London.

DOUGLAS, I. (1967): Man, vegetation and the sediment yields of rivers. - Nature 215: 925-928.

DOUGLAS, I. (1976a): Erosion rates and climate: geomorphological implication. - DERBYSHIRE, E. (Ed.)(1976): Geomorphology and climate: 269-288. London.

DOUGLAS, I. (1976b): Lithology, landforms and climate. - DERBYSHIRE, E. (Ed.)(1976): Geomorphology and climate: 345-361. London.

DRACOS, T. (1980): Hydrologie. Eine Einführung für Ingenieure. Berlin.

DUIJSINGS, J. (1987): A sediment budget for a forested catchment in Luxembourg and its implication for channel development. - Earth surface processes and landforms 12: 173-184.

DUNNE, T., T. R. MOORE & C. H. TAYLOR (1975): Recognition and prediction of runoff-producing zones in humid regions. - Bulletin Sci. Hydrol. 20: 305-327.

DUNNE, T. (1979): Sediment yield and land use in tropical catchments. - Journal of hydrology 42: 281-300.

DURY, G. H. (1973): Magnitude-frequency analysis and channel morphology. - MORISAWA, M. (Ed.)(1973): Fluvial geomorphology. Binghampton.

DURY, G. H. (1976): Discharge prediction, present and former, from channel dimensions. - Journal of hydrology 30: 219-245.

DURY, G. H. (1980): Neocatastrophism? A further look. - Progress in physical geography 4: 391-413.

DURY, G. H. (1985): Attainable standards of accuracy in the retrodiction of paleodischarge from channel dimensions. - Earth surface processes and landforms 10: 205-213.

DVWK (1980): Analyse und Berechnung oberirdischer Abflüsse. - Schriftenreihe 46. Hamburg.

DVWK (1982a): Meßstationen zur Erfassung der Wasserbeschaffenheit von Fließgewässern. Einsatz, Bau und Betrieb. Merkblatt 201. Hamburg.

DVWK (1982b): Anthropogene Einflüsse auf das Hochwassergeschehen. - Schriftenreihe 53. Hamburg.

DVWK (1985): Niederschlag. Aufbereitung und Weitergabe von Niederschlagsregistrierungen. - Regeln zur Wasserwirtschaft 123. Hamburg.

DVWK (1986): Schwebstoffmessungen. - Regeln zur Wasserwirtschaft 125. Hamburg.

DVWK (1988): Feststofftransport in Fließgewässern: Berechnungsverfahren für die Ingenieurpraxis. - Schriftenreihe 87. Hamburg.
DVWK (1990): Uferstreifen an Fließgewässern. - Schriftenreihe 90.
DYCK, S. (Hrsg.)(1976): Angewandte Hydrologie. Teil 1: Berechnung und Regelung des Durchflusses der Flüsse. (O)-Berlin.
DYCK, S. (Hrsg.)(1978): Angewandte Hydrologie. Teil 2: Der Wasserhaushalt der Flüsse. (O)-Berlin.
DYCK, S. & G. PESCHKE (1989): Grundlagen der Hydrologie. (O-)Berlin.
EICHLER, H. (1974): Bodenerosion im Kraichgauer Löß. - Kraichgau 4: 174-189. Eppingen.
EINSELE, G. (1986): Das landschaftsökologische Forschungsprojekt Naturpark Schönbuch. Weinheim (Forschungsbericht DFG).
EINSTEIN, H. A. (1942): Formulas for the transportation of bedload. - Transactions of ASCE 107: 561-577.
EINSTEIN, H. A. (1950): The bed-load function for sediment transportation in open channel flows. - US Department of Agriculture, technical bulletin 1026: 1-70.
EISMA (1993): Suspended matter in the aquatic environment. Berlin.
EITEL, B. (1989): Morphogenese im südlichen Kraichgau unter besonderer Berücksichtigung tertiärer und pleistozäner Decksedimente. Ein Beitrag zur Landschaftsgeschichte Südwestdeutschlands. - Stuttgarter Geographische Studien 111.
ENGELSING, H. & K.-H. NIPPES (1979): Untersuchungen zur Schwebstofführung der Dreisam. - Berichte Naturforschende Gesellschaft Freiburg i.Br. 69: 3-29.
ENGELSING, H. & K.-H. NIPPES (1983): Erfassung von Schwebstofftransporten in Mittelgebirgsflüssen. - Geoökodynamik 4: 105-124.
ERGENZINGER, P. (1989): Riverbed adjustment and bedload transport in gravel-bed rivers. - Geoöko-plus: 1-85.
ERGENZINGER, P. (1992): River bed adjustment in a step-pool system: Lainbach, Upper Bavaria. - BILLI, D. H. P., C. R. THORNE & P. TACCONI (Ed.): Dynamics of gravel bed rivers. Chichester.
ERGENZINGER, P. & J. CONRADY (1982): A new tracer technique for measuring bedload in natural channels. - Catena 9: 77-80.
ERGENZINGER, P. & S. G. CUSTER (1983): Determination of bedload transport using naturally magnetic tracers: first experiences at Squaw Creek, Gallatin County, Montana. - Water resources research 19: 187-193.
ERGENZINGER, P., K.-H. SCHMIDT & R. BUSSKAMP (1989): The Pebble Transmitter System (PETS): for results of a technique for studying coarse material erosion, transport and deposition. - Zeitschrift für Geomorphologie N.F. 33: 503-508.
EXNER, F. M. (1919): Zur Theorie der Flußmäander. - Sitzungsberichte der Akademie der Wissenschaften in Wien, Math.-Naturwiss. Klasse, Abt. IIa, 128/10: 1-21.

FAIRBRIDGE, R. W. (1980): Thresholds and energy transfer in geomorphology. - COATES, D. R. & J. D. VITEK (Ed.)(1980): Thresholds in geomorpholopy: 43-49. London.
FARRENKOPF, D. (1987): Das Relief als steuernder Parameter der Abflußdynamik - ein Beitrag zur fluvialen Prozeßforschung. - Zeitschrift für Geomorphologie N.F., Supplementband 66: 73-82.
FARRENKOPF, D. (1988): Relief und Wasserhaushalt im Eyachtal, Nordschwarzwald. - Berliner Geographische Abhandlungen 47: 149-154.
FELDNER, H. (1903): Die Flußdichte und ihre Bedingtheit im Elbsandsteingebirge.- Mitt. Ver. Erdkunde, Jg. 1902: 1-55. Leipzig.
FELKEL, K. (1972): Die Wechselbeziehung zwischen der Morphogenese und dem Ausbau des Oberrheins. - Jahresberichte und Mitteilungen des Oberrheinischen Geologischen Vereins 54: 23-44.
FERGUSON, R. I. (1981): Channel forms and channel changes. - LEWIN, J. (Ed.): British rivers: 90-125. London.
FERGUSON, R. I. (1987): Accuracy and precision of methods for estimating river loads. - Earth surface processes and landforms 12: 95-104.
FLAXMAN, E. M. (1972): Predicting sediment yield in Western United States. - Journal of the hydraulics division 98: 2073-2085.
FLAXMAN, E. M. (1974): Predicting sediment yield in Western United States. - Pacific SW Inter-Agency Comm., report of water management subcomm.
FLOHN, H. (1935): Beiträge zur Problematik der Talmäander. - Frankfurter Geographische Hefte 9.
FLÜGEL, W.-A. (1979): Untersuchungen zum Problem des Interflow. - Heidelberger Geographische Arbeiten 56.
FLÜGEL, W.-A. (1982): Untersuchungen zum mineralischen Feststoffaustrag eines Lößeinzugsgebietes am Beispiel der Elsenz, Kleiner Odenwald. - Zeitschrift für Geomorphologie N.F., Supplementband 43: 103-120.
FLÜGEL, W.-A. (1988): Hydrologische und hydrochemische Untersuchungen zur Wasser- und Stoffbilanz des Elsenzeinzugsgebietes im Kraichgau. - Habilitationsschrift vorgelegt bei der Fakultät für Geowissenschaften, Universität Heidelberg.
FLÜGEL, W.-A. & O. SCHWARZ (1988): Beregnungsversuche zur Erzeugung von Oberflächenabfluß, Interflow und Grundwassererneuerung. - Heidelberger Geographische Arbeiten 66: 169-200.
FOURNIER, F. (1960): Debit solide des cours d'eau. Essai destimation de la perte en terre subie par l'ensemble du globe terrestre. - International Association of Scientific Hydrology, publication 53: 19-22.
FROEHLICH, W. & J. SLUPIK (1984): Water and sediment dynamics of Homerka catchment. - BURT, T. P. & D. E. WALLING (Ed.)(1984): Catchment experiments in fluvial geomorphology: 265-276. Norwich.
GALLO, G. & L. ROTUNDI (1965): Trasporto di materiale alluvionale in seno a correnti idriche.- Energia electrica.

GEBHARDT, D. (1991): Gerinnegeometrie, Ufervegetation und Auennutzung am Unterlauf der Elsenz (Kraichgau). - Unveröffentlichter Bericht im Rahmen der Erstellung eines Auenschutzkonzeptes. Karlsruhe.

GERBER, B. (1989): Waldflächenveränderung und Hochwasserbedrohung im Einzugsgebiet der Emme. - Geographica Bernensia G 33: 1-99.

GERMANN, P. (1980): Bedeutung der Makroporen für den Wasserhaushalt eines Bodens. - Bulletin der Bodenkundlichen Gesellschaft der Schweiz 4: 13-18.

GÖNNENWEIN, M. L. (1931): Untersuchungen über die Flußdichte schwäbischer Landschaften. - Erdgeschichtliche und landeskundliche Abhandlungen aus Schwaben und Franken 13: 1-66. Öhringen.

GOUDIE, A. S. (Ed.)(1990): Geomorphological techniques. London.

GRAUL, H. (1977): Exkursionsführer zur Oberflächenformung des Odenwaldes. - Heidelberger Geographische Arbeiten 55.

GREGORY, K. J. (1973): Background to paleohydrology. Chichester.

GREGORY, K. J. & D. E. WALLING (1979): Drainage basin form and processes. A geomorphological approach. London.

GRIFFITHS, G. A. (1979): Recent sedimentation history of the Waimakariri River, New Zealand. - Journal of hydrology (New Zealand) 18: 6-28.

GRIMM, F. (1968): Das Abflußverhalten in Europa. Typen und regionale Gliederung. - Wissenschaftliche Veröffentlichungen des Instituts für Länderkunde Leipzig N.F. 25/26: 18-180.

GRIMSHAW, D. L. & J. LEWIN (1980): Source identification for suspended sediments. - Journal of hydrology 47: 151-162.

GRISSINGER, E. H. (1982): Bank erosion of cohesive materials. - HEY, R. D., J. C. Bathurst & C. R. THORNE (Ed.)(1982): Gravel-bed rivers: fluvial processes, engineering and management: 273-287. Chichester.

GRUBER, O. (1978): Gewässerkunde und Hydrographie im Bundesstrombauamt. ÖWW, Wien, 30: 198-203.

GUDE, M. (1991): Holozäne Talgenese in einer Talweitung am Unterlauf der Elsenz im Kraichgau. Diplomarbeit, Geographisches Institut, Universität Heidelberg.

GÜNDRA, H. (1993): Untersuchungen zu Relief und Bodenverbreitung im Einzugsgebiet des Biddersbaches, Nord-Kraichgau. Diplomarbeit, Geographisches Institut, Universität Heidelberg.

HARTUNG, F. (1959): Ursache und Verhütung der Stauraumverlandung bei Talsperren. - Die Wasserwirtschaft 49: 3-13.

HAUHS, M. (1985): Wasser- und Stoffhaushalt im Einzugsgebiet der Langen Bramke (Harz). Dissertation, Universität Göttingen.

HAYAMI, S. (1941): Hydrological studies on the Yangtse River, China. Journal Shanghai Sci. Institut N.S. 1.

HELLMANN, H. (1977): Einfluß hydrologischer Gegebenheiten auf die chemische Beschaffenheit von Oberflächengewässern am Beispiel des Rheins. - Beiträge zur Hydrologie 4: 29-56.

HELLMANN, H. (1986): Zum Problem der Frachtberechnung in Fließgewässern. - Zeitschrift für Wasser-Abwasser-Forschung 19: 133-139.

HENSEL, H., H. ROHDENBURG & H.-R. BORK (1985): Ein dreidimensionales Substratmodell als Voraussetzung für die Anwendung von deterministischen Gebietsmodellen der Wasserflüsse. - Landschaftsgenese und Landschaftsökologie 10: 17-62.

HERRMANN, R. (1972): Ein multivariates Modell der Schwebstoffbelastung eines hessischen Mittelgebirgsflusses. - Biogeographica 1: 87-95.

HERRMANN, R. (1977): Einführung in die Hydrologie. Stuttgart.

HEY R. D. (1979): Dynamic process-response model of river channel development. - Earth surface processes 4: 59-72.

HEY R. D., J. C. Bathurst & C. R. THORNE (Ed.)(1982): Gravel-bed rivers: fluvial processes, engineering and management. Chichester.

HINRICH, H. (1973): Der Geschiebetrieb beobachtet mit Unterwasserfernsehkamera und aufgezeichnet durch Unterwasserschallaufnahmegeräte. -Wasserwirtschaft 63: 111-114.

HJULSTRÖM, F. (1935): Studies of the morphological activity of rivers as illustrated by the river Fyris. - Bulletin of the Geological Institut in Uppsala 25: 221-527.

HJULSTRÖM, F. (1942): Studien über das Mäanderproblem. - Geografiska annaler 24: 233-269.

HOOKE, J. M. (1979): An analysis of the processes of river bank erosion. - Journal of hydrology 42: 39-62.

HORTON, R. E. (1945): Erosial development of streams and their drainage basin: hydrological approach to quantitative morphology. - Bulletin of the Geological Society of America 56: 275-370.

ILLIES, J. H. (1971): Der Oberrheingraben. Modell eines Prinzips von Bau und Bewegung der Erde. - Fridericiana (Zeitschrift der Universität Karlsruhe) 9: 17-32.

ILLIES, J. H. (1981): Mechanism of Graben Formation. - Tectonophysics 73: 249-266.

JANSSON, M. B. (1982): Land erosion by water in different climates. - UNGI Rapport 57, Uppsala.

JONES, R., K. BENSON-EVANS & F. M. CHAMBERS (1985): Human influence upon sedimentation in Llangorse Lake, Wales. - Earth surface processes and landforms 10: 227-235.

KADAR, L. (1969/70): Specific types of fluvial landforms related to the different manners of load-transport. - Acta Geogr. 8-9: 115-178.

KADEREIT, A. (1990): Aspekte der Gerinnegeometrie und Gerinnedynamik an Unter- und Mittellauf der Elsenz/Kraichgau. - Diplomarbeit, Geographisches Institut, Universität Heidelberg.

KADEREIT, A., W. MERZ, K. PLESSING & A. SCHULTE (1992): Elsenzauenschutzkonzeption. Auftrag des Landes Baden-Württemberg vertreten durch die Bezirksstelle für Naturschutz und Landschaftspflege, Karlsruhe (unveröffentlicht).
KARL, J. & W. HÖLTL (1974): Analyse alpiner Landschaften in einem homogenen Rasterfeld. - Schriftenreihe Bayerische Landesstelle für Gewässerkunde 10: 1-33.
KARRASCH, H. (1970): Das Phänomen der klimabedingten Reliefasymetrie in Mitteleuropa. - Göttinger Geographische Abhandlungen 56.
KELLER, E. A. (1972b): Development of alluvial stream channels: a five-stage model. - Bulletin of the Geological Society of America 83: 1531-1536.
KELSEY, H. M. (1980): A sediment budget and an analysis of geomorphic process in the Van Duzen River basin, north coastal California, 1941-1975. - Bulletin of the Geological Society of America 91: 1119-1216.
KIRKBY, C. M. (1987): The Hurst-Effect and its implication for extrapolating processes. - Earth surface processes and landforms 12: 57-67.
KIRKBY, M. J. (Ed.)(1978): Hillslope hydrology. New York.
KIRKBY, M. J. (1978): Implications for sediment transport. - KIRKBY, M. J. (Ed.): Hillslope hydrology: 325-363. New York.
KIRKBY, M. J. (1987): Modelling some influences of soil erosion, landslides and valley gradient on drainage density and hollow development. - AHNERT, F. (Ed.): Geomorphological models. Catena, supplement 10: 1-14.
KIRKBY, M. J. & R. J. CHORLEY (1967): Throughflow, overland flow and erosion. - Bulletin of the International Association of Scientific Hydrology 12: 5-21.
KIRKBY, M. J. & R. P. C. MORGAN (Ed.)(1980): Soil erosion. Chichester.
KLETT, M. (1965): Die boden- und gesteinsbürtige Stofffracht von Oberflächengewässern. - Arb. Landw. Hochsch. Hohenheim 35. Stuttgart.
KLUG, H. & R. LANG (1983): Einführung in die Geosystemlehre. Darmstadt.
KNIGHTON, D. (1984): Fluvial forms and processes. London.
KOLB, A. (1931): Zur Morphologie des Nordkraichgaues und des angrenzenden Kleinen Odenwaldes. - Badische Geographische. Abhandlungen 7.
KOUTANIEMI, L. (1987): Little ice age flooding in the Ivalojoki and Oulankajoki Valleys, Finland ? - Geografiska annaler 69A: 71-83.
KRESSER, W. (1964): Gedanken zur Geschiebe- und Schwebstofführung der Gewässer. - Österreichische Wasserwirtschaft 1/2: 6-11.
KRYZER, D. (1991): Die Bedeutung anthropogener Einflüsse auf den Chemismus von Oberflächengewässern am Beispiel der Elsenz, Kraichgau. Diplomarbeit, Geographischen Institut, Universität Heidelberg.
KUNERT, H. (1968): Die Elsenz und ihr Einzugsgebiet. Eine Skizze zum Werden der Naturlandschaft unserer engeren Heimat. - Kraichgau 1: 28-46.
LANDESANSTALT FÜR UMWELTSCHUTZ (1990): Handbuch Hydrologie von Baden-Württemberg. Karlsruhe.

LANGBEIN, W. B. et al. (1949): Annual runoff in the United States. - U.S.G.S. circular 52: 1-14.
LANGBEIN, W. B. & L. B. LEOPOLD (1964): Quasiequilibrium states in channel morphology. - American journal of science 262: 782-794.
LEOPOLD, L. B. (1956): Land use and sediment yield. - THOMAS jr. W.L.: Man's role in changing the face of the earth. Chicago.
LEOPOLD, L. B. & W. B. LANGBEIN (1962): The concept of entropoy in landscape evolution.- U.S.G.S. professional paper 500A.
LEOPOLD, L. B. & W. B. LANGBEIN (1966): River meanders. - American journal of science 214: 60-70
LEOPOLD, L. B., M. G. WOLMAN & J. P. MILLER (1964): Fluvial processes in geomorphology. San Francisco.
LEWIN, J. (Ed.)(1981): British Rivers. London.
LISLE, T. E. (1982): Effects of aggradation and degradation on riffle-pool morphology in natural gravel channels, Northwestern California. - Water resources research 18: 1643-1651.
LÜTTIG, G. (1960): Zur Gliederung des Auenlehms im Flußgebiet der Weser. - Eiszeitalter und Gegenwart 11: 39-50.
LUSBY, G. C. (1979): Effects of converting sagebrush cover to grass on the hydrology of small watersheds at Boco Mountain, Colorado. U.S.G.S. water-supply paper 1532J.
LUTZ, D. (1981): Erste Ergebnisse der archäologischen Untersuchungen in der ehemals ellwangischen Propstei Wiesenbach, Rhein-Neckar-Kreis. - Kraichgau 7, Eppingen.
LYN, D. A. (1987): Unsteady sediment transport modelling. - Journal of hydraulic engineering 113: 1-15.
MACHATSCHEK, F. (1964): Geomorphologie. Stuttgart.
MAGILLIGAN, F. J. (1985): Historical floodplain sedimentation in the Galena River Basin, Wisconsin and Illinois. - Annals of the Association of American Geographers 75: 583-594.
MANGELSDORF, J. & K. SCHEUERMANN (1980): Flußmorphologie. München.
MANGELSDORF J., K. SCHEUERMANN & F.-H. WEISS (1990): River morphology: a guide for geoscientists and engineers. Berlin.
MANIAK, U. (1967): Geschiebe- und Schwebstofführung der Oker. - Mitteilungen des Leichtweiß-Instituts 20: 145-167. Braunschweig.
MANIAK, U. (1988): Hydrologie und Wasserwirtschaft. Eine Einführung für Ingenieure. Berlin.
MARTENS, R. (1968): Quantitative Untersuchungen zur Gestalt, zum Gefüge und Haushalt der Naturlandschaft (Imoleser Subapennin). - Hamburger Geographische Studien 21: 1-251.
McGUINNESS, J. L., L. L. HARROLD & W. M. EDWARDS (1971): Relation of rainfall energy and streamflow to sediment yield from small and large watershets. - Journal of soil and water conservation 26: 233-234.

MEIER-HILBERT, G. (1972): Die erdgeschichtliche Entwicklung der Maurer Neckarschleife. Eine sedimentologische Untersuchung fluviatiler Ablagerungen in neuen Aufschlüssen im Bereich der ehemaligen Neckarschleife bei Mauer an der Elsenz. Dissertation, Universität Heidelberg.
MENSCHING, H. (1951): Die kulturgeographische Bedeutung der Auelehmbildung. - Verhandlungen des Deutschen Geographentages 28: 219-225 (Deutscher Geographentag Frankfurt 1952).
MENSCHING, H. (1957): Bodenerosion und Auelehmbildung in Deutschland. - Deutsche Gewässerkundliche Mitteilungen 1: 110-114. Koblenz.
MERZ, W. & K. PLESSING (1990): Schutzkonzeption Elsenzaue. Teil I: Dokumentation. Auswertung naturwissenschaftlicher und kulturhistorischer Forschung. Auftrag des Landes Baden-Württemberg vertreten durch die Bezirksstelle für Naturschutz und Landschaftspflege. Karlsruhe.
METZ, F. (1914): Der Kraichgau. Eine siedlungs- und kulturgeographische Untersuchung. - Abhandlungen zur badischen Landeskunde 4. Karlsruhe.
MIALL, A.D. (1978): Fluvial Sedimentology: an historical review. - MIALL, A. D. (Ed.): Fluvial Sedimentology, Canadian Society of Petroleum, memoir 5: 1-47.
MORGENSCHWEIS, G. (1980): Zum Bodenwasserhaushalt im Lößeinzugsgebiet Rippach/Ostkaiserstuhl. - Beiträge zur Hydrologie 7: 23-97.
MORISAWA, M. (1968): Streams, their dynamics and morphology. New York.
MORISAWA, M. (Ed.)(1973): Fluvial geomorphology. - Binghampton.
MORISAWA, M. (1985): Rivers: form and process. - Geomorphology texts 7. London.
MORTENSEN, H. & J. HÖVERMANN (1957): Filmaufnahmen von Schotterbewegungen im Wildbach. - Petermanns Geographische Mitteilungen, Ergänzungsheft 262: 43-52.
MOUGHAMIAN, M. S., D. B. McLAUGHLIN & R. L. BRAS (1987): Estimation of flood frequency: an evaluation of two derived distribution procedures. - Water resources research 23: 1309-1319.
MÜLLER, S. (1959): Waldrandstufen und dolinenartige Schwemmtrichter als Sonderformen der Bodenerosion im Kleinen Odenwald. - Jahresbericht und Mitteilungen der Oberrheinischen Geologischen Vereinigung N.F. 41: 29-34.
MÜLLER, S. (1977): Waldböden als Maßstab der Bodenerosion in Baden-Württemberg. - Jahrbuch des Geologischen Landesamtes Baden-Württemberg 19: 129-141.
MÜLLER, G. & U. FÖRSTNER (1969): Sedimenttransport im Mündungsgebiet des Alpenrheins. - Geologische Rundschau 58: 229-259.
MÜLLER, T., E. OBERDORFER & G. PHILIPPI (1974): Die potentielle natürliche Vegetation von Baden-Württemberg. - Beihefte zu den Veröffentlichungen für Naturschutz und Landschaftspflege in Baden-Württemberg 6: 1-45. Ludwigsburg.
NEEF, E. (1967): Die theoretischen Grundlagen der Landschaftslehre. Gotha.

NERC (Natural Environment Research Council)(1985): Flood Studies Report 5. London.
NEUMANN, L. (1900): Die Dichte des Flußnetzes im Schwarzwalde. - Gerlands Beiträge zur Geophysik 4: 219-240. Leipzig.
NIEHOFF, N. & K.-H. PÖRTGE (1990): Untersuchungen zum ökologischen Zustand und zur Auswirkung anthropogener Störungen der Oker und ihrer Talaue. - Die Erde 121: 87-104.
NIPPES, K.-R. (1982): Erfassung des Schwebstofftransportes in Mittelgebirgsflüssen. 14. DVWK-Fortbildungslehrgang Hydrologie, Hydrometrie. Andernach.
NIXON, M. (1959): A study of the bankfull discharges of rivers in England and Wales. - Proceedings of the Institution of Civil Engineers 12: 157-175.
OEXLE, L. (1936): Die Schwebestoff- oder Schlammführung der geschiebeführenden Flüsse in Bayern. - Wasserkraft, Wasserwirtschaft 31: 1-20.
OHMORI, H. (1983a): Characteristics of the erosion rate in the Japanese mountains from the viewpoint of climatic geomorphology. - Zeitschrift für Geomorphologie, Supplementband 46: 1-14.
OHMORI, H. (1983b): Erosion rates and their relation to vegetation from the viewpoint of world-wide distribution. - Bulletin of the Department of Geography, University of Tokyo 16: 5-22.
OSMAN, A. M. & C. R. THORNE (1988): Riverbank stability analysis: I Theory. - Journal of hydraulic engineering 114/2: 134-150.
OTTERBY, M. A. & C. A. ONSTAD (1981): Average annual sediment yields in Minnesota.- US Department of Agriculture, report ARR-NC-8.
PARDE, M. (1947): Les meandres des rivières. - Revue de Geographie Pyrenees Sud-Ouest 16/17: 67-88.
PASCHINGER, V. (1957): Die Flußdichte der Schobergruppe in regionaler Betrachtung. - Mitteilungen der Geographischen Gesellschaft Wien 99: 187-193.
PEMBERTON, E. L. (1981): Sediment transport sampling for environmental data collection. - Erosion and Sediment Transport Measurement. Proceedings of the Florence symposium, June 1981. - IAHS publications 133: 159-167.
PETTS, G. & I. FOSTER (1985): Rivers and Landscape. London.
PHILIPPSON, A. (1947): Zur Theorie der Flußerosion. - Erdkunde 1: 212-213.
PIZZUTO, J. E. (1986): Flow variability and the bankfull depth of sand-bed streams of the American Midwest. - Earth surface processes and landforms 11: 441-450.
PÖRTGE, K.-H. & J. HAGEDORN (Hrsg.)(1989): Beiträge zur aktuellen fluvialen Morphodynamik. - Göttinger Geographische Abhandlungen 86.
PRINZ, H. & E. SCHWARZ (1970): Nivellment und rezente tektonische Bewegungen im nördlichen Oberrheingraben. - ILLIES J. H. & S. MÜLLER: Graben problems. International mantle project, science report 27: 177-183. Stuttgart.

QUIST, D. (1987): Bodenerosion - Gefahr für die Landwirtschaft im Kraichgau? - Kraichgau 10: 42-62. Eppingen.
REHBOCK, T. (1929): Bettbildung, Abfluß und Geschiebebewegung bei Wasserläufen. - Zeitschrift der Deutschen Geologischen Gesellschaft 81: 497-534.
RICHARDS, K. (1976): The morphology of riffle-pool-sequences. - Earth surface processes 1: 71-88.
RICHARDS, K. (1982): Rivers, form and process in alluvial channels. London.
RICHTER, G. (1965): Bodenerosion. Schäden und gefährdete Gebiete in der Bundesrepublik Deutschland. - Forschungen zur deutschen Landeskunde 52. Bad Godesberg.
RICHTER, G. (1970): Quantitative Untersuchungen zur rezenten Auelehmablagerung. - Verhandlungen des Deutschen Geographentages 37: 413-427 (Deutscher Geographentag Kiel 1969).
RILEY, S. J. (1972): A Comparison of morphometric measures of bankfull. - Journal of hydrology 17: 23-31.
RINSUM v., A. (1950): Die Schwebstofführung der bayerischen Flüsse. Festschrift zum 50jährigen Bestehen der Bayerischen Landesstelle für Gewässerkunde. München.
ROBBINS, C. H. & A. SIMON (1983): Man-induced channel adjustment in Tennessee Streams. - U.S.G.S. water-resources investigations report 82-4098.
SCHAAR, J. (1988): Untersuchungen zur Grundwassererneuerung in der Elsenztalaue. - BARSCH, D. & W.-A. FLÜGEL (Hrsg.): Niederschlag, Grundwasser, Abfluß. Ergebnisse aus dem hydrologisch-geomorphologischen Versuchsgebiet "Hollmuth". - Heidelberger Geographische Arbeiten 66.
SCHAAR, J. (1989): Untersuchungen zum Wasserhaushalt kleiner Einzugsgebiete im Elsenztal/Kraichgau. - Heidelberger Geographische Arbeiten 86.
SCHAFFERNAK, F. (1935): Hydrographie. Wien.
SCHAFFERNAK, F. (1950): Grundriß der Flußmorphologie und des Flußbaues. Wien.
SCHEIDEGGER, A. E. (1991): Theoretical Geomorphology. Berlin.
SCHIERBLING, S. (1990): Wechselbeziehungen zwischen aktueller fluvialer Dynamik und Gerinnebettgestaltung am Biedersbach. - Diplomarbeit, Geographischen Institut, Universität Heidelberg.
SCHIRMER, W. (1983): Symposium 'Franken': Ergebnisse zur holozänen Talentwicklung und Ausblick. - Geologisches Jahrbuch A71: 355-370.
SCHIRMER, W. (1988): Holocene valley development on the Upper Rhine and Main. - LANG G. & C. SCHLÜTER (Ed.): Lake, mire and river environments during the last 15.000 years: 153-160. Rotterdam.
SCHIRMER, W. (Hrsg.)(1990): Rheingeschichte zwischen Mosel und Maas. - DEUQUA-Führer 1: 94-98. Hannover.
SCHMIDT, C. W. (1924): Der Fluß. Eine Morphologie fließender Gewässer. - Deutsche Naturwissenschaftliche Gesellschaft Leipzig: 1-77.
SCHMIDT, K.-H. (1984): Der Fluß und sein Einzugsgebiet. Hydrographische Forschungspraxis. Wiesbaden.

SCHMIDT, K.-H. (1985): Hydrologische Struktur der Bundesrepublik Deutschland. - Berichte zur Deutschen Landeskunde 59: 85-106.
SCHMIDT, K.-H. & P. ERGENZINGER (1990): Radiotracer und Magnettracer: Die Leistungen neuer Meßsysteme für die fluviale Dynamik. - Die Geowissenschaften 8: 96-102.
SCHOKLITSCH, A. (1926): Geschiebebewegung an Flüssen und an Stauwerken. Wien.
SCHOKLITSCH, A. (1935): Stauraumverlandung und Kolkabwehr. Wien.
SCHOKLITSCH, A. (1962): Handbuch des Wasserbaues. 2 Bde. Wien.
SCHOETENSACK, O. (1908): Der Unterkiefer des Homo Heidelbergensis aus den Sanden von Mauer bei Heidelberg. Ein Beitrag zur Paläontologie des Menschen. Leipzig.
SCHORB, A. (1988): Untersuchungen zum Einfluß von Straßen auf Boden-, Grund- und Oberflächenwasser am Beispiel eines Testgebietes im kleinen Odenwald. - Heidelberger Geographische Arbeiten 80.
SCHOTTMÜLLER, H. (1961): Der Löß als gestaltender Faktor in der Kulturlandschaft des Kraichgaus. - Forschungen zur Deutschen Landeskunde 130. Bad Godesberg.
SCHRAMM, M. (1992): Bestimmung des Bodenabtrags und des Stoffaustrags im Vorfluter eines kleinen ländlichen Einzugsgebietes. - Institut für Hydrologie und Wasserwirtschaft ("Weiherbach-Projekt") 41: 229-256. Karlsruhe.
SCHÜTT, B. (1993): Der Stoffhaushalt der Kall/Nordeifel - Untersuchungen zum Wasserhaushalt, Schwebstoffhaushalt und Haushalt gelöster Stoffe in einem Flußeinzugsgebiet auf silikatischen Gesteinen. - Aachener Geographische Arbeiten 27.
SCHÜTT, B. (1994): Ermittlung des Stoffhaushaltes. Datenerhebung und Datenauswertung am Beispiel des Kalltales/Eifel. - BARSCH, D., R. MÄUSBACHER, K.-H. PÖRTGE & K.-H. SCHMIDT (Hrsg.)(1994): Messungen in fluvialen Systemen: 27-50. Berlin.
SCHUKRAFT, G. (1995): Untersuchungen zur holozänen Hochwasserdynamik am Beispiel der Elsenz im Kraichgau (in Vorbereitung).
SCHUMM, S. A. (1960): The shape of alluvial channels in relation to sediment-type. - U.S.G.S. professional paper 352B: 17-30.
SCHUMM, S. A. (1977): The Fluvial System. New York.
SCHUMM, S. A. & R. W. LICHTY (1965): Time, Space and Causality in Geomorphology. - American journal of science 263: 110-119.
SCHUMM, S. A., M. P. MOSLEY & W. E. WEAVER (1987): Experimental Fluvial Gemorphology. New York.
SCHWEIZER, V. & R. KRAATZ (1982): Kraichgau und südlicher Oderwald. Stuttgart (Sammlung Geologischer Führer 72).
SCHWERTMANN, U. (1982): Bodenerosion und Flurbereinigung. - Zeitschrift für Kulturtechnik und Flurbereinigung 23: 261-268.
SHAW, E. M. (1983): Hydrology in practice. Wokingham.

SIMON, A. & C. R. HUPP (1986): Channel evolution in modified Tennessee channels. - Proceedings of the 4th Interagency Sedimentation Conference: 2, 5.71-5.82. Las Vegas, Nevada.
SIMONS, D. B., E. V. RICHARDSON & W. H. HAUSHILD (1963): Some effects of fine sediment on flow phenomena. - U.S.G.S. water-supply paper 1498G.
SINGHAL, H. S., G. C. JOSHI & R. S. VERMA (1981): Sediment sampling in rivers and canals. - Erosion and sediment transport measurement. Proceedings of the Florence symposium, June 1981. - IAHS publications 133: 169-175.
SLAYMAKER, O. (1982): Land use effects on sediment yield and quality. - Hydrobiologica 91: 93-109.
SLAYMAKER, O. (Ed.)(1991): Field Experiments and Measurements Programs in Geomorphology. Rotterdam.
SONNTAG, R. (1978): Schwebstoff-Führung und -Zusammensetzung in Bayerischen Flüssen. Dissertation, TU München.
SPEIGHT, J. G. (1980): Methods and significance of slope mapping. - Technical Memorandum 80/7: 1-26 C/SRO. Canberra.
STARKEL, L. (1976): The role of extreme (catastrophic) meteorological events in contemporary evolution of slopes. - DERBYSHIRE, E. (Ed.): Geomorphology and climate: 203-241. London.
STARKEL, L. & J. B. THORNES (Ed.)(1981): Palaeohydrology of River Basins.
STRAHLER, A. N. (1957): Quantitative analysis of watershed geomorphology. - Transactions of the American Geophysical Union 38: 913-920.
STREIT, U. (1981): Kriging - eine geostatistische Methode zur räumlichen Interpolation hydrologischer Informationen. - Wasserwirtschaft 71: 219-223.
STRICKLER, A. (1923): Beiträge zur Frage der Geschwindigkeitsformel und der Rauhigkeitszahlen für Ströme, Kanäle und geschlossene Leitungen. - Mitteilungen des Eidgenössischen Amtes für Wasserwirtschaft 16. Bern.
STRUIKSMA, N. & G. J. KLAASEN (1988): On the threshold between meandering and braiding. - WHITE, W. R. (Ed.)(1988): International Conference on River-Regime 18-20 May 1988: 107-120. Chichester.
SUERKEN, J. (1909): Die Flußdichte im östlichen Teile des Münsterschen Beckens. Dissertation, TH Dresden.
THOMPSON, A. (1986): Secondary flows and the pool-riffle unit: a case study of the processes of meander development. - Earth surface processes and landforms 11: 631-641.
THORN, C. E. (Ed.)(1982): Space and time in geomorphology. London (Binghampton Symposium 12).
THORN, C. E. (Ed.)(1988): An introduction to theoretical geomorphology. Boston.
THORNE, C. R., J. C. BATHURST & R. D. HEY (Ed.)(1987): Sediment transport in gravel-bed rivers. Chichester.

THORNE, C. R., D. S. BIEDENHARN & P. G. COMBS (1988): Bank instability due to channel degradation. - GESSLER, J. & S. R. ABT (Ed.): Hydraulic engineering. Proceedings of the National Conference on hydraulic engineering, ASCE, Colorado Springs 1988.

THORNE, C. R., H. H. CHANG & R. D. HEY (1988b): Prediction of hydraulic geometry of gravel-bed streams using the minimum stream power concept. - WHITE, W. R. (Ed.)(1988): International Conference on River-Regime 18-20 May 1988: 29-40. Chichester.

THORNE, C. R. & A. M. OSMAN (1988a): Riverbank stability analysis: II. Applications. - Journal of hydraulic engineering, ASCE 114/ 2: 151-172.

THORNE, C. R. & A. M. OSMAN (1988b): The influence of bank stability on regime geometry of natural channels. - WHITE, W. R. (Ed.)(1988): International Conference on River-Regime 18-20 May 1988: 135-147. Chichester.

THORNES, J. B. (1982): Problems in the identification of stability and structure from temporal data series. - THORN, C. E. (Ed.)(1982): Space and time in geomorphology: 327-353. London (Binghampton Symposium 12).

THÜRACH, H. (1896): Erläuterungen zu Blatt Sinsheim (Nr. 42). Heidelberg (= Erläuterungen der Geologischen Specialkarte des Großherzogtums Baden, hrsg. von der Großherzoglich Badischen Geologischen Landesanstalt).

TROLL, C. (1954): Über Alter und Bildung von Talmäandern. - Erdkunde 8: 286-302.

VANONI, V. A. (1984): Fifty years of sedimentation. - Journal of Hydraulic Engineering 110: 1022-1057.

VERWORN, H. R. (1982): Untersuchungen über die Auswirkungen der Urbanisierung auf den Hochwasserabfluß. - DVWK-Schriftenreihe 53: 1-179.

VETTER, M. (1984): Die Anwendung der Gravitationstheorie zur Ermittlung der vertikalen Verteilung der Schwebstoffkonzentration. - Mitteilungen des Instituts für Wasserwesen, Hochschule der Bundeswehr München 13: 171-203.

VIVILLE, D., B. AMBROISE & B. KOROSEC (1986): Variabilite spatiale des proprietes texturales et hydrodynamiques de sols dans le basin Ringelbach (Vosges, France). - Zeitschrift für Geomorphologie, Supplementband 60: 21-40.

WALLING, D. E. (1977): Limitations of the rating curve technique for estimating suspended sediment loads, with particular reference to British rivers. -IAHS-AISH publications 122: 34-48.

WALLING, D. E. (1978a): Reliability considerations in the evaluation and analysis of river loads.- Zeitschrift für Geomorphologie, Supplementband 29: 29-42.

WALLING, D. E. (1978b): Suspended sediment and solute response characteristics of the river Exe, Devon, England. - AVIDSON-ARNOTT, R. & W. NICKLING (Ed.): Geobooks. Research in fluvial systems: 169-197. Norwich.

WALLING, D. E. & B. A. BRADLEY (1989): Rates and patterns of contemporary floodplain sedimentation: a case study of the Rover Culm, Devon, UK. -Geo Journal 19: 53-62.

WALLING, D. E. & A. H. A. KLEO (1979): Sediment yield of rivers in areas of low precipitation: a global view. Proceedings of the Canberra Symposium, December 1979. - IAHS-AISH publications 128: 479-493.

WALLING, D. E. & B. W. WEBB (1981): The reliability of suspended sediment load data. - Erosion and Sediment Transport Measurement. Proceedings of the Florence symposium, June 1981. - IAHS publications 133: 177-194.

WALLING, D. E. & B. W. WEBB (1981): Water quality. - LEWIN, J. (Ed.): British rivers. London.

WALLING, D. E. & B. W. WEBB (1983): The dissolved loads of rivers: a global overview. - WEBB, B. W. (Ed.)(1983): Dissolved loads of rivers and surface water quantity/quality relationship. - IAHS publications 141:3-20.

WALTHER, W. (1980): Prozeß des Stoffabtrages und der Stoffauswaschung während und nach Starkregen in ackerbaulich genutzten Gebieten. 1. Bericht: Stoffabtrag. - Zeitschrift für Kulturtechnik und Flurbereinigung 21: 65-74.

WARD, P. R. B. (1984): Measurement of sediment yields. - HADLEY, R. F. & D. E. WALLING (Ed.): Erosion and sediment yields: some methods of measurement and modelling: 37-70. Cambridge.

WASSER- UND STRASSENBAUDIREKTION KARLSRUHE (1927): Badischer Wasserkraftkataster Nr. 23, Elsenz mit Schwarzbach. Karlsruhe.

WEBB, B. W. (Ed.)(1983): Dissolved loads of rivers and surface water quantity/ quality relationship. - IAHS publications 141.

WEBB, B. W. & D. E. WALLING (1982): The magnitude and frequency characteristics of fluvial transport in a Devon drainage basin and some geomorphological implications. - Catena 9: 9-24.

WEBER, H. (1956): Gleichgewichtsgefälle und Erosionsterminante. - Neues Jahrbuch Geologie Paläontologie 6: 257-262.

WEBER, L. (1990): Untersuchungen zum Versauerungsgrad von Löss-Parabraunerden an ausgewählten Waldstandorten im Kraichgau. - Stuttgarter Geographische Studien 113: 1-168.

WEGENER, K. (1925): Die theoretische Ablenkung der Flüsse durch Erddrehung. - Petermanns Geographische Mitteilungen 71: 195-196.

WEISS, F. H. (1972): Statistische Auswertung von Schwebstoffmessungen. Abschlußbericht zu einem Forschungsvorhaben der bayerischen Landesstelle für Gewässerkunde. München (DFG gefördert).

WESTRICH, B. (1988): Fluvialer Feststofftransport. Auswirkung auf die Morphologie und Bedeutung für die Gewässergüte. - Schriftenreihe Wasser-Abwasser 22.

WHEELER, D. A. (1979): The overall shape of longitudinal profiles of streams. - PITTY, A. F. (Ed.): Geographical approaches to fluvial processes: 241-259. Norwich.

WHITE, W. R. (Ed.)(1988): International conference on river-regime 18-20 May 1988. Chichester.

WILHELM, F. (1957): Flußmorphologische Untersuchungen in der Jachenau. - Petermanns Geographische Mitteilungen, Ergänzungsheft 262: 145-155.
WILHELM, F. (1993): Hydrogeographie. Braunschweig.
WILLIAMS, G. P. (1978): Bankfull discharge of rivers. - Water resources research 14: 1141-1154.
WILSON, L. (1973): Variations in mean annual sediment yield as a function of mean annual precipitation.- American journal of science 273: 335-349.
WOHLRAB, B., W. SÜSSMANN & V. SOKOLLEK (1983): Einfluß land- und forstwirtschaftlicher Bodennutzung sowie von Sozialbrache auf die Wasserqualität kleiner Wasserläufe im ländlichen Mittelgebirgsraum. - DVWK-Schriftenreihe 57: Einfluß der Landnutzung auf den Gebieteswasserhaushalt.
WOLMAN, M. G. (1959): Factors influencing erosion of a cohesive river bank. - American journal of science 257: 204-216.
WOLMAN, M. G. & R. GERSON (1978): Relative scales of time and effectiveness of climate in watershed geomorphology. - Earth surface processes 3: 189-208.
WOLMAN, M. G. & B. LEOPOLD (1957): River flood plains: some observations on their formation. - U.S.G.S. professional paper 282C.
WOLMAN, M. G. & J. P. MILLER (1960): Magnitude and frequency of forces in geomorphic processes.- Journal of geology 68: 54-74.
WÜST, G. (1983): Bammental. Geschichte einer Elsenztalgemeinde. Bammental.
WUNDT, W. (1949): Die Flußmäander als Gleichgewichtsform der Erosion. - Experientia 5: 301-307.
WUNDT, W. (1962a): Zur Schwebstofführung und Abtragung des Landes. - Wasserwirtschaft 52: 107-112.
WUNDT, W. (1962b): Aufriß und Grundriß der Flußläufe, vom physikalischen Standpunkt aus betrachtet. - Zeitschrift für Geomorphologie N.F. 6: 198-217.
YALIN, M. S. (1971): On the formation of dunes and meanders. - Proceedings of the 14th international congress for hydraulic research 3, paper C13: 1-8.
YALIN, M. S. (1972): Mechanics of sediment transport. Oxford.
ZANGER, M. (1990): Die Entwicklung eines physikalischen Gebietsmodells zur Modellierung der räumlichen Variabilität der Abflußbildung in einem mittleren Einzugsgebiet. Diplomarbeit, Geographisches Institut, Universität Heidelberg.
ZANKE, U. (1978): Zusammenhänge zwischen Strömung und Sedimenttransport. I. Berechnung des Sedimenttransportes, allgemeiner Fall. - Mitteilungen des Fransius-Instituts der TU Hannover 47: 214-345.
ZANKE, U. (1982): Grundlagen der Sedimentbewegung. Berlin.
ZELLER, J. (1963): Einführung in den Sedimenttransport offener Gerinne. - Schweizer Bauzeit 81: 597-602, 620-626 u. 629-634.
ZELLER, J. (1965): Die "Regime-Theorie", eine Methode zur Berechnung stabiler Flußgerinne. - Schweizer Bauzeit 83: 67-72 u. 87-93.
ZIEBERT, H. (1964): Ein Fünftel des Kreises ist Wald.- Heimat und Arbeit - Der Kreis Sinsheim: 187-195. Aalen.

SUMMARY

This study investigates the flood discharge, the sediment transportation and the interaction between flood events and the geomorphological characteristics of the channel in the Elsenz catchment, which is part of the Kraichgau region, in SW Germany. The investigations presented here were carried out over several years and were made under the priority program "Fluvial Geomorphic Dynamics in the Younger Quaternary" financed by the Deutsche Forschungsgemeinschaft (Bonn). In this program, the fluvial processes taking place in different types of catchments are registered. The study presented here is meant to contribute to the research on such processes, complementing the numerous theoretical approaches toward a model of fluvial formation.

Another important aim of the project is to develop a suitable methodology, which is essentially determined by the size of the area investigated. The Elsenz catchment, stretching over 542 km^2 (a size equating that of Lake Constance), makes special demands on the methodological concept, so as to ensure an effective investigation of a mesoscalic catchment. Even in small catchments, measuring only a few square kilometres, it is extremely difficult to ascertain the parameters that determine fluvial processes, since these parameters or their alterations depend on many factors. In a mesoscalic area, the number of measurements that are carried out often has to be reduced and care has to be taken that the area is divided into larger subareas than there would be in a small catchment. Otherwise, the project would get out of hand.

The function of the methodological concept is to determine the parameters relevant to fluvial processes with respect to the total area. Factors which are less important or cannot be ascertained in the whole area for organizational or logistic reasons, are examined in two exemplary subbasins. These subbasins are representative of a larger part of the total area. One of them is the Biddersbach basin (17.4 km^2) in the northern part of the Elsenz area, which is composed of red sandstone and limestone (triassic). Owing to the rather unfavorable properties of the source rock, a relatively large part of the area is covered by woods. The second subbasin is the Insenbach basin (21.4 km^2) in the southern part of the Elsenz catchment. The basin is composed of limestone and Keuper stage covered by a layer of loess which at some places reaches a depth of several meters. Both subbasins have continuous runoff.

Minor parameters or parameters which cannot be determined in the total area because of its size, are ascertained in these subbasins. This is done with the help of methods such as a detailed soil survey and the mapping of vegetation and utilization (in the Biddersbach basin: GÜNDRA 1993, in the Insenbach basin: BIPPUS 1991). The vast amount of information obtained, however, is not included in this paper, since priority has been given to the processes taking place in the channel system of the Elsenz and its tributaries. The survey of the fluvial system, particularly in its extreme states (flood discharge, sediment transport and the interaction between flood events and the channel), has been so extensive that no other kind of information is considered here.

The important parameters of the fluvial system, i.e. rainfall, runoff, sediment transport and the geomorphological features of the channel (see KNIGHTON 1984), are to be determined for the total area. The subbasins are fitted out with instruments as well, in order to see how they are related to the total area and if they are representative. A gauging network, measuring rainfall, is installed all over the area. Overall runoff values and the total volume of sediment transported are registered both at the outlets of all relevant subbasins and in the channel of the main stream. The geomorphological characteristics of the three channels under study are determined by means of surveys and bank mappings. This is done along several stretches of the banks of the Biddersbach, the Insenbach and the Elsenz itself. The period of the study presented is three hydrological years, from 1988 to 1991.

A summary is now given on the results of the survey, which focuses on the characteristics of flood discharge, the sediment transport and the geomorphological features of channels and flood plains. During the investigations, newly developed methods have been applied most of the time.

Records show that the total rainfall measured between 1988 and 1991 is within the range of the mean annual rainfall. Nevertheless, all eight official stations have registered a slight but steady increase from the early 1970s onwards. For us, it is the amount of rainfall rather than its intensity that is of importance, since it provides some clues about the frequency of major flood events in the Elsenz basin. Flooding in the Elsenz basin (as in May 1978) and, still more, in the subbasins may be due to heavy rains in summer. In the previous 20 years, however, six out of seven cases of flooding with floodplain discharge occurred in the wintertime, often during snowmelt (e.g. in February 1970 (= maximum flood discharge) and March 1988). The figure illustrates that advective rainfall, which is reflected in the total amount of rainfall, is more important in our context.

An analysis of the rainfall records of our gauging system shows that, despite the distribution due to the relief of the area (higher annual rainfall in the northern part), there are situations in which event-related rainfall becomes more and more frequent with each mile further to the south (e.g. the floods of Feb. 1990). At the same time, the analysis confirms the hypothesis that the two subbasins, i.e. the Biddersbach and the Insenbach basins, are typical of the north and the south respectively, as far as rainfall distribution is concerned.

We are especially interested in values measured during extreme situations which may put a considerable strain on the system. The low-water situation is discussed by BARSCH et al. (1989a), FLUEGEL (1988), and, particularly, KRYZER (1991).

In the context of our study, however, we are more concerned with the other extreme, namely flood events, which greatly influence the process dynamics (sediment transport, erosion, accumulation).

Between 1988 and 1990, three events occurred downstream from the confluence of the Schwarzbach and the Elsenz, in the course of which the Elsenz showed bankfull discharge or even inundated the floodplain. The frequency of these events exceeds the average recurrence interval of 1.5 years (LEOPOLD et al. 1964) and 2 years respectively (NIXON 1959). In the previous 60 years, too, frequencies varied considerably. Between 1930 and 1970, the Elsenz rose to bank level every 1.3 years on average. Between 1970 and 1978, there was no flooding, a fact which reflects the dryness of the 1970s. Between 1978 and 1990, frequencies went up again, with events occurring every 2 years.

A detailed description will be given of two flood events occurring between 1988 and 1991 during which the Elsenz experienced overbank flow. The flooding which took place in March 1988 has a recurrence interval of 10 years while the second one, occurring in February 1990, is liable to happen every 5 years in the form and intensity mentioned.

The flood of March 1988 was caused by snowmelt in connection with additional rainfall. Overland flow was increased by the frozen soil surface. At the outlet of the catchment, maximum flood discharge values of approximately 90 m^3/s were registered (gauge Elsenz/Hollmuth). Usually some 60 m^3/s are sufficient at this point (north of Bammental) to generate overbank flow. During peak runoff, the entire flood plain of the Elsenz downstream from the confluence of the Schwarzbach and the Elsenz (Meckesheim) was inundated.

Despite the slightly smaller size of the Biddersbach basin, the peak discharge runoff values measured there during the event (5.9 m^3/s) top those of the Insenbach (2.5 m^3/s), a difference not accounted for by the amounts of rain which fell in the two subbasins. This is due to the relief: The channels of the tributaries of the Biddersbach are more steeply sloped than those in the south. This observation is confirmed by a comparison between the more steeply sloped Schwarzbach area (drainage area = 200 km^2; maximum flood discharge/peak runoff = 71.7 m^3/s; flood yield factor = 368.5 l/s km^2) and the Upper Elsenz area (drainage area = 259 km^2; maximum flood discharge/peak runoff = 28.6 m^3/s; yield factor = 110.4 l/s km^2), which is less steep. The same holds true for the sediment load, which is 1,300 t for the Biddersbach as compared with 530 t for the Insenbach and 25,000 t for the Schwarzbach as compared with 10,000 t for the Upper Elsenz.

During the floods of February 1990, these correlations were less evident so that the multicausal nature of the event became obvious. The floods were brought about by extensive rain of little intensity. Unlike in 1988, it was the southern parts of the

catchment which were more strongly affected by rainfall, a fact reflected in the following figures: In the Biddersbach basin, peak runoff was 2.6 m^3/s, whereas the Insenbach showed a runoff value of 3.8 m^3/s. Nevertheless, the suspension load carried by the Biddersbach (430 t) was higher than that of the Insenbach (270 t). It is equally astonishing that the Upper Elsenz, with a maximum discharge of 24.5 m^3/s, had a sediment load of 4,300 t while the Schwarzbach, with a peak runoff of 50.2 m^3/s, carried a suspended load of 3,800 t. Peak runoff at the outlet of the total area was 74.6 m^3/s, a value which is reached once in 5 years. As in 1988, the flood plain downstream from the confluence of the Elsenz and the Schwarzbach was inundated.

The results obtained during the floods of February 1990 clearly show that there are factors other than rainfall and relief which have to be taken into consideration when surveying the sediment transport within an area that consists of several subbasins (see below).

During the two flood events discussed above, the Elsenz and its tributaries carried a considerable sediment load, accounting for by far the largest proportion of the overall mineral load transported within the largely loess-covered catchment. Subsequent to the flood events of March 1988 and February 1990, sediment deposits in the flood plain were mapped. The results indicate that a distinction has to be made between the narrow and the wide stretches of the valleys under study. In the narrow stretches of the flood plain, locally confined, long and narrow sediment deposits with a depth of up to 20 cm occurred. Most deposits, however, were more evenly spread, not only in wide but also in narrow valley stretches. During the two flood events investigated, much of the inundated land was covered by a layer of sediment thinner than 5 mm.

To obtain a sediment balance, both the sediment load and sediment accumulations are quantified. With the results obtained, two separate sediment balances, one for each event, are compiled. During the floods of March 1988, a total of 41,000 tons of sediment was discharged into the lower course of the Elsenz. Here, 28,000 tons were deposited on the flood plain. 42,000 tons were carried out of the Elsenz area, passing the gauge Elsenz/Hollmuth. According to our investigations , about 40 % of the total sediment load were removed from the banks of the lower course of the Elsenz. The same tasks and calculations are carried out in order to obtain a sediment balance of the floods that occurred in February 1990. 55 % of the sediment load registered during this event derived from the Lower Elsenz channel. Obviously, a considerable proportion of the entire sediment load transported during major events is contributed by the individual river banks.
The sediment load carried during flood events constitutes a high percentage of the annual load. Of the 90,000 tons which left the Elsenz area in 1988, 60 % were transported within 10 days. In 1989, a year in which no major floods occurred, the

annual load amounted to as little as 7,000 tons. During the event that took place on February 15, 1990, and a subsequent, minor event, 66 % and 17 % respectively of the annual load were carried away. Figures show that a vast proportion of the annual load is transported within a few days.

After the floods of 1990, several kilometres of the Insenbach channel were mapped in order to confirm (if possible), with a different method, the percentage accounted for by sediment supplied by the channel. The fresh forms of erosion found could be attributed directly to the event. Bank material constituted about 40 % of the total sediment load of the Insenbach. This figure is almost equal to the percentage of the sediment load supplied by the Lower Elsenz channel.

Mappings of the Insenbach, Biddersbach and Elsenz channels show that bank erosions usually occur in the form of slides, which take place most frequently after or at flood events. To sum up, both the main channels and those of the tributaries tend to become wider.

On the basis of transport rates obtained during the floods of February 1990, we investigated whether it was possible to convert the sediment yield of one area into a larger scale. For this purpose, three areas of different size - one of which lies within the boundaries of another larger in size which in turn lies within the largest one - were selected and then compared (Elsenz, Biddersbach, Langenzell), or, to be more exact, the data provided by the three gauges Elsenz/Hollmuth (drainage area = 535 km^2), Biddersbach/Wiesenbach (drainage area = 16.7 km^2), and Langenzell (0.62 km^2) were compared. It is difficult to make a definite statement as to whether data relating to one of the areas can be applied to those obtained in the other two, since a very high proportion of the sediment carried by the Elsenz and the Biddersbach is supplied by their own channels. In the Langenzell area, there is no continuously flowing stream so that sediment must come from other sources. The sediment yield may be converted or compared between areas of different size if the respective proportions of sediment load removed from the river bed can be ascertained. The intermediate deposits that have accumulated along channels (flood plain deposits) in the course of many years must feature separately in the sediment balance sheets. Only then does a conversion to the sediment yield of the catchment areas under study make any sense.

The removal of sediment during the two flood events investigated is not only due to the erosion of the channel banks, since the amount of sediment transported corresponds to an average bank recession which does not tally with the results obtained from mappings and surveys. The only other sediment source to be seriously considered is the channel floor. Various investigation methods (a survey of cross profiles, echography) were applied to compare the current level of the bottom of the Elsenz to the one it had a hundred years ago. No profound changes have taken place in that period of time: the bottom level neither fell nor rose. It can thus be assumed that the floor has been more or less stable for the last century and will continue to be so.

Lastly, sediment may also be supplied by temporary accumulations caused by the regulation of the water flow in the Elsenz. In mean and low water situations, the velocity of flow is sometimes reduced to less than 10 cm/s in the backwater of weirs.(82 % of the slope of the Elsenz channel are regulated by weirs). It may be supposed that in these low-flow sections an unusually high amount of suspended matter is accumulated. There is still no certainty as to whether this assumption holds true or not, since liquid mud is difficult to quantify with the measurement technology provided. Echography, too, is of no value. This may be due to the low density of liquid mud, which does not reflect any ultrasonic impulse. Yet there is hope that a newly developed method (freezing corer method) may yield better results in the future.

It may be assumed that the input of minerals into the channel, or, in other words, the "charging of the Elsenz channel system" is increased also by the sediment input due to minor floods occurring in the subareas. Owing to the different runoff dimensions, however, the increased discharge values in the subarea have very little effect on the runoff of the Elsenz, so that a high proportion of the sediment input settles in the regulated channel of the Elsenz. If the flood flow of the Elsenz is so high that the backwaters rise beyond bank level, the weir gates are opened, causing the flow gradient to steepen and the velocity of discharge to rise noticeably (up to 4 m/s). As a result, the already sedimented material is carried away with the flow and dispersed. This serves to illustrate the major importance of the regulated channel as a temporary "dumping ground".

Runoff and sediment transport dynamics are greatly intensified during short periods of the year. Mappings and surveys help estimate the percentage of the material supplied by the channel, thus confirming the balance sheets which are based on sampling and the mapping of sediment deposited in the flood plain. The balance sheets show that in the Elsenz area, sediment dynamics are especially high during flood events. Of all the aspects mentioned, there is one in particular, namely the role of the channel as sediment supplier, which should be subject to further investigation.

HEIDELBERGER GEOGRAPHISCHE ARBEITEN

Heft 1 Felix Monheim: Beiträge zur Klimatologie und Hydrologie des Titicacabeckens. 1956. 152 Seiten, 38 Tabellen, 13 Figuren, 3 Karten im Text, 1 Karte im Anhang. DM 12,--

Heft 2 Adolf Zienert: Die Großformen des Odenwaldes. 1957. 156 Seiten, 1 Abbildung, 6 Figuren, 4 Karten, davon 2 mit Deckblatt. vergriffen

Heft 3 Franz Tichy: Die Land- und Waldwirtschaftsformationen des kleinen Odenwaldes. 1958. 154 Seiten, 21 Tabellen, 18 Figuren, 6 Abbildungen, 4 Karten. vergriffen

Heft 4 Don E. Totten: Erdöl in Saudi-Arabien. 1959. 174 Seiten, 1 Tabelle, 11 Abbildungen, 16 Figuren. DM 15,--

Heft 5 Felix Monheim: Die Agrargeographie des Neckarschwemmkegels. 1961. 118 Seiten, 50 Tabellen, 11 Abbildungen, 7 Figuren, 3 Karten. DM 22,80

Heft 6 Alfred Hettner - 6.8.1859. Gedenkschrift zum 100. Geburtstag. Mit Beiträgen von E. Plewe und F. Metz, drei selbstbiograph. Skizzen A. Hettners und einer vollständigen Bibliographie. 1960. 88 Seiten, mit einem Bild Hettners. vergriffen

Heft 7 Hans-Jürgen Nitz: Die ländlichen Siedlungsformen des Odenwaldes. 1962. 146 Seiten, 35 Figuren, 1 Abbildung, 2 Karten. vergriffen

Heft 8 Franz Tichy: Die Wälder der Basilicata und die Entwaldung im 19. Jahrhundert. 1962. 175 Seiten, 15 Tabellen, 19 Figuren, 16 Abbildungen, 3 Karten. DM 29,80

Heft 9 Hans Graul: Geomorphologische Studien zum Jungquartär des nördlichen Alpenvorlandes. Teil I: Das Schweizer Mittelland. 1962. 104 Seiten, 6 Figuren, 6 Falttafeln. DM 24,80

Heft 10 Wendelin Klaer: Eine Landnutzungskarte von Libanon. 1962. 56 Seiten, 7 Figuren, 23 Abbildungen, 1 farbige Karte. DM 20,20

Heft 11 Wendelin Klaer: Untersuchungen zur klimagenetischen Geomorphologie in den Hochgebirgen Vorderasiens. 1963. 135 Seiten, 11 Figuren, 51 Abbildungen, 4 Karten. DM 30,70

Heft 12 Erdmann Gormsen: Barquisimeto, eine Handelsstadt in Venezuela. 1963. 143 Seiten, 26 Tabellen, 16 Abbildungen, 11 Karten. DM 32,--

Heft 13 Ingo Kühne: Der südöstliche Odenwald und das angrenzende Bauland. 1964. 364 Seiten, 20 Tabellen, 22 Karten. vergriffen

Heft 14 Hermann Overbeck: Kulturlandschaftsforschung und Landeskunde. 1965. 357 Seiten, 1 Bild, 5 Karten, 6 Figuren. vergriffen

Heft 15 Heidelberger Studien zur Kulturgeographie. Festgabe für Gottfried Pfeifer. 1966. 373 Seiten, 11 Karten, 13 Tabellen, 39 Figuren, 48 Abbildungen. vergriffen

Heft 16 Udo Högy: Das rechtsrheinische Rhein-Neckar-Gebiet in seiner zentralörtlichen Bereichsgliederung auf der Grundlage der Stadt-Land-Beziehungen. 1966. 199 Seiten, 6 Karten. vergriffen

Heft 17 Hanna Bremer: Zur Morphologie von Zentralaustralien. 1967. 224 Seiten, 6 Karten, 21 Figuren, 48 Abbildungen. DM 28,--

Heft 18 Gisbert Glaser: Der Sonderkulturanbau zu beiden Seiten des nördlichen Oberrheins zwischen Karlsruhe und Worms. Eine agrargeographische Untersuchung unter besonderer Berücksichtigung des Standortproblems. 1967. 302 Seiten, 116 Tabellen, 12 Karten. DM 20,80

Sämtliche Hefte sind über das Geographische Institut der Universität Heidelberg zu beziehen.

HEIDELBERGER GEOGRAPHISCHE ARBEITEN

Heft 19 Kurt Metzger: Physikalisch-chemische Untersuchungen an fossilen und relikten Böden im Nordgebiet des alten Rheingletschers. 1968. 99 Seiten, 8 Figuren, 9 Tabellen, 7 Diagramme, 6 Abbildungen. vergriffen

Heft 20 Beiträge zu den Exkursionen anläßlich der DEUQUA-Tagung August 1968 in Biberach an der Riß. Zusammengestellt von Hans Graul. 1968. 124 Seiten, 11 Karten, 16 Figuren, 8 Diagramme, 1 Abbildung. vergriffen

Heft 21 Gerd Kohlhepp: Industriegeographie des nördlichen Santa Catarina (Südbrasilien). Ein Beitrag zur Geographie eines deutsch-brasilianischen Siedlungsgebietes. 1968. 402 Seiten, 31 Karten, 2 Figuren, 15 Tabellen, 11 Abbildungen. vergriffen

Heft 22 Heinz Musall: Die Entwicklung der Kulturlandschaft der Rheinniederung zwischen Karlsruhe und Speyer vom Ende des 16. bis zum Ende des 19. Jahrhunderts. 1969. 274 Seiten, 55 Karten, 9 Tabellen, 3 Abbildungen. vergriffen

Heft 23 Gerd R. Zimmermann: Die bäuerliche Kulturlandschaft in Südgalicien. Beitrag zur Geographie eines Übergangsgebietes auf der Iberischen Halbinsel. 1969. 224 Seiten, 20 Karten, 19 Tabellen, 8 Abbildungen. DM 21,--

Heft 24 Fritz Fezer: Tiefenverwitterung circumalpiner Pleistozänschotter. 1969. 144 Seiten, 90 Figuren, 4 Abbildungen, 1 Tabelle. DM 16,--

Heft 25 Naji Abbas Ahmad: Die ländlichen Lebensformen und die Agrarentwicklung in Tripolitanien. 1969. 304 Seiten, 10 Karten, 5 Abbildungen. DM 20,--

Heft 26 Ute Braun: Der Felsberg im Odenwald. Eine geomorphologische Monographie. 1969. 176 Seiten, 3 Karten, 14 Figuren, 4 Tabellen, 9 Abbildungen. DM 15,--

Heft 27 Ernst Löffler: Untersuchungen zum eiszeitlichen und rezenten klimagenetischen Formenschatz in den Gebirgen Nordostanatoliens. 1970. 162 Seiten, 10 Figuren, 57 Abbildungen. DM 19,80

Heft 28 Hans-Jürgen Nitz: Formen der Landwirtschaft und ihre räumliche Ordnung in der oberen Gangesebene. 193 Seiten, 41 Abbildungen, 21 Tabellen, 8 Farbtafeln. Wiesbaden: Franz Steiner Verlag 1974. vergriffen

Heft 29 Wilfried Heller: Der Fremdenverkehr im Salzkammergut - eine Studie aus geographischer Sicht. 1970. 224 Seiten, 15 Karten, 34 Tabellen. DM 32,--

Heft 30 Horst Eichler: Das präwürmzeitliche Pleistozän zwischen Riss und oberer Rottum. Ein Beitrag zur Stratigraphie des nordöstlichen Rheingletschergebietes. 1970. 144 Seiten, 5 Karten, 2 Profile, 10 Figuren, 4 Tabellen, 4 Abbildungen. DM 14,--

Heft 31 Dietrich M. Zimmer: Die Industrialisierung der Bluegrass Region von Kentucky. 1970. 196 Seiten, 16 Karten, 5 Figuren, 45 Tabellen, 11 Abbildungen. DM 21,50

Heft 32 Arnold Scheuerbrandt: Südwestdeutsche Stadttypen und Städtegruppen bis zum frühen 19. Jahrhundert. Ein Beitrag zur Kulturlandschaftsgeschichte und zur kulturräumlichen Gliederung des nördlichen Baden-Württemberg und seiner Nachbargebiete. 1972. 500 Seiten, 22 Karten, 49 Figuren, 6 Tabellen. vergriffen

Heft 33 Jürgen Blenck: Die Insel Reichenau. Eine agrargeographische Untersuchung. 1971. 248 Seiten, 32 Diagramme, 22 Karten, 13 Abbildungen, 90 Tabellen. DM 52,--

Heft 34 Beiträge zur Geographie Brasiliens. Von G. Glaser, G. Kohlhepp, R. Mousinho de Meis, M. Novaes Pinto und O. Valverde. 1971. 97 Seiten, 7 Karten, 12 Figuren, 8 Tabellen, 7 Abbildungen. vergriffen

Sämtliche Hefte sind über das Geographische Institut der Universität Heidelberg zu beziehen.

HEIDELBERGER GEOGRAPHISCHE ARBEITEN

Heft 35 Brigitte Grohmann-Kerouach: Der Siedlungsraum der Ait Ouriaghel im östlichen Rif. 1971. 226 Seiten, 32 Karten, 16 Figuren, 17 Abbildungen. DM 20,40

Heft 36 Symposium zur Agrargeographie anläßlich des 80. Geburtstages von Leo Waibel am 22.2.1968. 1971. 130 Seiten. vergriffen

Heft 37 Peter Sinn: Zur Stratigraphie und Paläogeographie des Präwürm im mittleren und südlichen Illergletscher-Vorland. 1972. 159 Seiten, 5 Karten, 21 Figuren, 13 Abbildungen, 12 Längsprofile, 11 Tabellen. DM 22,--

Heft 38 Sammlung quartärmorphologischer Studien I. Mit Beiträgen von K. Metzger, U. Herrmann, U. Kuhne, P. Imschweiler, H.-G. Prowald, M. Jauß †, P. Sinn, H.-J. Spitzner, D. Hiersemann, A. Zienert, R. Weinhardt, M. Geiger, H. Graul und H. Völk. 1973. 286 Seiten, 13 Karten, 39 Figuren, 3 Skizzen, 31 Tabellen, 16 Abbildungen. DM 31,--

Heft 39 Udo Kuhne: Zur Stratifizierung und Gliederung quartärer Akkumulationen aus dem Bièvre-Valloire, einschließlich der Schotterkörper zwischen St.-Rambert-d'Albon und der Enge von Vienne. 1974. 94 Seiten, 11 Karten, 2 Profile, 6 Abbildungen, 15 Figuren, 5 Tabellen. DM 24,--

Heft 40 Hans Graul-Festschrift. Mit Beiträgen von W. Fricke, H. Karrasch, H. Kohl, U. Kuhne, M. Löscher u. M. Léger, L. Pfiffl, L. Scheuenpflug, P. Sinn, J. Werner, A. Zienert, H. Eichler, F. Fezer, M. Geiger, G. Meier-Hilbert, H. Bremer, K. Brunnacker, H. Dongus, A. Kessler, W. Klaer, K. Metzger, H. Völk, F. Weidenbach, U. Ewald, H. Musall u. A. Scheuerbrandt, G. Pfeifer, J. Blenck, G. Glaser, G. Kohlhepp, H.-J. Nitz, G. Zimmermann, W. Heller, W. Mikus. 1974. 504 Seiten, 45 Karten, 59 Figuren, 30 Abbildungen. vergriffen

Heft 41 Gerd Kohlhepp: Agrarkolonisation in Nord-Paraná. Wirtschafts- und sozialgeographische Entwicklungsprozesse einer randtropischen Pionierzone Brasiliens unter dem Einfluß des Kaffeeanbaus. Wiesbaden: Franz Steiner Verlag 1974. DM 94,--

Heft 42 Werner Fricke, Anneliese Illner und Marianne Fricke: Schrifttum zur Regionalplanung und Raumstruktur des Oberrheingebietes. 1974. 93 Seiten. DM 10,--

Heft 43 Horst Georg Reinhold: Citruswirtschaft in Israel. 1975. 307 Seiten, 7 Karten, 7 Figuren, 8 Abbildungen, 25 Tabellen. DM 30,--

Heft 44 Jürgen Strassel: Semiotische Aspekte der geographischen Erklärung. Gedanken zur Fixierung eines metatheoretischen Problems in der Geographie. 1975. 244 Seiten. DM 30,--

Heft 45 Manfred Löscher: Die präwürmzeitlichen Schotterablagerungen in der nördlichen Iller-Lech-Platte. 1976. 157 Seiten, 4 Karten, 11 Längs- und Querprofile, 26 Figuren, 8 Abbildungen, 3 Tabellen. DM 30,--

Heft 46 Heidelberg und der Rhein-Neckar-Raum. Sammlung sozial- und stadtgeographischer Studien. Mit Beiträgen von B. Berken, W. Fricke, W. Gaebe, E. Gormsen, R. Heinzmann, A. Krüger, C. Mahn, H. Musall, T. Neubauer, C. Rösel, A. Scheuerbrandt, B. Uhl und H.-O. Waldt. 1981. 335 Seiten. vergriffen

Sämtliche Hefte sind über das Geographische Institut der Universität Heidelberg zu beziehen.

Sämtliche Hefte sind über das Geographische Institut der Universität Heidelberg zu beziehen.

HEIDELBERGER GEOGRAPHISCHE ARBEITEN

Heft 61 Traute Neubauer: Der Suburbanisierungsprozeß an der Nördlichen Badischen Bergstraße. 1979. 252 Seiten, 29 Karten, 23 Figuren, 89 Tabellen. vergriffen

Heft 62 Grudrun Schultz: Die nördliche Ortenau. Bevölkerung, Wirtschaft und Siedlung unter dem Einfluß der Industrialisierung in Baden. 1982. 350 Seiten, 96 Tabellen, 12 Figuren, 43 Karten. DM 35,--

Heft 63 Roland Vetter: Alt-Eberbach 1800-1975. Entwicklung der Bausubstanz und der Bevölkerung im Übergang von der vorindustriellen Gewerbestadt zum heutigen Kerngebiet Eberbachs. 1981. 496 Seiten, 73 Karten, 38 Figuren, 101 Tabellen. vergriffen

Heft 64 Jochen Schröder: Veränderungen in der Agrar- und Sozialstruktur im mittleren Nordengland seit dem Landwirtschaftsgesetz von 1947. Ein Beitrag zur regionalen Agrargeographie Großbritanniens, dargestellt anhand eines W-E-Profils von der Irischen See zur Nordsee. 1983. 206 Seiten, 14 Karten, 9 Figuren, 21 Abbildungen, 39 Tabellen. DM 36,--

Heft 65 Otto Fränzle et al.: Legendenentwurf für die geomorphologische Karte 1:100.000 (GMK 100). 1979. 18 Seiten. DM 3,--

Heft 66 Dietrich Barsch und Wolfgang-Albert Flügel (Hrsg.): Niederschlag, Grundwasser, Abfluß. Ergebnisse aus dem hydrologisch-geomorphologischen Versuchsgebiet "Hollmuth". Mit Beiträgen von D. Barsch, R. Dikau, W.-A. Flügel, M. Friedrich, J. Schaar, A. Schorb, O. Schwarz und H. Wimmer. 1988. 275 Seiten, 42 Tabellen, 106 Abbildungen. DM 47,--

Heft 67 German Müller et al.: Verteilungsmuster von Schwermetallen in einem ländlichen Raum am Beispiel der Elsenz (Nordbaden). (In Vorbereitung)

Heft 68 Robert König: Die Wohnflächenbestände der Gemeinden der Vorderpfalz. Bestandsaufnahme, Typisierung und zeitliche Begrenzung der Flächenverfügbarkeit raumfordernder Wohnfunktionsprozesse. 1980. 226 Seiten, 46 Karten, 16 Figuren, 17 Tabellen, 7 Tafeln. DM 32,--

Heft 69 Dietrich Barsch und Lorenz King (Hrsg.): Ergebnisse der Heidelberg-Ellesmere Island-Expedition. Mit Beiträgen von D. Barsch, H. Eichler, W.-A. Flügel, G. Hell, L. King, R. Mäusbacher und H.R. Völk. 1981. 573 Seiten, 203 Abbildungen, 92 Tabellen, 2 Karten als Beilage. DM 70,--

Heft 70 Erläuterungen zur Siedlungskarte Ostafrika (Blatt Lake Victoria). Mit Beiträgen von W. Fricke, R. Henkel und Ch. Mahn. (In Vorbereitung)

Heft 71 Stand der grenzüberschreitenden Raumordnung am Oberrhein. Kolloquium zwischen Politikern, Wissenschaftlern und Praktikern über Sach- und Organisationsprobleme bei der Einrichtung einer grenzüberschreitenden Raumordnung im Oberrheingebiet und Fallstudie: Straßburg und Kehl. 1981. 116 Seiten, 13 Abbildungen. DM 15,--

Heft 72 Adolf Zienert: Die witterungsklimatische Gliederung der Kontinente und Ozeane. 1981. 20 Seiten, 3 Abbildungen; mit farbiger Karte 1:50 Mill. DM 12,--

Heft 73 American-German International Seminar. Geography and Regional Policy: Resource Management by Complex Political Systems. Editors: John S. Adams, Werner Fricke and Wolfgang Herden. 1983. 387 Pages, 23 Maps, 47 Figures, 45 Tables. DM 50,--

HEIDELBERGER GEOGRAPHISCHE ARBEITEN

Heft 74 Ulrich Wagner: Tauberbischofsheim und Bad Mergentheim. Eine Analyse der Raumbeziehungen zweier Städte in der frühen Neuzeit. 1985. 326 Seiten, 43 Karten, 11 Abbildungen, 19 Tabellen. DM 58,--

Heft 75 Kurt Hiehle-Festschrift. Mit Beiträgen von U. Gerdes, K. Goppold, E. Gormsen, U. Henrich, W. Lehmann, K. Lüll, R. Möhn, C. Niemeitz, D. Schmidt-Vogt, M. Schumacher und H.-J. Weiland. 1982. 256 Seiten, 37 Karten, 51 Figuren, 32 Tabellen, 4 Abbildungen. DM 25,--

Heft 76 Lorenz King: Permafrost in Skandinavien - Untersuchungsergebnisse aus Lappland, Jotunheimen und Dovre/Rondane. 1984. 174 Seiten, 72 Abbildungen, 24 Tabellen. DM 38,--

Heft 77 Ulrike Sailer: Untersuchungen zur Bedeutung der Flurbereinigung für agrarstrukturelle Veränderungen - dargestellt am Beispiel des Kraichgaus. 1984. 308 Seiten, 36 Karten, 58 Figuren, 116 Tabellen. DM 44,--

Heft 78 Klaus-Dieter Roos: Die Zusammenhänge zwischen Bausubstanz und Bevölkerungsstruktur - dargestellt am Beispiel der südwestdeutschen Städte Eppingen und Mosbach. 1985. 154 Seiten, 27 Figuren, 48 Tabellen, 6 Abbildungen, 11 Karten. DM 29,--

Heft 79 Klaus Peter Wiesner: Programme zur Erfassung von Landschaftsdaten, eine Bodenerosionsgleichung und ein Modell der Kaltluftentstehung. 1986. 83 Seiten, 23 Abbildungen, 20 Tabellen, 1 Karte. DM 26,--

Heft 80 Achim Schorb: Untersuchungen zum Einfluß von Straßen auf Boden, Grund- und Oberflächenwässer am Beispiel eines Testgebietes im Kleinen Odenwald. 1988. 193 Seiten, 1 Karte, 176 Abbildungen, 60 Tabellen. DM 37,--

Heft 81 Richard Dikau: Experimentelle Untersuchungen zu Oberflächenabfluß und Bodenabtrag von Meßparzellen und landwirtschaftlichen Nutzflächen. 1986. 195 Seiten, 70 Abbildungen, 50 Tabellen. DM 38,--

Heft 82 Cornelia Niemeitz: Die Rolle des PKW im beruflichen Pendelverkehr in der Randzone des Verdichtungsraumes Rhein-Neckar. 1986. 203 Seiten, 13 Karten, 65 Figuren, 43 Tabellen. DM 34,--

Heft 83 Werner Fricke und Erhard Hinz (Hrsg.): Räumliche Persistenz und Diffusion von Krankheiten. Vorträge des 5. geomedizinischen Symposiums in Reisenburg, 1984, und der Sitzung des Arbeitskreises Medizinische Geographie/Geomedizin in Berlin, 1985. 1987. 279 Seiten, 42 Abbildungen, 9 Figuren, 19 Tabellen, 13 Karten. DM 58,--

Heft 84 Martin Karsten: Eine Analyse der phänologischen Methode in der Stadtklimatologie am Beispiel der Kartierung Mannheims. 1986. 136 Seiten, 19 Tabellen, 27 Figuren, 5 Abbildungen, 19 Karten. DM 30,--

Heft 85 Reinhard Henkel und Wolfgang Herden (Hrsg.): Stadtforschung und Regionalplanung in Industrie- und Entwicklungsländern. Vorträge des Festkolloquiums zum 60. Geburtstag von Werner Fricke. 1989. 89 Seiten, 34 Abbildungen, 5 Tabellen. DM 18,--

Heft 86 Jürgen Schaar: Untersuchungen zum Wasserhaushalt kleiner Einzugsgebiete im Elsenztal/Kraichgau. 1989. 169 Seiten, 48 Abbildungen, 29 Tabellen. DM 32,--

Sämtliche Hefte sind über das Geographische Institut der Universität Heidelberg zu beziehen.

HEIDELBERGER GEOGRAPHISCHE ARBEITEN

Heft 87 Jürgen Schmude: Die Feminisierung des Lehrberufs an öffentlichen, allgemeinbildenden Schulen in Baden-Württemberg, eine raum-zeitliche Analyse. 1988. 159 Seiten, 10 Abbildungen, 13 Karten, 46 Tabellen. DM 30,--

Heft 88 Peter Meusburger und Jürgen Schmude (Hrsg.): Bildungsgeographische Studien über Baden-Württemberg. Mit Beiträgen von M. Becht, J. Grabitz, A. Hüttermann, S. Köstlin, C. Kramer, P. Meusburger, S. Quick, J. Schmude und M. Votteler. 1990. 291 Seiten, 61 Abbildungen, 54 Tabellen. DM 38,--

Heft 89 Roland Mäusbacher: Die jungquartäre Relief- und Klimageschichte im Bereich der Fildeshalbinsel Süd-Shetland-Inseln, Antarktis. 1991. 207 Seiten, 87 Abbildungen, 9 Tabellen. DM 48,--

Heft 90 Dario Trombotto: Untersuchungen zum periglazialen Formenschatz und zu periglazialen Sedimenten in der "Lagunita del Plata", Mendoza, Argentinien. 1991. 171 Seiten, 42 Abbildungen, 24 Photos, 18 Tabellen und 76 Photos im Anhang. DM 34,--

Heft 91 Matthias Achen: Untersuchungen über Nutzungsmöglichkeiten von Satellitenbilddaten für eine ökologisch orientierte Stadtplanung am Beispiel Heidelberg. 1993. 195 Seiten, 43 Abbildungen, 20 Tabellen, 16 Fotos. DM 38,--

Heft 92 Jürgen Schweikart: Räumliche und soziale Faktoren bei der Annahme von Impfungen in der Nord-West Provinz Kameruns. Ein Beitrag zur Medizinischen Geographie in Entwicklungsländern. 1992. 134 Seiten, 7 Karten, 27 Abbildungen, 33 Tabellen. DM 26,--

Heft 93 Caroline Kramer: Die Entwicklung des Standortnetzes von Grundschulen im ländlichen Raum. Vorarlberg und Baden-Württemberg im Vergleich. 1993. 263 Seiten, 50 Karten, 34 Abbildungen, 28 Tabellen. DM 40,--

Heft 94 Lothar Schrott: Die Solarstrahlung als steuernder Faktor im Geosystem der subtropischen semiariden Hochanden (Agua Negra, San Juan, Argentinien). 1994. 199 Seiten, 83 Abbildungen, 16 Tabellen. DM 31,--

Heft 95 Jussi Baade: Geländeexperiment zur Verminderung des Schwebstoffaufkommens in landwirtschaftlichen Einzugsgebieten. 1994. 215 Seiten, 56 Abbildungen, 60 Tabellen. DM 28,--

Heft 96 Peter Hupfer: Der Energiehaushalt Heidelbergs unter besonderer Berücksichtigung der städtischen Wärmeinselstruktur. 1994. 213 Seiten. 36 Karten, 54 Abbildungen, 15 Tabellen. DM 32,--

Heft 97 Werner Fricke und Ulrike Sailer-Fliege (Hrsg.): Untersuchungen zum Einzelhandel in Heidelberg. Mit Beiträgen von M. Achen, W. Fricke, J. Hahn, W. Kiehn, U. Sailer-Fliege, A. Scholle und J. Schweikart. 1995. 139 Seiten. DM 25,--

Heft 98 Achim Schulte: Hochwasserabfluß, Sedimenttransport und Gerinnebettgestaltung an der Elsenz im Kraichgau. 1995. 202 Seiten. 68 Abbildungen, 6 Tabellen und 6 Fotos. DM 32,--

Sämtliche Hefte sind über das Geographische Institut der Universität Heidelberg zu beziehen.

HEIDELBERGER GEOGRAPHISCHE BAUSTEINE

Heft 1	D. Barsch, R. Dikau, W. Schuster: Heidelberger Geomorphologisches Programmsystem. 1986. 60 Seiten. DM 9,--
Heft 2	N. Schön und P. Meusburger: Geothem - I. Software zur computerunterstützten Kartographie. 1986. 74 Seiten. vergriffen
Heft 3	J. Schmude und J. Schweikart: SAS. Eine anwendungsorientierte Einführung in das Statistikprogrammpaket "Statistical Analysis System". 1987. 50 Seiten. vergriffen
Heft 5	R. Dikau: Entwurf einer geomorphologisch - analytischen Systematik von Reliefeinheiten. 1988. 45 Seiten. vergriffen
Heft 6	N. Schön, S. Klein, P. Meusburger, G. Roth, J. Schmude, G. Strifler: DIGI und CHOROTEK. Software zum Digitalisieren und zur computergestützten Kartographie. 1988. 91 Seiten. vergriffen
Heft 7	J. Schweikart, J. Schmude, G. Olbrich, U. Berger: Graphische Datenverarbeitung mit SAS/GRAPH - Eine Einführung. 1989. 76 Seiten. DM 8,--
Heft 8	P. Hupfer: Rasterkarten mit SAS. Möglichkeiten zur Rasterdarstellung mit SAS/GRAPH unter Verwendung der SAS-Macro-Facility. 1990. 72 Seiten. DM 8,--
Heft 9	M. Fasbender: Computergestützte Erstellung von komplexen Choroplethenkarten, Isolinienkarten und Gradnetzentwürfen mit dem Programmsystem SAS/GRAPH. 1991. 135 Seiten. DM 15,--
Heft 10	J. Schmude, I. Keck, F. Schindelbeck, C. Weick: Computergestützte Datenverarbeitung - Eine Einführung in die Programme KEDIT, WORD, SAS und LARS. 1992. 96 Seiten. DM 15,--
Heft 11	J. Schmude und M. Hoyler: Computerkartographie am PC: Digitalisierung graphischer Vorlagen und interaktive Kartenerstellung mit DIGI90 und MERCATOR. 1992. 80 Seiten. DM 14,--
Heft 12	W. Mikus (Hrsg.): Umwelt und Tourismus. Analysen und Maßnahmen zu einer nachhaltigen Entwicklung am Beispiel von Tegernsee. 1994. 122 Seiten. DM 20,--

Sämtliche Hefte sind über das Geographische Institut der Universität Heidelberg zu beziehen.